W0258291

NÄHRBÖDEN UND FARBEN
IN DER BAKTERIOLOGIE

EIN GRUNDRISS
DER KLINISCH-BAKTERIOLOGISCHEN TECHNIK

VON

MARTIN ATTZ UND H. OTTO HETTCHE

MED. TECHN. ASSISTENT
AM HYGIENISCHEN INSTITUT DER
UNIVERSITÄT KÖNIGSBERG I. PR.

DR. PHIL. ET MED.
DOZENT AM HYGIENISCHEN INSTITUT
DER UNIVERSITÄT MÜNCHEN

MIT 24 ABBILDUNGEN

SPRINGER-VERLAG
BERLIN HEIDELBERG GMBH 1935

Vorwort.

Wer die Entwicklung der medizinischen Bakteriologie in den letzten 30 Jahren miterlebt hat, der weiß, daß hauptsächlich die Verfeinerung der Untersuchungsmethoden zu wichtigen neuen Erkenntnissen geführt hat. Gerade auf dem Gebiete der Nährbodentechnik existiert eine sehr große Anzahl genauer Vorschriften, welche in der Literatur weit verstreut sind. Für den angehenden Laboranten, die techn. Assistentin, aber auch den jungen Bakteriologen ist es oft schwer, die Rezepte aus der verstreuten Literatur zu sammeln. Das sonst so vorzügliche bakteriologische Taschenbuch von Geheimrat ABEL reicht heute für große Laboratorien bei der Herstellung von Nährböden kaum mehr aus. Unter diesen Umständen ist es nur zu begrüßen, wenn aus langjähriger Erfahrung heraus eine zusammenfassende Darstellung der in der Bakteriologie verwandten Nährböden und Farben mit einem Grundriß der bakteriologischen Technik erscheint. Die Verfasser haben sich mit Erfolg bemüht, die Darstellung kurz, erschöpfend und auch die neuesten Forschungen berücksichtigend, zu gestalten.

Das Buch wird stets ein wertvolles Nachschlagewerk für alle Personen darstellen, welche sich berufsmäßig mit bakteriologischer Technik befassen müssen.

Ich wünsche der außerordentlich fleißigen und verdienstvollen Arbeit einen vollen Erfolg.

Königsberg i. Pr., im September 1935.

Prof. Dr. BÜRGERS.

ISBN 978-3-662-26916-9   ISBN 978-3-662-28388-2 (eBook)
DOI 10.1007/978-3-662-28388-2

Inhaltsverzeichnis.

A. Nährbodentechnik.

I. Allgemeiner Teil.

1. Allgemeines.

Die bakteriologischen Nährböden dienen zur Fortzüchtung der Mikroorganismen aus menschlichen und tierischen Körpern und deren Ausscheidungen. Die Zusammensetzung der Nährböden muß daher eine solche sein, daß sie den Anforderungen der Bakterien genügt und möglichst dieselben Bedingungen schafft, an die die Mikroben im Wirtskörper gewöhnt sind.

Der Herstellungsmodus ist entsprechend den örtlichen Bedingungen und den zur Verfügung stehenden Mitteln verschieden. Selbst bzgl. der Mengenverhältnisse schwanken die Angaben in der einschlägigen Literatur, daher ist eine jeweilige Umstellung auf die gegebenen Verhältnisse notwendig. Eines ist für den Nährbodentechniker aber überall gültig: Größte und peinlichste Sauberkeit bei der Arbeit und bei den Gefäßen. Es kann als allgemeine Regel gelten, daß man durch gut gesäuberte Gefäße die Sterilisationsdauer verkürzen kann.

Peinliche Sorgfalt und Genauigkeit sind selbstverständlich Voraussetzungen; denn von der Güte der Nährböden ist das bakteriologische Experiment in hohem Maße abhängig.

Klassifikation der Nährböden. Eine Einteilung der Nährböden kann nach verschiedenen Gesichtspunkten erfolgen:

1. Nach der Konsistenz: Feste, flüssige und halbstarre Nährböden.

2. Nach der Verwendungsmöglichkeit: Allgemeine und spezielle Nährböden.

3. Nach der Zusammensetzung: Eiweißfreie, eiweißhaltige und solche, die daneben Zuckerarten enthalten.

Die eiweißhaltigen Nährböden kann man noch unterteilen in solche, die

a) abgebautes Eiweiß (Peptone, Albumosen und Aminosäuren),

b) komplettes Eiweiß enthalten.

Bei den letzteren wären noch die Nährböden mit koaguliertem Eiweiß (z. B. Löffler-Serum, Eiernährböden für Tbc) von denjenigen mit nativem Eiweißgehalt (Serumagar, Serumbouillon, Ascites-Agar, Ascites-Bouillon, Blutagar usw.) zu unterscheiden.

Bei den eiweiß*freien* Nährböden dient als Stickstoffquelle eine N-Verbindung, die vielfach in Form von Asparagin zugegeben wird.

Der Zusatz von *Zuckerarten* erfolgt zur Differenzierung der Bakterienarten, die sich bzgl. ihres Vergärungsvermögens gegenüber den Zuckerarten verschieden verhalten. Diesen zuckerhaltigen Nährböden wird in der Regel ein Indikator hinzugesetzt, der die Vergärung durch Farbumschlag anzeigt. Außerdem setzt man Zucker auch als Reduktionsmittel für anaerobe Kulturen hinzu. Aber auch das Wachstum mancher aeroben Bakterien wird durch Zucker begünstigt.

Die Konsistenz der Nährböden bezieht sich selbstverständlich auf Zimmertemperatur.

2. Die Sterilisation der Nährböden.

Die Sterilität der Nährböden ist deshalb ungemein wichtig, weil nach der Beimpfung mit dem zu untersuchenden Material Keime, die aus dem unsterilen Nährboden wachsen würden, die Diagnose beeinträchtigen oder gar unmöglich machen können.

Die Entkeimung geschieht durch Anwendung chemischer und physikalischer Methoden. Da die meisten chemischen Entkeimungsmittel entweder zu schwach wirken oder eine bleibende Veränderung des Nährbodens bewirken, kommen, abgesehen von der Behandlung mit Chloroform und Toluol vorwiegend die physikalischen Sterilisationsverfahren in Frage. Diese können mechanischer Art sein:

Filtration durch bakterienundurchlässige Filter (Seitzfilter, Berkefeldfilter u. dgl.), oder

die Entkeimung geschieht durch *Wärme*: Hier sind zwei Hauptprinzipien zu unterscheiden:

1. *Die Entkeimung durch trockene Hitze.* (Radikalste Entkeimung durch Hitze ist die Verbrennung, z. B. Sterilisation der bakterienbeladenen Öse und wertloser infizierter Gegenstände in der Flamme) *Sterilisation im Trockensterilisierschrank*, z. B. Petrischalen, mit Watteverschlüssen versehene Kölbchen, Röhrchen und andere

Glassachen. Prinzipiell dürfen im Trockensterilisierschrank nur *trockene* Glassachen sterilisiert werden. Bei Petrischalen genügt eine Sterilisationsdauer von 1 Stunde bei $+150°$C; Röhrchen, die mit Wattestopfen versehen in Sterilisationskörbe eng gepackt sind, muß man 1½—2 Stunden bei 150° sterilisieren, weil sonst die Gefahr besteht, daß aus den ungenügend sterilisierten Wattestopfen bei längerer Aufbewahrung des Nährbodens verunreinigende Keime in diesen hineinwachsen und ihn unbrauchbar machen.

2. *Die Sterilisation durch Dampf.* Hierbei unterscheidet man die Entkeimung:

    a) *im strömenden Dampf* (Dampftopf) und

    b) *im gespannten Dampf* (Autoklav).

Während im strömenden Dampf bei Atmosphärendruck eine Temperatur von 100° erreicht wird, kann im Autoklav bei 125° über 2 Atmosphären (= 1 at *Überdruck*) erreicht werden. Eine höhere Temperatur als 120° zur Entkeimung von Nährböden zu verwenden ist allerdings nicht zweckmäßig, weil dabei die Nährböden an Güte einbüßen. Durch Oxydation und Polymerisation der organischen Stoffe nimmt der Nährboden dunkle Farbe an. Agarnährböden verlieren hierbei weitgehend ihre Gelierfähigkeit. Zur Desinfektion der nach der Untersuchung abgelegten Platten und Röhrchen dagegen kann auf 130° im Autoklav erhitzt werden, während man für Nährböden im allgemeinen nicht über 120° anwendet.

Die Wahl des Sterilisiergerätes ist davon abhängig zu machen, ob der Nährboden Sporenträger enthält, die nur bei höheren Temperaturen im Autoklaven zerstörbar sind, und ob die Bestandteile des Nährbodens höhere Temperaturen zulassen. Bei Herstellung des Nähragars muß man annehmen, daß die Agarfäden von Sporenträgern behaftet sind und wird daher den Agar am zweckmäßigsten im Autoklav bei 1 at Überdruck sterilisieren. Auch bei der Herstellung von Bouillon ist es gegeben, diese im Autoklav zu sterilisieren, weil häufig das Pepton Sporenträger enthält. Die *fertigen*, auf Röhrchen, Kölbchen u. dgl. abgefüllten Nährböden sind nur im Dampftopf zu sterilisieren. Von der Sterilisation im Autoklav sind auf jeden Fall auszuschließen: Nährböden, die Zuckerarten enthalten, weil diese bei höheren Temperaturen und auch schon bei längerer Sterilisation im Dampfbad karamelisieren (Oxydation und Polymerisation des Zuckers) und dann ihren Zweck verfehlen.

Es sei darauf hingewiesen, daß Lackmuslösung, mit den Zuckernährböden zusammen sterilisiert, äußerlich ihre Farbe einbüßt und bei manchen Zuckerarten auch bei Vergärung nicht mehr umschlägt. (Daher getrennt sterilisieren und dann vereinigen.) — Ferner sind von der Sterilisation im Autoklav ausgeschlossen sämtliche Gelatinenährböden, weil die Gelatine, einmal über 100° erhitzt, ihre Gelierfähigkeit verliert. Gelatine darf auch im strömenden Wasserdampf nur kurze Zeit sterilisiert werden und ist dann sofort in fließendem Leitungswasser abzukühlen.

Die Sterilisationsdauer beträgt im allgemeinen für Dampftopf und Autoklav 1 Stunde, sie richtet sich aber auch nach der Menge des zu sterilisierenden Materials. Ein Kolben mit mehreren Litern Nährboden muß länger sterilisiert werden als ein solcher mit 1 l.

Im einzelnen ist die Sterilisationsdauer und -art bei den einzelnen Nährböden angegeben. Es sei noch im besonderen auf die Bedienungsvorschriften für *Autoklav* und andere Sterilisiergeräte verwiesen, die genau bekannt sein müssen.

Statt der einmaligen langen Sterilisation bei hoher Temperatur kann bei wärmeempfindlichen Nährböden die Entkeimung durch mehrmalige kurze Erhitzung auf niedere Temperatur erreicht werden. Der Nährboden ist an drei aufeinanderfolgenden Tagen je 15—20 Minuten zu sterilisieren, dann abzukühlen und bis zum nächsten Tage in den Brutschrank zu stellen, um hier evtl. vorhandene Sporen zum Auskeimen zu bringen, die am nächsten Tage bei der Wiederholung der Prozedur abgetötet werden. Eine solche Sterilisation wird im Dampftopf ausgeführt. Sie versagt aber dort, wo hitzeresistente Keime in den Nährboden hineingekommen sind.

Der Serumgerinnungsschrank, in dem Löfflerserum und Eiernährböden zum Gerinnen gebracht werden, kann auch gleichzeitig als Sterilisiergerät für Trockensterilisation, allerdings nur bis 100°, benutzt werden.

3. Die Reaktion der Nährböden: der PH-Wert.
a) Allgemeines über den PH-Begriff.

Die Verwendbarkeit der Nährböden hängt nicht nur von ihrer Zusammensetzung und Zubereitung ab, sondern auch von der Reaktion. Bei saurer Reaktion wachsen nur wenige Bakterienarten. Die meisten bevorzugen neutrale bzw. schwach alkalische Reaktion des Nährbodens.

Bevor die elektrometrische PH-Messung bekannt war, benutzte man Phenolphthalein, Lackmus, Rosolsäure od.dgl. als Indikatoren und gab dann nach dem Umschlagspunkt des Indikators jeweils der Nährlösung die notwendige Menge an Alkali oder Säure in Form von Normallösungen zu. Man sprach dann von Säure- oder Alkaliprozenten, bezogen auf den benutzten Indikator. Z.B.: Eine Nährbouillon sollte 2% lackmusalkalisch eingestellt werden. Die Bouillon wurde dann je nach Reaktion durch Zusatz von Säure oder Lauge auf den Lackmusneutralpunkt gebracht, dann gab man pro 100 ccm Bouillon 2 ccm einer normalen Lauge hinzu (normale Natron-, Kalilauge oder Sodalösung).

Diese Methoden gaben aber nur relative Werte an und waren bei unscharfem Indikatorumschlagspunkt sehr ungenau. Um genaue Einstellung bei Nährböden zu erreichen, bestimmt man heute die Wasserstoffionenkonzentration auf elektrischem Wege und vermeidet hierbei den Fehler, der immer bei Vergleich von Farben auftritt.

Zum Verständnis dieser Verfahren muß auf die theoretischen Grundlagen kurz eingegangen werden. Im Jahre 1887 stellte Svante ARRHENIUS die Theorie auf, daß Säuren, Laugen und Salze in wäßriger Lösung zerfallen, dissoziieren. Da diese Zerfallsprodukte bei Einwirkung des elektrischen Gleichstroms zu dem positiven, bzw. negativen Pol wandern, nannte er sie „Ionen“, Wanderer. Die mit dem Strom wandernden Metalle gehen zur Kathode, die Säurereste (SO_4 usw.) zur Anode. Man bezeichnet danach die Ionen als Kationen und Anionen. Der Vorgang ist so zu verstehen, daß in verdünnten Lösungen die an sich elektrisch neutralen Salze durch die dissoziierende Kraft des Wassers in positiv und negativ geladene Ionen gespalten werden: $KCl \rightleftharpoons K^+$ $+ Cl^-$ und $Na_2SO_4 \rightleftharpoons Na^+ + Na^+ + SO_4^{--}$. Die Spaltung ist um so vollständiger, je mehr Wasser vorhanden ist, d.h. je verdünnter die Lösung wird. Bei der Auflösung der Salze wird praktisch keine Energie aufgenommen; daraus ist zu schließen, daß die bindenden Kräfte im Kristall ebenfalls elektrischer Natur sind.

Die Abhängigkeit der Spaltung von der Menge des gelösten Stoffes und der Natur und Menge des Lösungsmittels war für den Ausbau der Theorie von Bedeutung. Das Verhältnis der Menge des gelösten Stoffes zur Menge des Lösungsmittels bezeichnet man als die „Konzentration“ des betr. Stoffes. Als Einheit dient der

Wert: Mol pro Liter, wobei Mol ein Molekül des Stoffes, aus-
gedrückt in Gramm (z. B. $KCl = 39{,}1 + 35{,}5 = 74{,}6$ g) bedeutet
Als Zeichen für die Konzentration eines Salzes dient dann z. B.
der Ausdruck [KCl]. Es ist nun experimentell erwiesen, daß bei
einer beliebigen Konzentration an Salz die Menge der ungespaltenen Moleküle in einem ganz bestimmten Verhältnis zu derjenigen
der gespaltenen steht:

$$K_1 [KCl] = K_2 [K^+] \times [Cl^-]$$

Die Werte K_1 und K_2 bedeuten „Konstanten", Zahlen, die für
die betr. Salzart nur einmal ermittelt zu werden brauchen. Nach
den Regeln der Mathematik kann man beide zu einer neuen Konstanten vereinen: $\dfrac{K_2}{K_1} =$ Konst. und die Formel lautet

$$[KCl] = \text{Konst.} [K^+] \times [Cl^-]$$

In wäßriger Lösung sind sowohl die Wasser- als auch Salzmoleküle und Ionen in rascher Bewegung als Ausdruck der Wärmeenergie. Hierbei kommt es zu einem häufigen Entstehen und Zerfallen des ungespaltenen Salzanteils: $[KCl] \rightleftarrows [K^+] + [Cl^-]$.

Da Zerfall und Wiedervereinigung sehr rasch vor sich gehen
und andererseits die Zahl der Moleküle auch in verdünnten Lösungen sehr groß ist, kann das Verhältnis der Konzentration praktisch als konstant bezeichnet werden.

$$\frac{[K^+] \times [Cl^-]}{[KCl]} = \text{konst.}$$

Dieses Naturgesetz wurde an anderen Beispielen schon 1867
von GULDBERG und WAAGE aufgestellt und als Massenwirkungs-
gesetz bezeichnet.

Ein einfaches Beispiel soll seine Bedeutung erhellen: Zu einer
Lösung von Kaliumchlorid wird konz. HCl gegeben. Hierdurch
wird der Zähler des Bruches durch Cl^- aus der HCl vergrößert,
und der Wert des Bruches verändert. Das Gleichgewicht wird
wiederhergestellt, dadurch daß K^+ und Cl^--Ionen in undissozi-
iertes KCl übergehen und hierdurch den Zähler „entlasten", den
Nenner „belasten". In den Abbildungen (Abb. 1) ist der Vorgang schematisch dargestellt:

Das Gleichgewicht, in der Abbildung durch gleiche Blockgröße
angedeutet, ist also schließlich wiederhergestellt.

Ein praktischer Versuch trägt zum Verständnis weiter bei:
Wird konz. HCl zu einer *gesättigten* KCl-Lösung gegeben, so wird

die Menge des KCl vermehrt (KCl-„Würfel" in Abb. 1 a geht in KCl-„Rechteck" in Abb. 1 d über). Da die Löslichkeit des KCl nur der „Würfelmenge" entspricht, muß der darüber hinaus entstehende Teil ausfallen. In der Praxis nennt man die Ausfällung von Salzen durch Zugabe einer ihrer Ionen auch Aussalzen.

Im folgenden soll nun die Bedeutung dieser Verhältnisse zur Theorie der Wasserstoffionenkonzentration und der PH dargestellt werden. Die Salze entstehen bekanntlich durch Vereinigung von Säuren mit Laugen unter „Austritt" von Wasser. Richtiger ist,

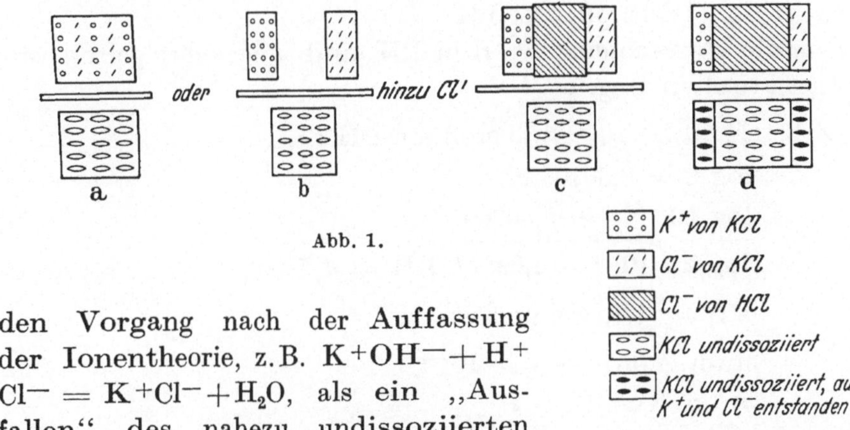

Abb. 1.

den Vorgang nach der Auffassung der Ionentheorie, z. B. $K^+OH^- + H^+ Cl^- = K^+Cl^- + H_2O$, als ein „Ausfallen" des nahezu undissoziierten Wassers bei der Einstellung des Gleichgewichts zu betrachten. Die Bedeutung des Wassers erhellt daraus, daß es die typischen Bestandteile sowohl der Säuren als auch der Laugen enthält: Reinstes Wasser (praktisch kaum herstellbar) enthält die gleiche Konzentration an H- und OH-Ionen, nämlich in 1 l nur ein Zehnmillionstel Gramm H- und $16 + 1 = 17$ Zehnmillionstel Gramm OH-Ionen. Da die „Konzentration" als g-Mol pro Liter definiert ist, beträgt die Wasserstoffionenkonzentration bei 22°

$$1 \cdot \frac{1}{10 \text{ Millionen}} = 1 \cdot 10^{-7} \text{ g/Liter.}$$ Nach dem Gesetz der Massenwirkung ist auch bei Wasser $\frac{[H^+] \times [OH^-]}{[H_2O]} = $ konst. Da die Menge des undissoziierten Wassers weitaus größer ist, kann H_2O praktisch als konstant angesehen werden. Also ist $H^+ \times OH^-$ konstant. Für neutrales Wasser von 22° gilt $1 \cdot 10^{-7} \times 17 \cdot 10^{-7}$; da 17 ebenfalls ein konstanter Faktor ist, muß $10^{-7} \times 10^{-7}$ konstant sein; d. h. das Produkt der Ionenkonzentration ist konstant $= 10^{-14}$.

Hat also ein Wasser durch Zugabe von Säure die Wasserstoffionenkonzentration von $1 \cdot 10^{-5}$, so beträgt die Hydroxylionenkonzentration $17 \cdot 10^{-9}$. Im allgemeinen wird auch bei alkalischen Lösungen die *Wasserstoffionenkonzentration* als Maßstab gewählt. Sie liegt zwischen 10^{-14} und 10^{-7}. Nach Vorschlägen von SÖRENSEN wird zur Vereinfachung der Schreib- und Berechnungsweise der negative Exponent der Wasserstoffionenkonzentration (statt 10^{-7} also „7") gebraucht, d.h. der negative Logarithmus stellt die PH dar. Weil auch der osmotische Druck P in diesem Meßbereich der Wasserstoffionenkonzentration H parallel geht, nennt er den Wert pH oder PH.

Für die Umrechnung von H in PH und umgekehrt gelten die mathematischen Regeln.

Z.B.: $H = 2 \cdot 10^{-5}$, wie groß ist PH ?

$$\log 2 = 0{,}30103$$
$$\log 10^{-5} = -5{,}00000$$
$$\overline{\log 2 \cdot 10^{-5} = 4{,}69897 \quad PH = 4{,}7}$$

$PH = 4{,}7$, wie groß ist H ?

$$\text{num. von } -5 = 1 \cdot 10^{-5}$$
$$\text{num. von } 0{,}3 = 2$$
$$\overline{\text{num. von } 4{,}7 = 2 \cdot 10^{-5}}$$

Die PH ist von der Temperatur stark abhängig, da durch die Wärme eine stärkere Dissoziation eintritt. Sie muß bei 22^{c} gemessen werden, da hier $PH = 7$ den Neutralpunkt anzeigt. Niedrigere Zahlen z. B. 6,5 bedeuten saure, höhere, etwa 7,5 bedeuten alkalische Reaktion.

Als Beispiel für die Errechnung der PH seien einzelne Säuren und Laugen aufgezählt:

	$\dfrac{n}{10}$	$\dfrac{n}{100}$	$\dfrac{n}{1000}$
H Cl	1,08	2,00	3,00
$H_2 SO_4$	1,17	2,05	3,00
$CH_3 COOH$	2,88	3,37	3,89
K OH	13,00	12,00	11,00
$Ca (OH)_2$	—	11,71	10,81
$NH_4 OH$	11,16	10,64	10,15

Aus der Tabelle ist zu ersehen, daß in starker Verdünnung die starken Säuren und Laugen völlig in Ionen gespalten sind. Die schwachen Säuren und Laugen dagegen sind weniger dissoziiert und ihr PH-Wert liegt näher zum Neutralpunkt PH 7.

α) Der Einfluß von Salzen auf die PH schwacher Säuren (Pufferung).

Eine Säure ist dann als stark zu bezeichnen, wenn sie fast völlig in ihre Ionen zerfällt. Die schwachen Säuren, wie HCN, H_2S und eine Reihe organischer Säuren sind nur teilweise dissoziiert. Ihre Spaltung wird durch Zusatz von Salzen nach dem Gesetz der Massenwirkung noch weiter zurückgedrängt. Als Beispiel sei die Essigsäure (CH_3COO) H oder kurz HAc angeführt. Durch Zusatz von Natriumazetat werden weitere Säurereste, Ac zugeführt.

Der Wert $\dfrac{(H) \times (Ac)}{(H\,Ac)} =$ konst. geht also über in $\dfrac{(h) \times (Ac) \times Ac}{(H\,Ac)}$,

d. h. H-Ionen gehen zurück auf Kosten der Ac-Ionen (h). Wird eine solche „Pufferlösung" verdünnt, so bleibt die PH erhalten. Es beruht dies darauf, daß durch Verdünnung der Salzlösung ihre „antidissoziierende" Kraft geschwächt wird und entsprechend der Verdünnung weiter Essigsäuremoleküle gespalten werden. Aus ähnlichen Gründen sind diese Lösungen gegen kleine Mengen Säure und Lauge ebenfalls unempfindlich: Da die starken Säuren energischer Salze bilden, entreißen sie den Salzen schwacher Säuren das Metall: $CH_3COONa + HCl \rightleftharpoons CH_3COOH + NaCl$. Die gebildete Essigsäure ist nur wenig dissoziiert, die Lösung daher viel schwächer sauer, als wenn die HCl reinem Wasser zugefügt worden wäre.

β) Die Bedeutung der PH und der Salzkonzentration in der Nährbodentechnik.

Ebenso wie der Tierkörper durch verschiedene Regulationen seine ihm optimale PH einhält, ist auch bei den Bakterien das Wachstum und die Vermehrung nur in einem bestimmten PH-Bereich möglich. Die günstigste oder optimale PH liegt meist in der Mitte zwischen beiden Grenzwerten und ist bei anspruchsvollen pathogenen Keimen sehr klein.

Tabelle.

	Wachstums-bereich	Optimum
Staphylococcus aureus. . . .	3,9—8,9	6,4
Streptococcus pyogenes . . .	7,2—8,1	7,6—7,8
Meningokokkus	7,3—7,8	7,5—7,6
Pneumokokkus	5,2—7,8	6,8—7
Bakt. diphtheriae	5,5—8,5	ca. 7,5
Bakt. coli	4,8—8,8	6,5—7
Bakt. typhi	6,2—7,6	6,8—7,2
Bakt. paratyphi.	4,1—8,4	6,2—7,2
Bakt. dysenteriae Shiga-Kruse	5,5—8,5	6,5—7,8

Um den Einfluß verschiedener äußerer Faktoren (z. B. Luftkohlensäure) auf die PH der Nährbrühe einzuschränken, werden den Nährböden saure Phosphate zugesetzt, die zusammen mit dem Eiweiß des Nährbodens die PH in gewissem Maße einhalten.

Auf die Bedeutung der Salzkonzentration sei nur kurz hingewiesen: Aq. dest. hat bakterizide Wirkung, konzentrierte Salzlösungen ebenfalls. 3proz. NaCl-Lösung kann zur Bildung von Involutionsformen führen. Das Optimum liegt auch hier in der Mitte: Auch die Bakterien bevorzugen Lösungen, deren osmotischer Druck einer physiologischen Kochsalzlösung von 0,85% entspricht, die mit dem osmotischen Druck des Blutes übereinstimmt, also isotonisch ist. Stärkere Salzkonzentration wird als hypertonisch, schwächere als hypotonisch bezeichnet.

γ) Die Titration von Säuren und Laugen.

Diese ist ein weiteres Maß für die Azidität einer Lösung. Die verwandten Maßlösungen enthalten bestimmte Mengen von H- bzw. OH-Ionen, nämlich als Normallösung *ein* Mol pro Liter: 1 gH, bzw. 17 g OH. Eine normale HCl enthält demnach $1 + 35,5$ $= 36,5$ g HCl, eine normale $H_2SO_4 = \dfrac{2 + 32 + 64}{2} = 49$ g H_2SO_4 usw. Da es in der Praxis Schwierigkeiten macht, die Lösung genau „einzustellen", arbeitet man meist mit Maßlösungen annähernd richtiger Konzentration und stellt die Abweichung durch Vergleich mit genauen Lösungen (z. B. bei Säuren mit genau eingestellten Laugen) fest: Bestimmung des „Titers".

Soll z. B. der Gehalt einer Lösung an NaOH bestimmt werden,

so gibt man einen Indikator zu und läßt so lange von der Normallösung der Salzsäure zutropfen, bis der Indikator durch Farbumschlag anzeigt, daß der Äquivalenzpunkt erreicht ist. Es entspricht
dann die Menge der „verbrauchten" HCl genau der in der Lösung
enthaltenen NaOH. Naturgemäß hängt die Genauigkeit der Messung davon ab, daß durch den Indikator auch wirklich der Äquivalenzpunkt angezeigt wird. Indikatoren sind organische Farbstoffe, die in gewissen PH-Bereichen eine Änderung ihrer Konsti-

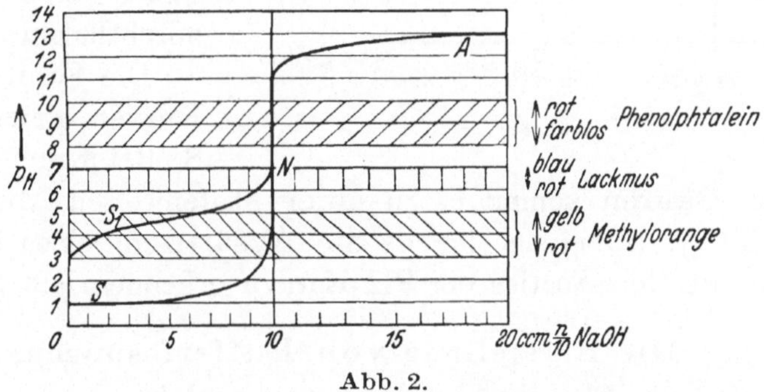

Abb. 2.

tution und Farbe erfahren: So ist z. B. das Phenolphthalein farblos, seine Alkalisalze dagegen sind intensiv rot gefärbt. Da demnach die Indikatoren selbst auch Säure bzw. Alkali verbrauchen,
dürfen sie nur in kleiner Menge zugesetzt werden.

Das Umschlagsgebiet ist bei:

Methylorange	PH	3,2—4,4	rot-gelb
Methylrot	„	4,4—6,2	rot-gelb
Neutralrot	„	5,8—8,0	rot-gelb
Lackmus	„	6,0—7,0	rot-blau
Bromthymolblau	„	6,0—7,6	gelb-blau
α-Naphtholphthalein	„	7,5—8,6	gelbrot-blau
Phenolphthalein	„	8,0—10,0	farblos-rot
Alizaringelb	„	10,0—12,1	gelb-violett

Die Wahl des Indikators hat sich nach der Natur der zu
titrierenden Säure oder Lauge zu richten. Wird z. B. 10 ccm
n/10 HCl mit n/10 NaOH versetzt, so steigt die PH von PH 1 aufwärts: Nach 9 ccm auf 2, nach 9,9 auf 3, nach 9,99 auf 4 usw.
Die Titration ist also bei PH = 4 schon praktisch beendet. Da in
diesem Bereich der orange-farbige Umschlag des Methylorange
liegt, wird man diesen Indikator zur Titration starker Säuren und
Laugen wählen. In Abb. 2 ist in SNA der PH-Ablauf graphisch

dargestellt. Würde man für die Neutralisation der Essigsäure den gleichen Indikator wählen, so träte schon nach Zusatz einer kleinen Menge Lauge ein Farbumschlag ein, wie aus der Kurve S_1NA zu ersehen ist. Es ist hier also ein Indikator zu wählen, dessen Umschlagsgebiet in den steilen Teil der Kurve S_1NA fällt: das Phenolphthalein.

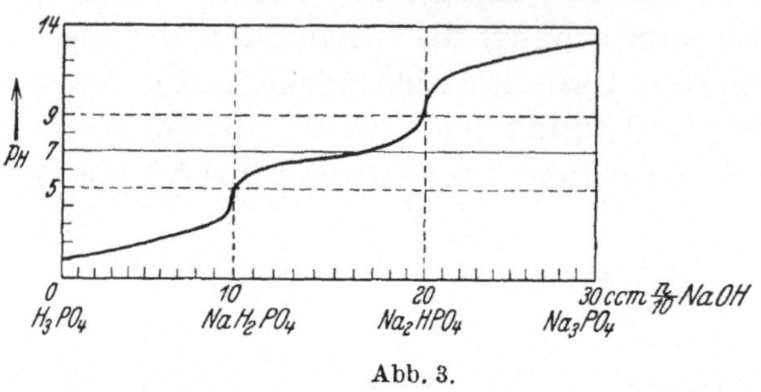

Abb. 3.

Die Form der PH-Kurven gleicht einem S. Bei manchen mehrbasischen Säuren kommt es zu einer stufenweisen Absättigung (z. B. H_3PO_4), wobei sich jeweils die Absättigung eines H-Atoms durch den steilen Anstieg der PH-Kurve erkennen läßt (Abb. 3).

δ) Die Herstellung von Pufferlösungen.

Dampft man Phosphorsäurelösungen nach Zusatz von 1, 2 und 3 Mol NaOH ein, so erhält man die ein-, zwei- und dreibasischen Salze NaH_2PO_4, Na_2HPO_4 und Na_3PO_4. Da die Salze mengenmäßig durch Wiegen leicht zu bestimmen sind, hat man nach den Angaben von SÖRENSEN die Möglichkeit, durch Auflösen von Salz*gemischen* Lösungen bestimmter PH zu erhalten. Es ist zweckmäßig, nur Fabrikate zu verwenden, die für diese Zwecke geprüft sind und den Vermerk tragen: „Für Pufferlösungen nach Sörensen". Man löst zwei Drittel der Salzmenge, die zur Herstellung einer $\frac{1}{10}$ molaren Lösung nötig ist, in 1 l CO_2-freiem Wasser auf: 9,078 g KH_2PO_4 und 11,876 g $Na_2HPO_4 \cdot 2H_2O$. Durch Vereinigung von Mengen in dem aus der Tabelle ersichtlichen Verhältnis sind die verschiedenen p_H-Werte zu erhalten.

sek.	prim.	
Phosphat		p_H (18°)
3,1	96,9 ccm	5,4
5	95	5,6
8	92	5,8
12	88	6,0
18,5	81,5	6,2
26,2	73,8	6,4
36	64	6,6
50	50	6,8
61	39	7,0
72	28	7,2
80,8	19,2	7,4
87	13	7,6
91,5	8,5	7,8
94,5	5,5	8,0

Wie aus Abbildung 3 zu ersehen ist, verläuft die Titrationskurve zwischen $p_H = 6{,}0$ und $7{,}5$ sehr flach und linear. In diesem Bereich bewirkt also Säure- und Laugezusatz nur geringe PH-Änderung: Phosphatgemische sind demnach gute Puffer. Für das saure Gebiet von PH 1—6 dient Zitronensäure, für das alkalische Gebiet von PH 7,6—11 Borsäure, beide in Mischung mit bestimmten Natronlaugemengen.

b) Die Praxis der PH-Messung.

Die Messung kann prinzipiell nach zwei Methoden vorgenommen werden: kolorimetrisch und elektrometrisch. Die Wahl zwischen beiden hat vorwiegend unter dem Gesichtspunkt der Genauigkeit zu erfolgen. Die Kolorimetrie ist einfach, hat aber den Mangel, daß in Lösungen mit gewissen Eigenfärbungen, Salz- und Eiweißgehalten die Messung gestört wird und daß sie von der Farbempfindlichkeit des Untersucherauges abhängt. Die Elektrometrie schaltet diese Fehler aus, ist aber komplizierter.

α) Kolorimetrie.

In der Titrimetrie macht man schon seit langer Zeit von der Indikatoreigenschaft mancher Farbstoffe Gebrauch. Der Farbumschlag erfolgt in einem Bereich von 1,3—2,1 PH und weist demnach Mischfarben auf: Methylorange: rot→orange→gelb, Bromthymolblau: gelb→grün→blau. Ein Indikator ist um so empfindlicher, je stärker sich mit der PH seine Farbe ändert.

Die zwischen den beiden Grenzfarben z. B. gelb und blau liegenden Mischfarben sind für die bekannte PH typisch, so daß man aus ihnen auf die vorliegende PH schließen kann. Zum Vergleich versetzte man früher Puffergemische bekannter PH (siehe Phosphatpuffer) mit dem Indikator. Neuerdings verwendet man die in Farbendruck hergestellten Standardskalen. (Wegen der Empfindlichkeit müssen diese Farbskalen dunkel aufbewahrt werden!) Als Fehlerquellen bei der Messung sind zu beachten: 1. Salzfehler. Durch Zurückdrängung der Indikatordissoziation bei konz. Salzlösungen bedingt. Die optimale Salzkonzentration haben $\frac{1}{10}$-molare Lösungen. Für halbmolare Lösungen ist z. B. bei Methylorange ca. 0,1 zu addieren, bei Phenolphthalein ca. 0,15 zu subtrahieren. 2. Eiweißfehler. Die meisten Indikatoren vermögen

mit den „amphoteren" (als Säure und Base fungierenden) Eiweiß-
verbindungen Salze zu bilden und entziehen sich hierdurch ihrer
Aufgabe. Der Fehler ist in manchen Fällen (z. B. Lackmus) so
groß, daß die Werte unbrauchbar sind. Für die eiweiß- oder pep-
tonhaltigen Nährböden wurde daher von MICHAELIS die Gruppe der
Nitrophenole herangezogen, die keinen Eiweißfehler verursachen,
da ihr Säurecharakter besonderer Natur ist.

Eines der ältesten Verfahren zur Bestimmung der Reaktion ist
die Prüfung mit Lackmuspapier. Trotzdem der Lackmusfarbstoff
einen Farbumschlag beim Neutralpunkt PH = 7 zeigt, hat er
neben anderen noch den Nachteil, daß sich nur entscheiden läßt,
ob die Lösung sauer oder alkalisch ist. Die neueren Verfahren
verwenden Farben, die sich in einem gewissen PH-Bereich weitgehend ändern.

1. Angenäherte PH-Bestimmung. Hierzu dient der Universalindikator von MERCK, der als alkoholische Lösung in den Handel
kommt und im Bereich von PH 4—9 von rot über gelb und grün
nach blau umschlägt. Zu 8 ccm Wasser oder 5 ccm Bouillon gibt
man zwei Tropfen. Statt des Lackmuszusatzes zu den flüssigen
Nährböden sollte in Zukunft die Reaktion *nach* Bebrütung durch
Indikatorzusatz (z. B. auch durch Bromthylmolblau) geprüft
werden.

Für starke gefärbte oder trübe Flüssigkeiten, sowie für kleine
Mengen ist die „Reaktionsfolie" von WULFF zu empfehlen, Zello-
phanstreifen, die getränkt sind mit einem Indikator, der ebenfalls
von rot nach gelb, grün und blau umschlägt.

2. Genaue PH-Bestimmung. An Stelle der „Reaktionsfolie" verwendet man die „Indikatorfolie" von WULFF. Mit einer Serie von
acht verschiedenen Folien läßt sich der Bereich PH 1,6—12,2 mit
einer Genauigkeit von 0,1—0,2 messen. Die Vergleichsfolien sind
durchsichtig und mit Abständen zwischen Glasplatten aufgereiht.
Zum Vergleich wird die Indikatorfolie zwischen die farbähnlichsten
Folien gelegt.

Zieht man den Vergleich in Lösung vor, so kann der HELLIGE-
Komparator Verwendung finden.

Die beschriebenen Methoden sind alle an Farbstufen gebunden,
d.h. die Vergleichsfarben liegen nur in Werten von 0,2 Differenz
vor. Eine geniale Abänderung stellt die Doppelkeilkolorimetrie
von BJERRUM-ARRHENIUS dar, die sich besonders zur Reihen-

untersuchung schwach gefärbter Flüssigkeiten mit ähnlicher PH eignet.

PH-*Bestimmung mit dem Doppelkeilkolorimeter nach Bjerrum-Arrhenius*. Die Apparatur, vgl. Abb. 4, besteht aus einer 20 cm langen, 4 cm breiten und 3½ cm tiefen Glaswanne, die durch eine diagonal verlaufende Glaswand in zwei keilförmige Flüssigkeitsräume unterteilt ist („Doppelkeilwanne"). Sie ist auf ein vier-

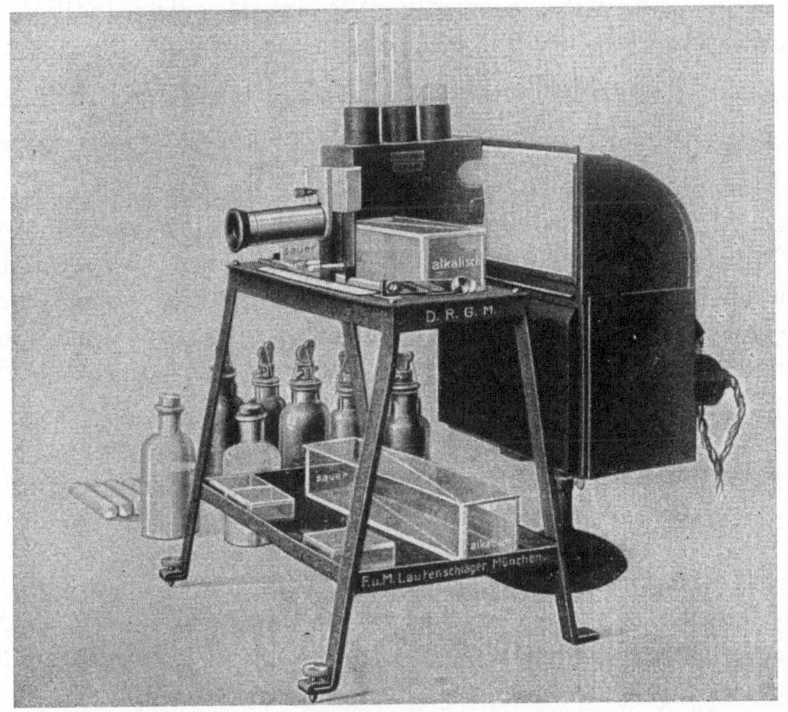

Abb. 4.

füßiges Gestell montiert, hat einen abnehmbaren Glasdeckel und trägt einen reiterförmigen „Doppelprismenkomparator", dessen beide Prismen durch Brechung das Licht 1. aus dem Prüfrohr, 2. aus der Keilwanne auf zwei benachbarte Felder abbilden. Soll z. B. eine klare farblose Flüssigkeit bestimmt werden, so genügt die Befüllung des vorderen Röhrchens mit Flüssigkeit und Indikator. Bei gefärbten und trüben Lösungen wird nach dem Prinzip von WALPOLE der Farbfehler dadurch eliminiert, daß man zwischen Lichtquelle und Wanne ein 2. Röhrchen mit Lösung ohne

Indikator setzt. Zum Ausgleich wird dann vor das Prüfrohr noch
ein Röhrchen mit aqua dest. gebracht. Die Reagensröhrchen
müssen aus farblosem Glas sein und 15 mm lichte Weite haben.

Der Komparator und das Zubehör werden von der Firma Lautenschläger G. m. b. H., Berlin NW 6, Luisenstr. 49 oder München
SW 6 geliefert.

Zur Ausführung einer PH-Bestimmung befüllt man jeden Teil
der Wanne mit je 80 ccm (ausgekochtem, daher kohlensäurefreiem)
aqua dest., gibt dann in jeden Keil 2 ccm desjenigen Indikators,
in dessen Intervall der zu bestimmende PH-Wert liegen soll und
in den alkalischen Keil (dessen Basis rechts liegt) $0,5$ ccm $\frac{n}{10}$ Na OH,
in den anderen ,,sauren'' Keil ebensoviel $\frac{n}{10}$ H Cl. Man rührt die
Mischungen in den Keilen mit je einer Gummifahne bis in die
Spitzen hinein (!) gut durch, verschließt mit dem Deckel und setzt
den Doppelprismenkomparator auf die Keilwanne. Die oben beschriebenen Röhrchen werden befüllt, wobei das Prüfrohr mit 5 ccm
Lösung und 0,35 ccm desjenigen Indikators versetzt wird, mit dem
die Keilwanne beschickt ist. Es ist darauf zu achten, daß die
Temperatur der Lösung 20—22° beträgt, da die PH-Zahl bei
höherer Temperatur kleiner wird. Das Licht fällt dann *unten* durch
den befüllten Teil des Röhrchens mit der zu messenden Lösung,
dann durch den alkalischen und sauren Flüssigkeitskeil. Durch ein
System von zwei Prismen wird das Licht zweimal rechtwinklig
gebrochen und fällt schließlich durch eine Lupe in das Auge des
Beobachters. Das austretende Licht ist das Farbgemisch aus der
Lösung und dem je nach Standort des Komparators verschieden
großen Anteil des alkalischen und des sauren Keils.

Der zweite *obere* Strahlengang des einfallenden Lichtes geht
durch den leeren Teil des Röhrchens mit der Maßlösung, durch das
Röhrchen mit aqua dest. und schließlich durch die mit Indikator
versetzte Meßlösung. Auch hier wird das Licht durch die entsprechenden Prismen gebrochen, so daß es parallel dem *unteren* Strahlengang verläuft und durch den Beobachter mit diesem verglichen
werden kann. Der obere Lichtstrahl ist die Summe der Farben aus
dem aqua dest., der Eigenfarbe der Meßlösung und ihrer Indikatorfarbe. Sie ist naturgemäß von der Stellung des Komparators unab-
hängig.

Durch entsprechende Verschiebung des Komparators ist die

Stelle zu ermitteln, an der Farbengleichheit zwischen den beiden Strahlengängen herrscht. Auf einer Skala, die vor der Keilwanne angebracht ist, kann dann ein bis 0,05 gehender Wert abgelesen werden. Die Skala hat ihren Nullpunkt in der Mitte, am alkalischen Teil sind die positiven, am sauren Teil die negativen Werte abzulesen. Hat man z. B. den Indikator „7" (Bromthymolblau), dessen Meßbereich von PH 6,2—7,8 reicht, so ist der PH-Wert beim Nullpunkt der Skala 7,0, bei $+ 0,3 = $ PH 7,3, bei $- 0,3 = 6,7$.

Zur Einstellung von Nährbouillon, Agar, Gelatine usw. werden 5 ccm Nährboden mit 5 ccm physiolog. NaCl-Lösung gut gemischt und auf zwei Röhrchen verteilt. Zu einem der Röhrchen wird Indikator gegeben und dann evtl. auf 20° abgekühlt. Bei salzigen und eiweißreichen Lösungen sind die Nährböden bis auf 1:5 zu verdünnen.

Die befüllten Keilwannen sind vor Licht zu schützen, weil sonst die Farben leicht verblassen. Ist die Befüllung der Wanne vor einigen Tagen erfolgt, so ist es zweckmäßig vor der Bestimmung dem „alkalischen" Keil einige (1—3) Tropfen $\frac{n}{10}$ NaOH zuzufügen und mit der Gummifahne wie bei Neubefüllung durchzurühren. Sind die Farben merklich verblaßt, so empfiehlt sich eine Neubefüllung. Soll eine PH-Bestimmung bei grellem Sonnenlicht vorgenommen werden, dann stellt man vor den Apparat entweder eine Mattscheibe oder man hängt ein Stück Pergamentpapier davor. Für PH-Bestimmungen bei künstlichem Licht wird eine Lampe geliefert.

Die Nitrophenolindikatorenmethode von Michaelis. Die bei dem Verfahren von BJERRUM-ARRHENIUS verwendeten Farbstoffe haben den Nachteil, daß ihr „Eiweißfehler" oft sehr groß ist. Von MICHAELIS wurden daher die Nitrophenole zur PH-Messung vorgeschlagen, da bei diesen der Eiweißfehler vernachlässigt werden kann. Diesem Vorteil steht aber auch ein Nachteil gegenüber: die Nitrophenole gehen durch Alkali in gelb gefärbte Verbindungen über. Da die Meßflüssigkeit (Bouillon, Urin usw.) oft ebenfalls gelb gefärbt ist, muß man zur Unterdrückung der Eigenfarbe mehrfach verdünnen, was aber, wie schon erwähnt, nur bei gepufferten Lösungen möglich ist.

Die Ursache des Farbumschlags ist die Konstitutionsänderung z. B.

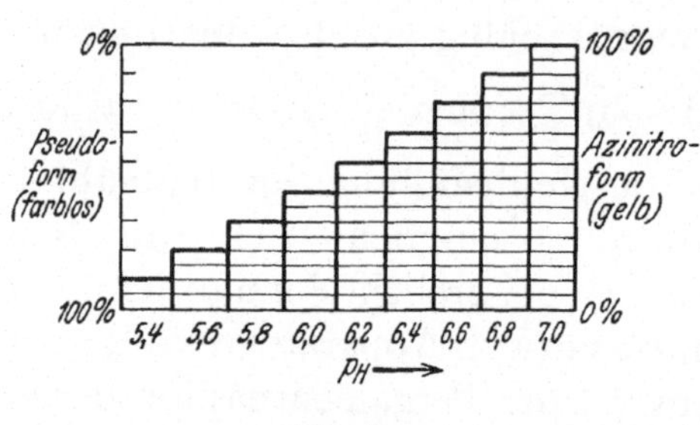

$$O = N = O \qquad\qquad O = N - OH \qquad\qquad O$$

Alkali →

Pseudoform von Para-   Azi-Nitroform   Chinon
nitrophenol
farblos   gelb   gelb

Das Chinon, ebenfalls „chinoider" Struktur, ist gleichfalls gelb gefärbt. Durch die Eigenart der Azinitroverbindung ist auch der geringe Eiweißfehler bedingt.

Bringt man in einer Nitrophenollösung durch Zusatz von Alkali die PH z. B. von 5 auf 7, so geht die farblose Verbindung allmählich in die gelbe Alkaliverbindung, OC_6H_4NOONa über. Zwischen PH 5 und 7 liegen Mischungen der beiden Verbindungen vor. Auf Grund theoretischer Erwägungen läßt sich errechnen, wie groß bei den verschiedenen PH-Stufen jeweils der Anteil der gelben Verbindung ist.

Abb. 5.

Zur Herstellung von *Vergleichsröhrchen* ist dann nur die entsprechende Menge derselben in Röhrchen einzutragen und mit verdünntem Alkali aufzufüllen. Die Röhrchen enthalten also *nur* die gelbe Verbindung und zwar in steigender Konzentration. Abb. 5 zeigt den Übergang der Pseudoform in die Azinitroform (schematisch).

Im praktischen Betrieb wird die Bestimmung durch Herstellung der *Dauer*vergleichsröhrchen weitgehend vereinfacht. Aus den vier Stammlösungen:

I. Paranitrophenol . . . . 0,1 %
II. Metanitrophenol . . . . 0,3 %
III. Gammadinitrophenol 0,25%
IV. Alphadinitrophenol . . . . . 0,5 %

werden verschiedene Verdünnungen des Indikators mit $\frac{n}{10}$ Soda-lösung hergestellt und in saubere, alkalifreie Reagensgläser von gleicher lichter Weite abgefüllt. Nach Zuschmelzen oder Versiegeln können die Röhrchen beschriftet und aufbewahrt werden. Vgl. Abb. 6.

Verdünnung der Stammlösung:

    I. Zu 18 ccm n/10 Na_2CO_3 kommen 2 ccm Stammlösung.
    II. „ 18 „ „ „ „ 2 „ „
    III. „ 27 „ „ „ „ 3 „ „
    IV. „ 27 „ „ „ „ 3 „ „

Diese „Indikatorverdünnung" wird mit „Ergänzungslösung" $\left(\frac{n}{10}\,Na_2CO_3\right)$ in verschiedenem Verhältnis gemischt; die unter „Ind. Verd." angegebene Menge in ccm wird mit Ergänzungslösung auf 7 ccm aufgefüllt (z. B. I; 4. Röhrchen 0,63 ccm Ind. Verd. mit 6,37 ccm $\frac{n}{10}\,Na_2CO_3$):

Abb. 6.

Reihe	Lösg. PH	1.	2.	3.	4.	5.	6.	7.	8.	9.
						Röhrchen				
I.	Ind. Verd. . .	0,16	0,25	0,40	0,63	0,94	1,40	2,08	3,0	4,05
	PH	5,4	5,6	5,8	6,0	6,2	6,4	6,6	6,8	7,0
II.	Ind. Verd. . .	0,27	0,43	0,66	1,0	1,5	2,3	3,0	4,2	5,2
	PH.	6,8	7,0	7,2	7,4	7,6	7,8	8,0	8,2	8,4
III.	Ind. Verd. . .	0,74	1,10	1,65	2,4	3,4	4,5	5,5	6,6	
	PH	4,0	4,2	4,4	4,6	4,8	5,0	5,2	5,4	
IV.	Ind. Verd. . .	0,51	0,78	1,20	1,74	2,5	3,4	4,6	7,5	6,7
	PH	2,8	3,0	3,2	3,4	3,6	3,8	4,0	4,2	4,4

Durch Vergleich mit diesen Röhrchen kann die PH mit einer Genauigkeit von 0,1—0,2 PH bestimmt werden.

Zur Ausschaltung der Eigenfarbe wird nach Verdünnung auf das 3fache (bei gut gepufferten Lösungen auch bis auf das 10fache) die Lösung im Walpole-Komparator mit den Dauerröhrchen verglichen.

Der Komparator besteht aus einem Holzblock, vgl. Abb. 7, der in der Senkrechten 3 Lochpaare von 9 cm Tiefe aufweist, die in der Wagerechten von 3 Durchbohrungen *a*, *b* und *c* getroffen werden und als „Sehloch" dienen. Die vordere Reihe sei mit *1*, *2* und *3* bezeichnet, die hintere mit *4*, *5* und *6*. Durch das Sehloch *a* wird dann *1* und *4*, durch *b* *2* und *5*, durch *c* *3* und *6* beobachtet.

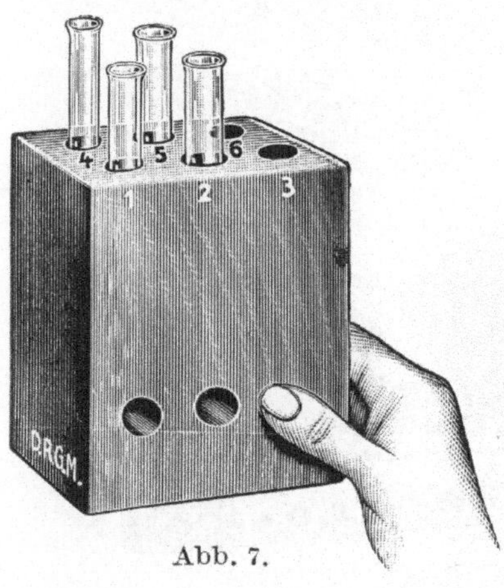

Abb. 7.

In *1* und *3* kommen die Vergleichsröhrchen (z. B. Reihe II., 4. und 5. Röhrchen $=$ PH 7,4 und 7,6) dahinter in *4* und *6* je 6 ccm Meßlösung $+$ 1 ccm Wasser. In *2* kommen 6 ccm Meßlösung und 1 ccm Indikatorstammlösung (in unserem Beispiel also II: Metanitrophenol), in 5 ein Rohr mit H_2O. Damit sind für die Betrachtungen gleiche Verhältnisse geschaffen. Das Licht durchläuft die gleiche Schicht Wasser und Meßlösung in den 3 Sehfeldern *a*, *b* und *c* und es variiert nur noch der Wert der Farblösung. Liegt der Farbton in der Mitte zwischen *a* und *c*, so muß der PH-Wert geschätzt werden (im Beispiel also rd. 7,5). Natürlich muß auch auf den Temperatureinfluß geachtet werden.

Stammlösungen und Dauerreihen können fertig bezogen werden.

β) Elektrometrie.

1. Allgemeines. Das älteste Verfahren der Erzeugung galvanischer Elektrizität beruht bekanntlich auf der 1790 von VOLTA gemachten Entdeckung, daß beim Eintauchen eines Metalls in eine Flüssigkeit eine Potenzialdifferenz zwischen Metall und Flüssigkeit entsteht. Werden zwei verschiedene Metalle in ein Gefäß mit Flüssigkeit getaucht, so hat man das einfachste galvanische Element vor sich. Zur Vermeidung der Polarisation (Spannungsabfall durch Beladung einer Elektrode mit H_2-Gas) stellt man konstante Elemente her, von denen das DANIELL-Element angeführt sei: ein Zinkstab taucht in verd. H_2SO_4; in letzterer befindet sich ein mit $CuSO_4$-Lösung gefüllter Tonbecher mit einem Kupferstab $(Zn \mid H_2SO_4 \parallel CuSO_4 \mid Cu)$. Entnimmt man von beiden Metallstäben Strom, so geht Zn als $Zn^{\cdot\cdot}$ in Lösung, bindet sich an SO_4'', während das H˙ der H_2SO_4 durch den Tonbecher wandert und sich an Stelle des Cu¨ in $CuSO_4$ setzt, das sich seinerseits auf dem Kupferstab niederschlägt und diesem seine *positive* Ladung abgibt. Da der zunächst neutrale Zinkstab durch die Abwanderung eines Teiles Zink als pos. Zn-Ion *negativ* zurückbleibt, besteht zwischen den beiden Metallstäben eine Spannungsdifferenz: Chemische Energie der Metalle kann in elektrische Energie übergeführt werden.

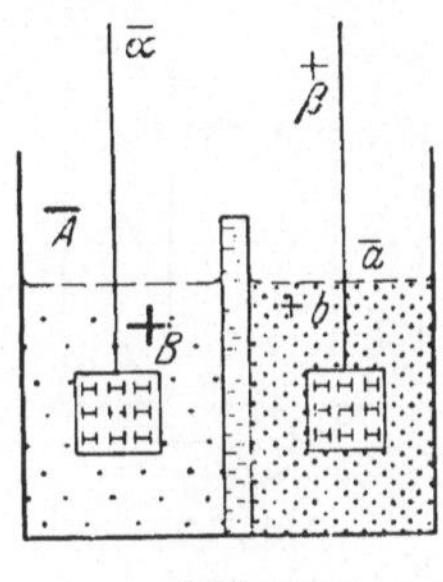

Abb. 8.

Der Lösungsdruck der Metalle, wie Nernst diese Erscheinung nannte, ist umgekehrt proportional der Anzahl der schon in der Lösung befindlichen betr. Metall-Ionen. Auch der Wasserstoff ist in elektrischer Hinsicht als Metall aufzufassen. Wird er in einem Metall mit sehr kleiner Lösungstension, Platin, aufgelöst, so kann diese $Pt\text{-}H_2$-Elektrode als Wasserstoffelektrode dienen. Taucht man eine $Pt - H_2 = $ Elektrode in eine H-Ionen *reiche* Lösung, so geht nur wenig H_2 in Lösung, die Elektrode ist dann schwach negativ. Wird eine andere $Pt - H_2 = $ Elektrode in eine H-Ionen *arme* Lösung getaucht, so geht sehr viel H_2 als positiv geladenes H-Ion in Lösung, die Elektrode bleibt stark negativ geladen zurück. Stehen beide Gefäße durch eine poröse Wand in leitender Verbindung, so kann man eine Potenzialdifferenz zwischen beiden Elektroden messend feststellen. Da diese von der H-Ionen-*konzentration* abhängig ist, spricht man bei solchen Anordnungen von „Konzentrationsketten". Sie können zur Messung der H-Ionen-konzentration dienen.

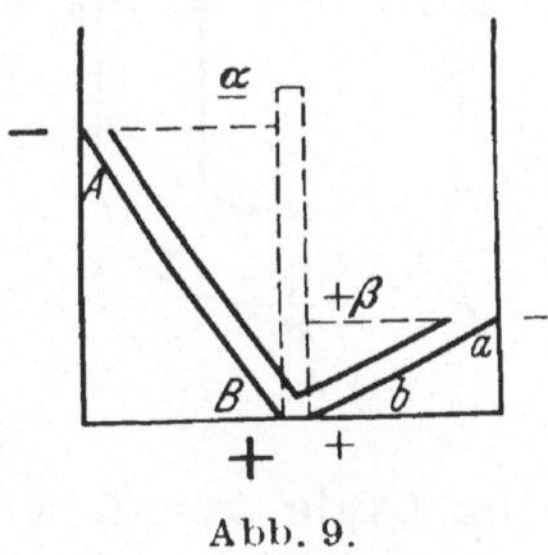

Abb. 9.

Wird z. B. wie in Abb. 8 angedeutet, die rechte Zelle mit Normalsalzsäure, die linke mit $\frac{n}{10}$ HCl gefüllt, so ist die linke Elektrode um 57,7 Millivolt negativer als die rechte: bei $\frac{n}{100}$ HCl um $2 \cdot 57{,}7 = 115{,}4$ mV usw. Bei Lösungen unbekannter PH kann also aus der Millivoltzahl auf die PH geschlossen werden. Zum Verständnis sei der Vergleich mit dem Druckgefälle von Wasser herangezogen (Abb. 9). Von den Systemen $A\,B$ und $a\,b$ zeigt $A\,B$ ein großes, $a\,b$ ein kleines Druckgefälle. Werden beide bei $B\,b$ vereinigt, so findet man bei a, wo anfangs der Druck — war, nunmehr $+ \beta$. Das Gefälle zwischen A und a ist also $= \alpha/\beta$.

Würde die PH-Messung mit den sonst in der Elektrotechnik üblichen Spannungsmessern vorgenommen, so bestände die Gefahr, daß durch die Meßgeräte zu viel Strom verbraucht würde (im Bei-

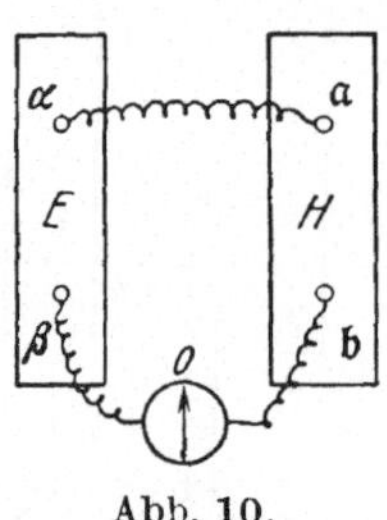
Abb. 10.

spiel des Wassers: Bei A ist kein Reservewasser, daher rasch Abfall). Um dieser Gefahr zu entgehen, wird eine besondere Schaltung nach POGGENDORF—DUBOIS REYMOND angewendet. Die Pole α und β der Elektrode E (vgl. Abb. 10) werden mit den Polen a und b einer variablen Hilfsstromquelle H verbunden und zwischen β und b ein empfindliches Galvanometer G gelegt. Ist nun die Spannung bei $\alpha\beta$ gleich der von $a\,b$, so fließt kein Strom durch das Galvanometer: $V = v$. Die Spannung oder das Potential von E ist dann gleich der bekannten Spannung an der Hilfsstromquelle H. Im Vergleich mit dem Wasser würde die Anordnung mit einer kommunizierenden Röhre

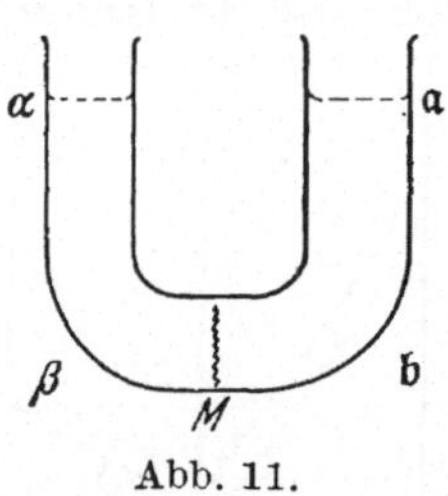
Abb. 11.

zu vergleichen sein, die im Verbindungsrohr eine dehnbare Membran M (Abb. 11) trägt. Bleibt diese in Ruhestellung, so ist der beiderseitige Druck gleich. Umgekehrt kann man bei ruhender M schließen, daß die beiden Wassersäulen die gleiche Höhe haben (s. Abb. 11).

2. Die Apparatur zur Messung. Sowohl für die Meß- als auch für die Bezugselektroden sind im Laufe der Zeit besondere Formen entwickelt worden. Es ist daher zweckmäßig, die Elektrodengefäße fertig zu beziehen.

Ein älteres Modell, daß als Grundlage der Weiterentwicklung zu betrachten ist, zeigt Abb. 12: links die H-Meßelektrode, in der Mitte die KCl-Wanne, rechts die Kalomelbezugselektrode.

Die Wasserstoff-Meßelektrode. Das Gefäß trägt eine Zuleitung für Wasserstoffgas, das im Kippschen Apparat aus Arsenfreiem Zink und H_2SO_4 entwickelt und in zwei Waschflaschen durch Pyrogallol und Sublimat gereinigt wird. Die Platinelektrode wird nach Reinigung mit Bichromatschwefelsäure im Platinierungsapparat mit einer Schicht feinst verteilten Pt überzogen (sog. Platinmohr). Zur Messung wird nur soviel Meßlösung eingefüllt, daß ein Teil der Elektrode aus der Lösung herausragt. Dann wird einige Minuten Wasserstoffgas durchgeleitet. Nun kann die Messung erfolgen. Zur Kontrolle wird hierauf nochmals Gas eingeleitet und die Messung wiederholt, bis übereinstimmende Werte erhalten werden.

Die KCl-Wanne. Zur leitenden Verbindung von Meß- und Bezugselektrode kann Metall nicht verwendet werden, da dieses ein Eigenpotential aufweist. Zur Stromleitung eignet sich dagegen eine gesättigte KCl-Lösung, die den Strom unverändert weiterleitet, auch wenn sie in porösem Ton aufgesaugt oder mit Agar zusammengebracht wird. Auf diese

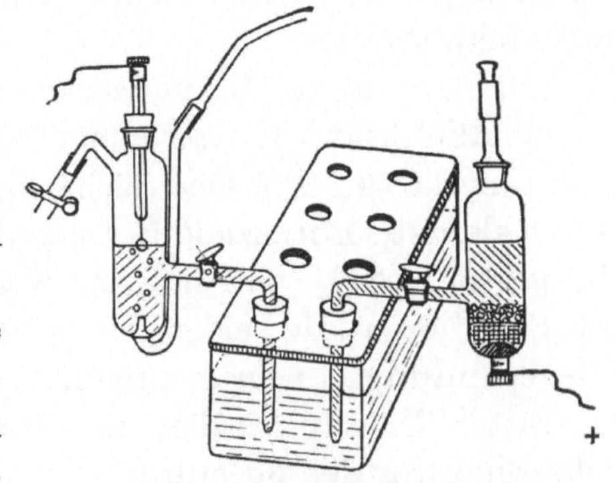

F. u. M. Lautenschläger G.m.b.H., München.
Abb. 12.

Weise werden nämlich die beiden Zuleitungsschenkel der Elektroden zur KCl-Wanne flüssigkeitsdicht gemacht, ohne daß die Stromleitung versagt.

Die Kalomel-Bezugselektrode. Zur Füllung der Elektrode sind nur reinste Chemikalien zu verwenden. Der Vorgang der Füllung ist in jedem Spezialwerk über die Wasserstoffionenkonzentration zu finden [1].

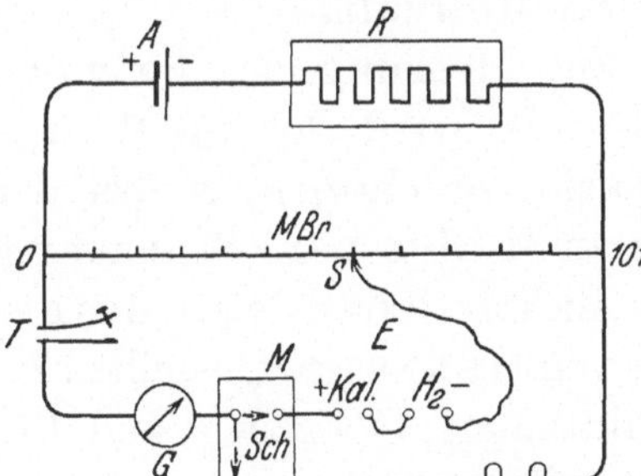

Elektrische Geräte zur Messung. 2-Volt-Akkumulator A: (s. Abb. 13) dient als Stromquelle für eigentliche Messung. Er hat zur Entnahme konstanter Ströme eine hohe Kapazität.

Regulierwiderstand R: Serie geeichter Drahtwiderstände, die

Abb. 13.

durch widerstandsarme Kontakte (Stöpsel) zu- und abgeschaltet werden können.

Meßbrücke MBr: hat geeichten Durchmesser und besteht aus einem Metall, dessen Widerstand von seiner Temperatur fast unab-

---

[1] Michaelis, L.: Die Wasserstoffionenkonzentration. Berlin: Julius Springer. — Kordatzki, W.: Taschenbuch der praktischen PH-Messung. München: Müller und Steinicke.

hängig ist. Er ist auf einem Skalenstab oder einer Skalenwalze befestigt und mit dem Schleifkontakt S in leitender Verbindung.

Normalelement N: üblich ist das Weston-Element mit einer Spannung von 1018,7 Millivolt. Diese Spannung ist nahezu temperaturunabhängig.

Nullinstrument G: verwendbar sind Meßinstrumente großer Empfindlichkeit: 1. Galvanometer, 2. Kapillarelektrometer nach von Lippmann: Die Oberflächenspannung von Quecksilber wird durch kleinste Potenzialdifferenzen geändert. Die Grenzfläche von Hg gegen H_2SO_4 wird in einer Kapillare mikroskopisch verfolgt. Als Pole dienen die beiden Flüssigkeiten. Das Instrument ist gegen Überspannungen sehr empfindlich (Polarisation!)

Taster T: ähnlich dem Morsetaster. Kontakt tritt ein durch Überwindung des Federdrucks.

Schalter Sch: Dient zur Umschaltung vom Normalelement (Prüfschaltung P) auf die Elektrodenkette E (Meßschaltung M).

3. Ausführung der Messung. Schalter Sch wird auf P (prüfen) gestellt. Es steht dann die durch R regelbare Spannung des Akkum. A gegen diejenige des Normalelementes N. Es wird R so eingestellt, daß G stromlos ist, wenn T kurz betätigt wird. Dann ist die Spannung an den Enden von MBr gleich der des Normalelements: 1018,7 Millivolt.

Zur Messung der Potentialdifferenz an der Elektrodenkette $Kal - H_2$ wird Sch auf M umgestellt. Der Schleifkontakt S wird solange verschoben, bis bei G Stromlosigkeit herrscht. Dann ist die an M ablesbare Spannung gleich der unbekannten Spannung der Elektrodenkette E. Aus dieser Spannung läßt sich auf Grund der von Nernst aufgestellten Formeln die PH berechnen. Für den praktischen Gebrauch sind PH-Tabellen errechnet worden, aus denen für jede Spannung die zugehörige PH abzulesen ist (z. B. von Arvad Yllpö).

4. Die Messung mit Chinhydron. Die Meßelektrode. Mit der Wasserstoffelektrode ist der gesamte PH-Bereich in größter Genauigkeit (0,01—0,02) zu messen. Da jedoch das Arbeiten mit H_2-Gas umständlich ist, wird neuerdings eine andere H_2-Quelle, das Chinhydron angewendet. Es ist dies eine sog. Molekülverbindung, die aus Chinon und Hydrochinon in genau molekularem Verhältnis besteht. Das Hydrochinon ist durch Nebenvalenzen an Chinon gekettet und gibt in Berührung mit blanken Pt-Flächen an diese nur sehr kleine, aber immer gleichmäßige Mengen Wasserstoff ab. Der Lösungsdruck dieses Wasserstoffs ist nun ebenfalls von dem Gehalt der Lösung an H-Ionen abhängig, d. h. die Spannung verschiebt sich wie bei der Wasserstoffelektrode jeweils um 57,7 Millivolt, wenn sich die PH um 1 ändert.

Vergleicht man die Normalwasserstoffelektrode mit der Chinhydronelektrode, so ist, da letztere viel weniger H-Ionen in Lösung sendet, die Norm. H-Elektrode negativ. Wird die Norm. H-Elektrode als 0-Punkt genommen, so ist die Norm.-Chin.-Elektrode positiver und zwar um 704,4 Millivolt. Das Potential der gesättigten Kalomelelektrode beträgt $+$ 250,3 m V. Verwendet man nun die Kalomelelektrode als Bezugselektrode, so sind in dem Bereich 704,4 — 250,3 = 454,1 die PH-Werte von 0 bis [454,1 : 57,7 =] 7,87 zu finden.

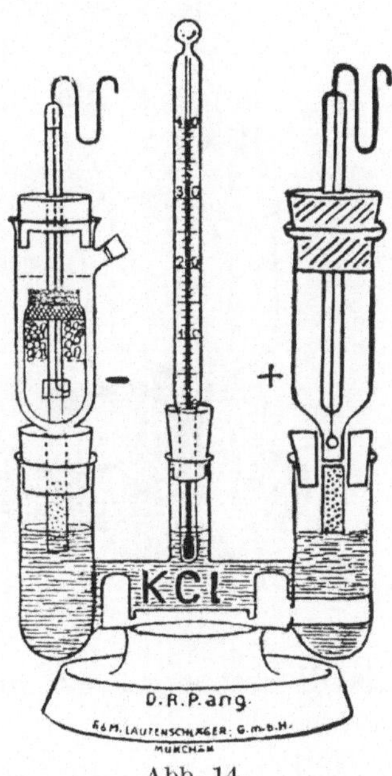

Abb. 14.

Die nebenstehende Abb. 14 stellt eine vereinfachte Kalomel-Chinhydronapparatur dar, die sehr handlich ist und rasches Arbeiten gestattet. Die Elektroden sind durch poröse Tonstifte mit der KCl-Wanne in leitender Verbindung. Von PH = 0 bis PH = 7,87 ist die Chinhydronelektrode positiv, darüber hinaus negativ gegen die Kalomelelektrode.

Bezugselektrode. Die Handlichkeit der Chinhydronelektrode zusammen mit ihrer raschen Einstellung läßt sie auch als Bezugselektrode Verwendung finden. So kann an die Stelle der Kalomelelektrode eine Chinhydronelektrode treten, die mit Standardazetat (Puffergemisch aus CH_3COOH + CH_3COONa, PH = 4,62) und Chinhydron gefüllt ist, da ihr Potential bekannt ist. Angenommen, die Meß- und Bezugselektrode hätten gleiches Potential (im Wasserbeispiel A B = a b), dann ist die Potentialdifferenz und der Wert bei M = 0 (Abb. 13). Würde man für jedes PH kontinuierlich ein derartiges Puffergemisch herstellen können, so wäre nur noch der Kreis 0 = MBr, T, G, Sch—M, (Kal, H) 0 notwendig, d. h. Meßapparate und Stromquellen kämen in Wegfall. Auf diesem Prinzip beruht der PH-Bestimmungsapparat von

Roeder. In genau abgemessene Menge Pufferlösung wird $\frac{n}{2}$ NaOH aus einer Spezialbürette eintropfen lassen. Ist der Punkt erreicht, an dem Stromlosigkeit herrscht, so kann aus dem Verbrauch an

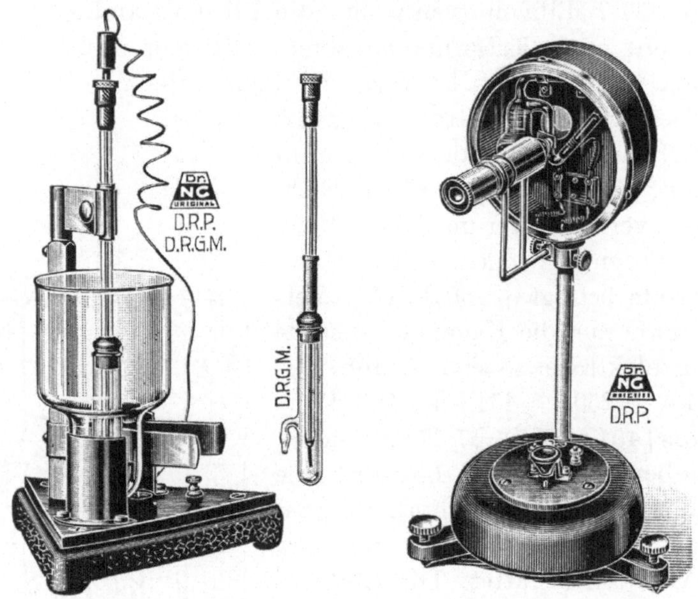

Abb. 15.

NaOH sofort die PH durch Addition einer Konstanten erhalten werden.

Titrimetrische PH-Messung und -Einstellung (Roeder). Die Apparatur setzt sich aus folgenden Teilen zusammen:

1. Elektrodenbecher und Elektrodenrohr; an beiden ist die Platinelektrode in den Boden des Gefäßes eingeschmolzen. Zur leitenden Verbindung dient ein KCl-Agarbügel. Beide werden eingespannt in

2. den Elektrodenhalter. Dieser trägt zwei Federkontakte für die Platinelektroden und einen Sockel für den Rührer.

3. Das Elektrometer (von Lippmann) mit Beleuchtung; am Boden ist der Taster angebracht.

4. Titrierapparatur für $\frac{n}{2}$ NaOH mit Spezialbürette.

Außer Chinhydron wird noch eine Serie von Vergleichsstammlösungen vorrätig gehalten, die als $\frac{1}{4}$ molare Lösungen zu beziehen sind; aus diesen sind durch Verdünnen mit frisch ausgekochtem

Aqua dest. die Vergleichslösungen herzustellen. Es werden auf 250 ccm aufgefüllt: 1. 95 ccm Ameisensäure (Meßbereich M.B. PH 2,8—4,0); 2. 100 ccm Essigsäure (M.B. PH 3,5—6,0); 3. 100 ccm KH_2PO_4 (M.B. PH 5,7—8,0); 4. 100 ccm Borsäure (M.B. PH 7,6 bis 8,8).

Nach diesen Vorbereitungen kann vorgenommen werden:

Die PH-Bestimmung. Durch angenäherte PH-Bestimmung (mit Universalindikator) wird zunächst der PH-Bereich der

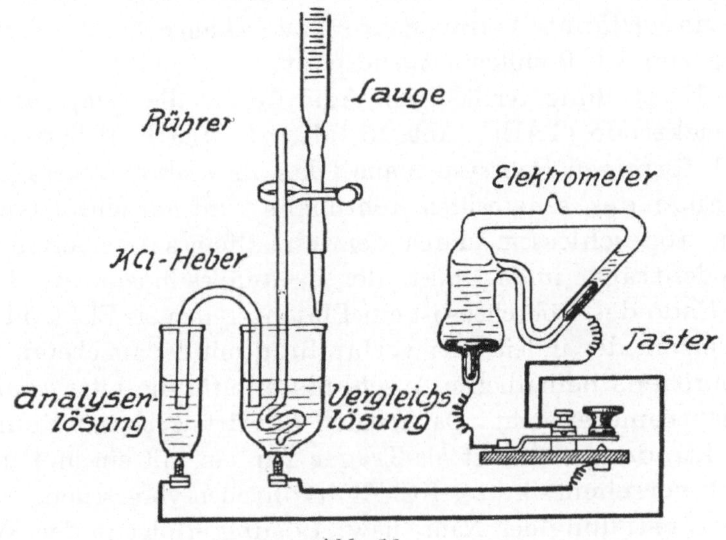

Abb. 16.

Meßlösung ermittelt. Zur Messung werden 20 ccm derjenigen Vergleichslösung, deren Anfangs-PH saurer ist (z. B. für PH = ca. 5,0 die Vergleichslösung 2), in die Becherelektrode gefüllt. Nachdem das Elektrodenrohr mit einigen ccm Meßlösung gefüllt ist, wird zu beiden Chinhydron gegeben. Die Gefäße werden in den Elektrodenhalter gesetzt und mit dem Agarbügel verbunden. Sodann wird unter kurzem Druck auf den Taster das Kapillarelektrometer beobachtet. Der Quecksilbermeniskus bewegt sich beim Schließen des Tasters so lange nach oben, als die Vergleichslösung noch zu sauer ist. Jeweils nach Zutropfen von $\frac{n}{2}$ NaOH zur Vergleichslösung ist zu rühren und zu messen, bis der Meniskus ruht. Der Verbrauch an NaOH, addiert zum Standardwert der Vergleichslösung, ergibt die PH-Zahl der Meßlösung.

Die PH-Einstellung. Zur Einstellung von Bouillon stellt man sich eine Vorratslösung bekannter PH dadurch her, daß man zu 20 ccm Vergleichslösung die entsprechende Menge $\frac{n}{2}$ NaOH aus der Spezialbürette gibt. Mit dieser Lösung wird das Elektrodenrohr gefüllt. In den Elektrodenbecher mißt man genau 50 ccm Bouillon und läßt nach Chinhydronzugabe (zu beiden Gefäßen) solange 20 fach verdünnte Vorratssäure bzw. -lauge tropfen, bis gleiches Potential herrscht. Die Anzahl der verbrauchten ccm gibt die Menge unverdünnte Vorrats-Säure bzw. -Lauge an, die zur Einstellung von 1 l Bouillon notwendig ist.

Zur Einstellung verflüssigten Agars dient die Temperaturausgleichselektrode (TAE)[1] (Abb. 15, Mitte). Die TAE besteht aus einem h-förmigen Rohrsystem aus Glas als Elektrodengefäß. Das obere Ende des senkrechten Röhrchens wird mit einem Gummistopfen abgeschlossen, durch den ein dünnes Gasröhrchen als Elektrodenträger in das Innere des h-Gefäßes hineinragt. In das untere Ende des Röhrchens ist ein Platinstreifen als Elektrode eingeschmolzen, der in leitender Verbindung mit der am oberen Ende des Röhrchens befindlichen Anschlußstelle für die Litze zum Kapillarelektrometer steht. Das seitlich abwärts gebogene Röhrchen des Elektrodengefäßes ist als Träger für ein mit einem Gummischlauch versehenes kurzes KCl-Agarröhrchen vorgesehen.

Die Einstellung der Nähr- usw. Lösung erfolgt in der Weise, daß man das h-Röhrchen mit der Pufferlösung des gewünschten PH-Wertes plus Chinhydron beschickt und das KCl-Agarröhrchen anbringt. Die Pufferlösung kann für jeden PH-Wert aus dem zum Apparat gehörenden Puffer und der $\frac{n}{2}$ NaOH-Lösung mit Hilfe der Spezialbürette hergestellt werden. Die fertige TAE wird in die einzustellende Lösung der Titrierelektrode getaucht. Bei der Einstellung von Agarlösung verfährt man in der Weise, daß man in die Titrierelektrode ca. 40 ccm Aqua dest. von Zimmertemperatur und 10 ccm heißer Agarlösung mischt, etwas Chinhydron hinzusetzt und die TAE eintaucht. Nachdem die Titrierelektrode und die TAE mit dem Kapillarelektrometer verbunden sind, wird unter Druck auf den Taster die Ausschlagsrichtung des Meniskus im Kapillarelektrometer beobachtet. Entsprechend der Ausschlags-

---

[1] Aus Zbl. Bakt. 133, 467.

richtung setzt man der Analyselösung Säure oder Base aus einer Bürette hinzu, bis Stillstand im Kapillarelektrometer erreicht ist. Aus dem Verbrauch an Korrekturlösung für die 10 ccm Agar errechnet man die notwendige Zahl für die Gesamtmenge der einzustellenden Lösung. Benutzt man zum Titrieren eine 100fache Verdünnung der Korrekturlösung, so hat man pro Liter Nährboden dieselbe Menge der konzentrierten Lösung hinzuzusetzen.

Durch das Eintauchen der TAE in die warme Analyselösung, wobei man die TAE in quirlende Bewegung versetzt, nimmt die Pufferlösung in dem h-Gefäß in kurzer Zeit die Temperatur der Analyselösung an, wobei also ein Temperaturausgleich zwischen beiden Lösungen entsteht.

Selbstverständlich kann auch jede andere Lösung mit Hilfe der TAE in kaltem wie in warmem Zustande eingestellt werden. Bei Temperaturen von über 50° oxydiert das Chinhydron und macht Einstellungen unmöglich.

Die fertige TAE kann in gesättigter KCl-Lösung mehrere Stunden aufgehoben und in dieser Zeit für dieselbe PH-Zahl beliebig oft benutzt werden.

4. Die Filtration von Nährböden.

Die Filtration der Nährböden kann zum Zwecke der Entkeimung als auch zur Beseitigung trübender Substanzen erfolgen.

a) Entkeimung durch Filtration.

Flüssige Nährböden, die keine Erwärmung vertragen, z. B. eiweißhaltige Flüssigkeiten: Serum, Ascitesflüssigkeit u. a. m., ferner Lösungen von temperaturempfindlichen Salzen, z. B. Normosallösung, Coffeinlösung, Toxin usw. können durch Filtration durch bakteriendichte Filter entkeimt werden. Die Poren solcher Filter sind so dicht, daß sie Eiweiß- und Salzmoleküle durchlassen, die Bakterienleiber dagegen zurückhalten. Solche Filter können aus Kieselgur, Ton, Asbest oder Pappe hergestellt werden.

Die Kieselgur- und Tonfilter werden in Form von Hohlkerzen in verschiedener Größe und Formgestaltung und in der Regel in drei verschiedenen Porenweiten auf den Markt gebracht. Die größte Verbreitung haben die Berkefeldkerzen (Abb. 17). Diese sind aus Kieselgur (Diatomeenerde) hergestellt und werden in drei Porenweiten geliefert: V (= viel) grobporig und stark durchlässig, N (= normalporig), W (= wenig) engporig. Zur Entkeimung verwendet man N- oder W-Kerzen. Die Kerzen, die je nach Bedarf in verschiedenen Größen bzw. Formen geliefert werden, sind vor dem Gebrauch im Dampftopf zu sterilisieren oder 30 Minuten lang auszukochen. Je nach Form der Kerze werden Glas- bzw. Metallmäntel zur Aufnahme der zu filtrierenden Flüssigkeit geliefert. Da wegen

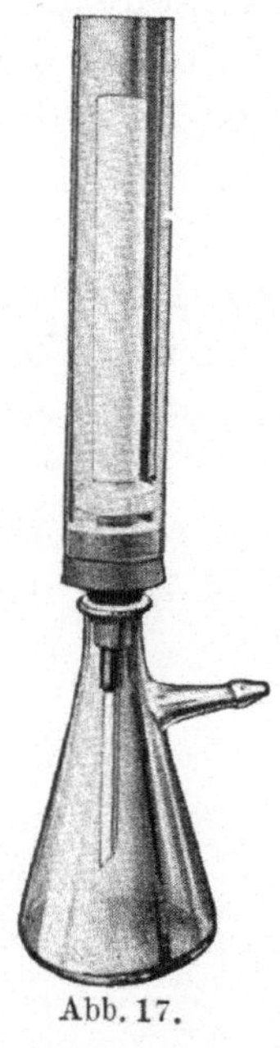

Abb. 17.

der geringen Porenweite die Filtration ohne Anwendung von Druck nicht in Gang käme, muß durch künstlichen Druck der Durchfluß beschleunigt werden. Es kann dies entweder dadurch geschehen, daß auf der Flüssigkeitsseite Druck (Preßluft) ausgeübt wird, oder daß auf der Seite des Ablaufrohres der Kerze gesaugt wird; hierbei wirkt der Druck der atmosphärischen Luft. Da bei beiden Verfahren erhebliche Drucke auf die Gefäße einwirken, müssen dickwandige Gefäße, Filtermäntel und Saugflaschen verwendet werden. Meistens benutzt man den Druck der atmosphärischen Luft und setzt das Filter auf eine starkwandige Saugflasche; diese trägt unterhalb des Stopfens ein Ansatzrohr für den Druckschlauch, durch den das Gefäß dann entweder mit der Wasserstrahl- oder Ölpumpe evakuiert wird. Die Außenluft drückt nun die Flüssigkeit durch die Poren der Kerze in das Auffanggefäß. Hierbei verwendet man offene Mäntel für die Filterkerze. Daß das Auffanggefäß und auch das Filter steril sein müssen, versteht sich von selbst.

Die Filterkerze besteht aus dem Ton- oder Kieselgurkörper, der durch die Metallfassung fest mit dem Ablaufrohr verbunden ist. Dieses trägt eine Schraubenmutter, durch die nach Einfügen einer Gummidichtung der Filtermantel fest an den Tonkörper gepreßt wird. Das Auslaufröhrchen wird durch die Bohrung eines Gummistopfens gesteckt und auf die Saugflasche gesetzt. Über weitere Einzelheiten unterrichtet der Katalog der Berkefeld-Filtergesellschaft. Zwischen Auffanggefäß und Wasserstrahl- bzw. Ölpumpe ist ein Rückschlagventil und eine Gaswaschflasche oder WULFFsche Flasche als Vorschaltgefäß einzufügen, um evtl. Rückfluß des Wassers aus der Wasserstrahlpumpe in das Filtrat zu verhindern.

Sofern man nicht das Auffanggefäß unter Watteverschluß im Trockensterilisator entkeimt hat, kann man das ganze System 1 Std. im Dampftopf sterilisieren. Die Vorschaltflasche wird nicht sterilisiert; auf ihren richtigen Anschluß ist zu achten: Das bis zum Boden reichende Rohr muß an die Pumpe angeschlossen werden.

Zur Reinigung der durch Gebrauch verstopften, „versackten" Kerzen läßt man aus der Wasserleitung von rückwärts Wasser durchströmen. Man kann nach gründlichem Waschen auch vom Abdampfhahn am Autoklav Dampf durchströmen lassen. Chemisch kann man die Kerzen durch Einlegen in 15 proz. Natronlauge oder Antiformin (am besten über Nacht) reinigen. Zur Entfernung der Lauge ist aber dann längere Zeit mit der Pumpe Wasser hindurch zu saugen.

Die grobporigen Kerzen dienen nicht zur Entkeimung sondern zum Klären und Vorfiltrieren. Die *entkeimende* Filtration durch feinporige Kerzen verläuft dann wesentlich schneller.

Das Seitzfilter. In neuerer Zeit werden die Filterkerzen von dem Asbestpappefilter nach SEITZ immer mehr verdrängt. Diese Filter bestehen aus zwei flachen, durch Schrauben verbundene Metallschalen, die je ein Zu- bzw. Ablaufrohr tragen. Die Filterschicht, eine besonders imprägnierte Asbestpappescheibe, wird durch die Verschraubung der Metallschalen gehalten. Die Filter werden in verschiedener Größe geliefert und eignen sich sowohl zur entkeimenden Filtration, wozu die Serum-EK (Entkeimungsschichten) geliefert werden, als auch zur klärenden Filtration. (Weinkeltereien u. dgl. bedienen sich für ihre Zwecke entsprechender Seitzfilter.) Für die entkeimende Filtration wird das fertig montierte Filter erst sterilisiert. Man legt die EK-Schicht in das Metallgehäuse,

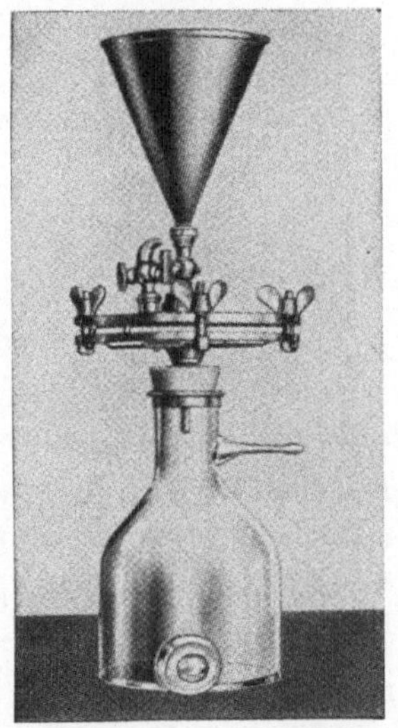

Abb. 18.

zieht die Schrauben nur lose an, damit die Schicht sich ausdehnen kann; dann steckt man den Auslauftubus des Filters durch die

Bohrung eines in den Hals des Auffanggefäßes passenden Gummistopfens und sterilisiert das Filter mit dem Auffanggefäß in der
üblichen Weise im Autoklav. Nach dem Abkühlen des Filters setzt
man es in Betrieb. Bei den Seitzfiltern kann statt Vakuum (Abb. 18)
auch komprimierte Luft als treibende Kraft Verwendung finden (s.
Abb. 19). Seitzfilter sind von Fa. Leitz, Berlin NW 6, Luisenstr. 45
oder P. ALTMANN, Berlin NW, Luisenstr. 47 erhältlich.

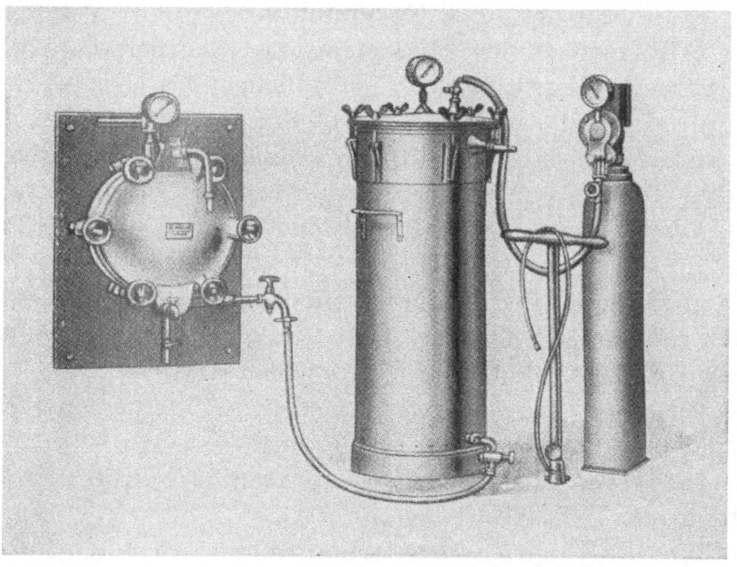

Abb. 19.

Sollen die filtrierten Nährböden oder Nährbodenzusätze längere
Zeit aufbewahrt werden, so bedeutet die Überführung der Flüssigkeit aus dem Aufsauggefäß in die keimfreie Vorratsflasche immer
eine Gefahr bakterieller Verunreinigung, da auch einzelne Luftkeime schon in kurzer Zeit den Nährboden verderben. Sicherer ist
daher, das Filtrat sofort in die Vorratsflasche einlaufen zu lassen.
Wegen der Druckbeanspruchung sind nur einwandfreie starke Roll-
flaschen, am besten mit Glasstöpsel zu verwenden, die trocken
sterilisiert werden; der Stöpsel ist hierbei zuvor in Papier einzuwickeln. Zur Verbindung von Filter, Vorratsflasche und Saug-
pumpe wird ein passender Gummistopfen doppelt durchbohrt und
mit einem längeren und einem kürzeren Glas- oder Metallrohr versehen. Das lange Rohr (beiderseits 5 cm) wird mit dem Filterrohr

durch Druckschlauch verbunden, das kurze Rohr an die Saug-
pumpe angeschlossen.

Vor Verwendung ist Filter und Gummistopfen zu vereinigen
und am besten nach Einspannen in ein kleines Stativ im Dampftopf zu sterilisieren.

Da doppelt durchbohrte Gummistopfen bei der Vakuumfiltra-
tion trotz festen Andrückens an die Wände des Flaschenhalses
leicht Außenluft durchlassen, mit der auch Luftkeime eindringen
können, ist das bei Fa. ALTMANN beziehbare Doppelrohr zur Verwendung zu empfehlen, bei dem gewissermaßen das Filterrohr als
Seelenachse in das Absaugrohr hineingelegt ist.

Aufbewahrung filtrierter Nährflüssigkeit. Wegen der Gefahr der
Verunreinigung sind Flaschenhals und -stöpsel mit einer Papier-
kappe zu verschließen. Da Licht und Wärme den Nährboden schä-
digen, wird er am besten im Eisschranke aufbewahrt.

Zur besseren Konservierung können Serum und Ascitesflüssigkeit etwa 10—20 ccm Chloroform pro Liter zugesetzt werden. Der
Inhalt des Gefäßes ist dann kräftig durchzuschütteln.

Membran-, Cella- und Ultrafeinfilter. Neben dem Seitzfilter
verdient das Membran-, Cella- und Ultrafeinfilter mit der Membranschicht von ZSIGMONDY-BACHMANN und der Cellaschicht nach
KRATZ erwähnt zu werden. Das Prinzip ist insofern das gleiche wie
beim Seitzfilter, als auch hier die Filterschichten in ein Filtergehäuse
aus Hartgummi, Glas, Porzellan oder Metall eingespannt und durch
Verschraubung fixiert werden. Für bakteriologische Arbeiten hat
die Membranschicht u. a. den Vorteil, daß der Rückstand, Bak-
terienmasse usw., nach der Filtration von der Schicht für weitere
Verarbeitung leicht abzutrennen ist, während die Masse von den
Kieselgurkerzen und Seitzschichten größtenteils adsorbiert wird.
Ein weiterer Vorteil der genannten Filter ist der, daß die Schichten
nach dem Gebrauch regeneriert und wieder benutzt werden können.
Hebt man die Filterschicht in desinfizierenden Lösungen auf, so ist
für die keimfreie Filtration nur das Filtergehäuse zu sterilisieren.
Als dynamische Kraft benutzt man bei der Filtration das durch
die Öl- oder Wasserstrahlpumpe erzeugte Vakuum oder Preßluft.

Die Filter einschließlich der Gehäuse usw. werden von der
Membranfiltergesellschaft m. b. H., Göttingen, Fabrikweg 2 ver-
trieben und sind in jeder praktischen Größe und für jeden Zweck
in entsprechender Porenweite zu haben.

Da genaue Gebrauchsanweisung jedem Filter beigegeben wird, kann hier auf Einzelheiten verzichtet werden.

b) Filtration der Nährböden durch gewöhnliche Filter.

Nährlösungen weisen je nach ihrer Art und Zusammensetzung nach Fertigstellung eine mehr oder weniger starke Trübung auf, die auf das Bakterienwachstum wohl keinen Einfluß hat, seine Erkennung jedoch erschwert oder unmöglich macht. Es ist daher notwendig, die Nährlösungen zu filtrieren und zu klären.

Zur Filtration verwendet man meist die leicht selbst herzustellenden Faltenfilter aus kräftigem, weißem Filterpapier. Sie dürfen den Rand des Trichters nicht überragen. Um ein Reißen der (auch schon bei Herstellung des Filters vorsichtig zu behandelnden) Spitze zu verhüten, kann in den Trichter eine Stütze aus Porzellan, Draht- oder Mullgaze eingelegt werden.

Es ist wohl meistens notwendig, daß man Nährbouillon mehrmals filtriert, um sie klar zu bekommen. Hierbei wechselt man die Papierfilter nicht (sofern sie ganz bleiben), weil mit jedesmaligem Filtrieren die Poren immer dichter werden und deshalb die Lösung klarer wird.

Agarnährböden erstarren schnell bei Zimmertemperatur; sie müssen im Dampftopf oder Autoklav filtriert werden. Zur Filtration verwendet man Faltenfilter, die wie bei der Bouillonfiltration zu stützen sind, oder nicht entfettete Watte, die so in den Trichter zu legen ist, daß nichts über den Rand des Trichters hinausragt; dann drückt man den Rand der Watte durch einen entsprechend konstruierten Filterring fest. Der Apparat wird nun in den Dampftopf bzw. in den Autoklav gestellt, der Nährboden vorsichtig hineingegeben und der Sterilisator geheizt. Zur Stützung der Watte kann eine durchlochte Porzellanscheibe in den Trichter gelegt werden. Nimmt man die Filtration bei 0,5—1,0 at Überdruck vor, so kann der Nährboden gleichzeitig von Sporenbildnern befreit werden.

Es gibt auch eine ganze Reihe von Filtrierapparaten, Trichter mit Warmwassernutschen, die geheizt werden können; ferner Filtriertrichter, die an Dampfdruckleitungen angeschlossen werden können. Sie sind für mittlere und selbst größere Laboratorien entbehrlich.

Die Nährgelatine kann bei Zimmertemperatur filtriert werden. Man kommt aber schneller zum Ziel, wenn man sie im Dampftopf filtriert. Hierbei ist zu berücksichtigen, daß die Gelatine durch lange Wärmeeinwirkung ihre Gelierfähigkeit einbüßen kann. Man wird den Dampftopf also nicht während der ganzen Filtrationsdauer heizen. Ferner ist im Interesse der sicheren Sterilität geboten, die Filter für die Gelatine zuerst gut zu sterilisieren.

Bei Eiernährböden für Tbc. usw. wird vielfach vorgeschrieben, diese durch sterile Mullgaze zu filtrieren. Man schneidet sich hierzu ein entsprechend großes Stück zu, sterilisiert es zusammen mit dem Trichter und Kolben im Dampftopf und filtriert dann wie durch ein Papierfilter. Die Zipfel der Gaze kann man durch einen Deckel auf den Trichterrand fixieren.

5. Klärung von Nährböden.

Vielfach treten bei den Nährlösungen durch Trübungen kolloidale Stoffe auf, die durch Filtration nicht abgetrennt werden können. In solchen Fällen nützt meistens eine Klärung durch Eiweiß. Hierzu läßt man den Nährboden auf 50° abkühlen, gibt pro 1—2 l Nährboden 1 Eierklar, das man mit etwa der gleichen Menge kaltem Wasser verdünnt und zu Schaum schlägt, hinzu, kocht auf und filtriert das Eiweißgerinsel, das die trübenden Bestandteile aufgenommen hat, ab. Nach diesem Verfahren ist der Gelatinenährboden stets zu klären, bei Agar- und Bouillonnährböden ist es nur von Fall zu Fall notwendig. Bei den letzteren beiden ist es angebracht, die Klärung erst an einer kleinen Menge (etwa 50 ccm) zu versuchen, weil es vorkommen kann, daß durch dieses Verfahren das Gegenteil erreicht wird. Statt einer Klärung mit Hühnereiweiß wird auch eine solche durch Blutserum empfohlen. 50—60 ccm Blutserum entsprechen dem Eiweißgehalt von einem Eiweiß (etwa 8 g Trockeneiweiß) und sind für 1 l Nährboden ausreichend. Die Klärung erfolgt wie mit Eierklar.

Ferner kann die Klärung mittels Trockeneiweiß vorgenommen werden. 8 g Eiweißpulver wird mit der 10fachen Menge aqua dest. in der Reibschale verrieben und genügt für 1 l Nährboden.

Auch Tierkohle und Bolus alba werden zur Klärung empfohlen. Die Bouillon wird pro Liter mit 10 g Tierkohle versetzt, durchgeschüttelt und nach einigen Stunden klar filtriert. Agar muß mit der Tierkohle aufgekocht werden. Mit Bolus alba klärt man dadurch, daß man 5 g pro Liter der siedenden Nährlösung hinzusetzt, dann einige Minuten kocht und klar filtriert.

3*

Mit Ausnahme von Gelatine kann man in der Regel ohne Klärmittel auskommen, wenn man geeignetes Pepton benutzt (s. Peptonarten). Wo die Bouillon kolloidale Trübung aufweist, sterilisiert man sie im Autoklav, läßt sie 24 Std. absetzen, nimmt von oben die klare Nährlösung ab und filtriert den Bodensatz durch ein Papierfilter mehrere Male; wird sie nicht klar, dann filtriert man sie durch ein Seitzfilter.

Kolloidale Trübungen beim Agar schaden nur wenig. Kommt es zu Ausflockungen, so ist zu filtrieren.

6. Abfüllen von Nährböden.

Zum Abfüllen von Nährböden werden von der Technik Apparate der verschiedensten Systeme angeboten. Da die Bedienungsvorschriften beigegeben sind, braucht auf sie hier nicht näher

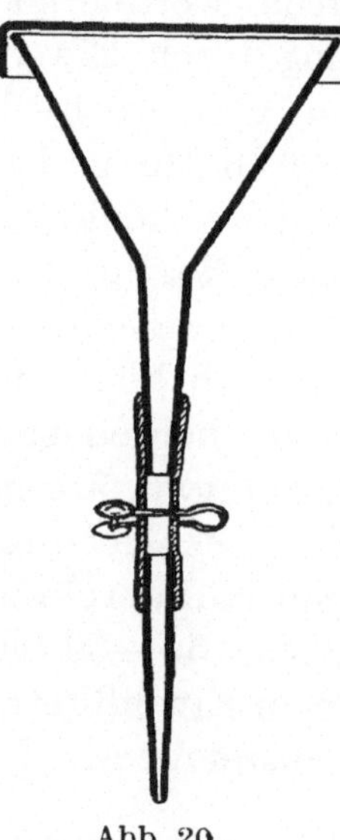

Abb 20.

eingegangen zu werden. Ein einfacher Abfüllapparat läßt sich leicht selbst herstellen: Ein Glasrohr vom Durchmesser des Trichterauslaufs wird in der Flamme ausgezogen und die Öffnung der Spitze nach Abschneiden rund geschmolzen. Rohr und Trichter werden sodann durch einen mit Quetschhahn versehenen Schlauch verbunden (s. Abb. 20). Nach Füllung des Trichters und Auflegen eines Deckels (Drigalskischale) kann mit der Abfüllung begonnen werden. Ein Abmessen der Flüssigkeit ist hierbei nicht möglich, aber auch häufig nicht notwendig. Wo die Mengen abgemessen werden müssen, nimmt man Büretten oder man unterteilt ein Glasrohr von entsprechender Länge und Weite. Wird die Abfüllung einer bestimmten Flüssigkeitsmenge verlangt, so bedeutet für große Mengen der Kippautomat[1] eine wesentliche Zeitersparnis. Die Bouillon wird in eine Flasche mit Auslauftubus gefüllt und von letzterem aus durch einen Schlauch in den Kippautomat geleitet. Es können so 3, 5 und 10 ccm abgefüllt werden.

Hat man Nährböden abzufüllen, die nicht mehr erhitzt werden dürfen (Serum-, Ascites-Nährböden), so muß die Abfüllvorrichtung

---

[1] Zu beziehen von „Fukoma". Paul Funke, Berlin N 4.

vorher sterilisiert werden. Bei den Nährlösungen, die nachsterilisiert werden können, ist es notwendig, daß die Abfüllvorrichtungen vor und nach der Benutzung mit heißem Wasser gründlich durchgespült werden.

Beim Abfüllen ist darauf zu achten, daß der obere Rand des Röhrchens, Kölbchens u.dgl. nicht benetzt wird, weil sonst die Wattestopfen mit dem Gefäß verkleben. Bei Löfflerserum, Eiernährböden, Ascites- und Serumschrägagar ist Blasenbildung beim Abfüllen streng zu vermeiden, da sonst beim Erstarren keine glatte Ausstrichfläche entsteht.

Röhrchen für Schrägagar befüllt man mit ca. 7 ccm. Nach dem Schräglegen des Röhrchens muß der Nährboden unten eine kleine Kuppe bilden und oben bis auf etwa 2—3 cm an den Stopfen heranreichen. Agar, der zu Gußplatten bestimmt ist, wird in Mengen zu etwa 18 ccm abgefüllt. Bouillon ist im allgemeinen zu 8—10 ccm abzufüllen; bei teuren Nährböden genügt auch weniger.

Sofern Nährböden auf Kolben abgefüllt werden, ist die Menge dem Verbrauch anzupassen. Zum Vergießen in Platten eignen sich nur Kolben bis zu 1 l. Wo die Zahl der auf einmal zu gießenden Platten klein ist, nimmt man nur kleine Kölbchen. Es sei besonders darauf hingewiesen, daß Nährböden um so bessere Wachstumsbedingungen schaffen, je frischer sie sind. Die Nährböden müssen nach Abfüllung an einem gegen Staub und Licht geschützten, trockenen und kühlen Ort aufgehoben werden.

7. Vorbereitung der Glassachen.

Neue Glassachen dürfen, abgesehen vom „Jenaer Glas", nicht ohne weiteres in Gebrauch genommen werden; sie geben bei Erwärmung an die Nährböden Alkali ab. Da hierdurch der PH-Wert wesentliche Änderung erfahren kann, sind solche Glassachen zuvor in verdünnter Salzsäure auszukochen und dann gründlich zu wässern.

Alte Glassachen sind nach erfolgter Desinfektion gründlich zu reinigen. Stark verschmutzte Glassachen, die durch Waschen allein nicht sauber werden, kann man in Bichromat-Schwefelsäure reinigen. Man gibt in die rohe arsenfreie Schwefelsäure soviel fein pulverisiertes Kaliumbichromat (oder das billigere Natriumsalz) hinein, daß auf dem Boden des Gefäßes eine dünne Schicht bleibt. In diese Lösung werden die Glassachen gelegt und nach mehreren Stunden mit einer eisernen Tiegelzange, deren Spitzen mit Gummischlauch überzogen sind, herausgenommen und *gründlich* gewässert. Am sichersten geht man, wenn die Glassachen nach dem Wässern noch mit einer verdünnten Ammoniaklösung und Wasser nachgespült werden.

Beim Arbeiten mit Schwefelsäure ist äußerste Vorsicht am Platze, weil kleinste Spritzer die Haut verätzen und die Kleider zerstören.

Unter Umständen kann man verschmutzte Röhrchen u. dgl. auch in schwacher NaOH-Lösung auskochen. Danach ist gründliches Wässern und Auskochen in schwacher Säurelösung mit darauffolgendem Wässern notwendig.

Glassachen, die für subtile chemische Reaktionen Verwendung finden sollen, werden nach der üblichen Reinigung noch ausgedämpft. Hierzu stellt man sich einen Apparat folgendermaßen her:

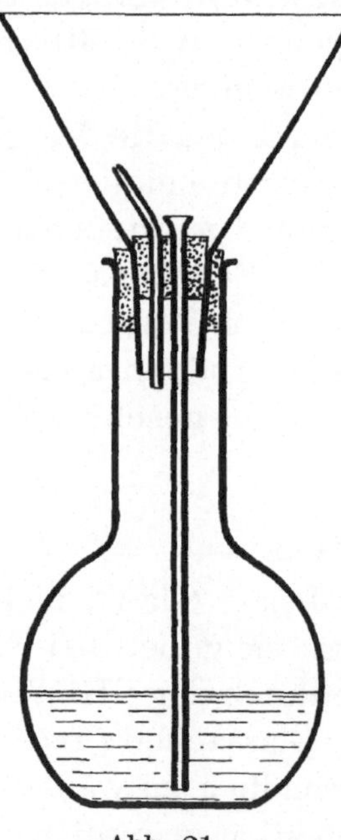

Abb. 21.

Man befüllt einen 2-l-Stehkolben aus Jenaer Glas etwas über die Hälfte mit Aqua dest., dem man bis zur deutlichen Dunkelfärbung Kaliumpermanganat zusetzt. In den Hals des Kolbens bringt man einen Emaille- oder Glastrichter (Abb. 21) mit großkalibrigem Auslauftubus so hinein, daß ein Gummistopfen mit entsprechender Bohrung zwischen Trichtertubus und Kolbenhals einen luftdichten Abschluß bildet. In den Trichtertubus bringt man einen zweiten Gummistopfen hinein, der mit zwei Bohrungen versehen ist. In eine der Bohrungen steckt man ein Glas- oder Metallrohr, das oben mit dem Gummistopfen abschneidet und unten bis auf ca. 1 cm über dem Boden des Kolbens endet. Es dient zum Rückfluß des Kondenswassers und auch als Sicherheitsventil, verhindert das Herausdrücken des Stopfens. In die zweite Bohrung wird ein spitz zulaufendes, mit der Spitze vertikal nach oben gerichtetes Röhrchen geschoben, das mit dem unteren Ende des Gummistopfens abschneidet. Wird nun das H_2O mit dem Kal. permang. zum Sieden gebracht, so strömt Dampf durch das zweite Röhrchen. Auf die Spitze des Röhrchens können die auszudämpfenden Glassachen: Röhrchen, Kölbchen, Flaschen, Pipetten u. dgl. gebracht werden. Die Ausdampfdauer beträgt für Reagenzröhrchen 2—3 Min., für größere Gefäße entsprechend länger.

Die zur Aufnahme von Nährboden dienenden Röhrchen und Kolben werden mit Stopfen aus nicht entfetteter Watte versehen. An einem Wattebausch entsprechender Größe werden die äußeren Fasern nach innen gelegt und dann der Stopfen durch Rechtsdrehung geformt. Der Stopfen muß so fest sitzen, daß z. B. befüllte Röhrchen daran gehalten werden können. Die Röhrchen sind vor der Beschickung trocken zu sterilisieren.

Verwendung von Wasser für Nährböden. Da das Wasser mengenmäßig den Hauptbestandteil der Nährböden bildet, ist ihm bei der Nährbodenherstellung eine gewisse Aufmerksamkeit zuzuwenden.

Im allgemeinen ist für Nährböden das Leitungs- oder Brunnenwasser anwendbar. Zu fordern ist allerdings, daß es frei von wachstumhemmenden Beimengungen ist: Wasser, das Metallsalze, freie Kohlensäure oder größere Chlormengen enthält, ist, obwohl als Trinkwasser gut geeignet, für Nährböden unbrauchbar. In manchen Fällen, wo Bakterienkulturen trotz vorschriftsmäßiger Zusammensetzung und Herstellung des Nährbodens versagen, wird man im Wasser die Fehlerquelle finden. In solchen Fällen muß man Aqua dest. verwenden, obwohl es den Betrieb verteuert.

Zur Herstellung komplizierter oder synthetischer Nährböden kann stets nur destilliertes Wasser Verwendung finden.

II. Nährbodengrundlagen.

1. Fleischextraktstoffe.

Als Ausgangsmaterial für eiweiß- bzw. albumosenhaltige Nährböden ist mit wenigen Ausnahmen Fleischsaft, eine Abkochung aus Fleisch, Fleischextrakt, Fleischeiweißabbauprodukte (Hottingerbrühe), unter Umständen Malzextrakt, Blutmehl, Fleischmehl und ähnliches zu nennen.

Fleischsaft aus Tierfleisch (Fleischdekokt). Den Fleischsaft oder auch Fleischwasser gewinnt man so, daß man 500 g fett- und sehnenfreies Muskelfleisch fein zerschneidet, oder durch die Hackmaschine dreht, mit 1 l etwa 50° warmen Wassers übergießt, ein bis mehrere Stunden ziehen läßt, dann 1 Std. (bei größeren Mengen länger) im Dampftopf kocht und filtriert. Das Fleisch kann vom Rind oder Pferd sein. Zu berücksichtigen ist, daß Pferdefleisch verhältnismäßig viel Glukose (Traubenzucker) enthält, was sich im Agarhochschichtröhrchen für Anaerobier durch Gasbildung bei der Bebrütung unangenehm bemerkbar macht. Zur Aufbewahrung wird der Fleischsaft in Kolben oder Flaschen abgefüllt, die mit Watteverschluß versehen im Autoklav sterilisiert werden.

Fleischsaft aus Placenten. Wo Entbindungsanstalten am Ort sind, kann der Betrieb durch Benutzung von Placenten (Nachgeburten) verbilligt werden. Die Placenten werden von den Sehnen und Häuten befreit. Das zottige Bindegewebe wird zerkleinert, gewogen und wie unter „Fleischsaft aus Tierfleisch" angegeben, weiter verarbeitet. Nährböden aus Placentenfleischsaft sind für viele Kulturen besonders gut geeignet. Natürlich sind nur Placenten brauchbar, die noch nicht in desinfizierenden Lösungen gelegen haben.

Fleischsaft aus Stierhoden. Die Stierhoden werden aufgeschnitten, das schwammige Drüsengewebe wird ausgeschabt, gewogen und wie anderes Muskelfleisch verarbeitet.

Fleischextrakt als Ersatz für Fleischsaft. Aus Gründen der Zeitersparnis, oder auch dort, wo die Fleischbeschaffung Schwierigkeiten macht, kann statt des Fleischsaftes Liebigs Fleischextrakt Verwendung finden. Man löst 10 g Fleischextrakt in 1 l Wasser.

Die Liebig-Gesellschaft G.m.b.H., Köln a.Rh. liefert einen für Laboratoriumszwecke speziell hergestellten Fleischextrakt unter dem Namen Lab-Lemko.

Gekörnter Maggi als Fleischwasserersatz. Statt des flüssigen Fleischextraktes kann auch gekörnter Maggi als Nährbodengrundlage dienen. Die Herstellung ist wie bei Fleischextrakt, nur ist bei der Nährbodenzubereitung statt der üblichen 0,5 % NaCl nur 0,3 % zu verwenden, weil Maggi schon gesalzen ist.

Die Verdauungsbrühe nach HOTTINGER. Bei der Herstellung von Fleischsaft wird auch das fein zerkleinerte Fleisch, besonders in bezug auf seinen Eiweißgehalt, nur zu einem geringen Teil ausgenutzt.

Um die Ausbeute zu steigern, setzt HOTTINGER dem Fleisch Pankreatin zu. Durch das Ferment der Bauchspeicheldrüse wird das Eiweiß zu wasserlöslichen Aminosäuren abgebaut und so eine größere Menge von Fleischextraktstoffen erhalten. Wegen der erzielten Ersparnis ist das Verfahren bei der Verwendung größerer Nährbodenmengen zu empfehlen.

5 kg fett- und sehnenfreies, gemahlenes Muskelfleisch vom

Pferd oder Rind wird mit 7,5 l heißem Wasser verrührt und soviel
Sodalösung zugegeben, daß mit Lackmuspapier deutlich alkalische
Reaktion durch Blaufärbung nachweisbar ist. Dann wird ca. 10 Min.
unter häufigem Durchrühren (um Ballungen zu vermeiden) gekocht und nochmals die Reaktion geprüft (Pankreatin verdaut nur
bei alkalischer Reaktion). Das ganze wird auf 40° abgekühlt und
mit 15 g Pancreatinum absolutum activum versetzt. Nach gutem
Durchrühren wird die Masse in eine weithalsige Flasche gebracht,
die so groß sein muß, daß sie nur etwa zu $^2/_3$—$^3/_4$ gefüllt ist, weil
die Verdauungsbrühe durchgeschüttelt wird. Zur Vermeidung von
Fäulnis setzt man ca. 200 ccm Chloroform hinzu, das durch kräftiges
Schütteln in der Brühe verteilt wird. Das Gefäß wird nach Ver-
schluß mit einem durchlochten Kork- oder Gummistopfen (die
Durchlochung dient zur Entgasung der Flasche) in den Brut-
schrank gestellt und bleibt zwei Tage zwecks Verdauung stehen.
In dieser Zeit ist es täglich mehrmals durchzuschütteln. Beim
Durchschütteln legt man einen Lappen über den Stopfen, um den
Abfluß von Nährbrühe zu verhindern.

Die Verdauung kann auch bei Zimmertemperatur erfolgen,
dauert dann aber 5—7 Tage.

Äußerlich ist der Grad der Verdauung an dem Zerfall der Fleischpartikelchen sichtbar. Den günstigsten Zeitpunkt für die Unterbrechung der Verdauung erkennt man durch die Tryptophanreaktion (s. unten), bei derem positiven Ausfall die Verdauung
unterbrochen werden muß, weil ein weiterer Eiweißabbau die
Brühe qualitativ mindert.

Zur Unterbrechung der Verdauung fügt man der Brühe soviel
Salzsäure hinzu, daß blaues Lackmuspapier deutlich rot wird.
Nach Salzsäurezugabe erfolgt gutes Durchschütteln. Die Brühe
kann jetzt aufgehoben oder gleich filtriert werden.

Die Filtration erfolgt durch Faltenfilter. Man hebert oder dekantiert die Flüssigkeit ab und bringt sie auf mehrere Filter. Den
Bodensatz verdünnt man mit der gleichen Menge lauwarmen Wassers, schüttelt durch und filtriert in gleicher Weise. Das Filtrat
hält sich dank seines Chloroformgehaltes in der Regel ohne Sterilisation, wenn die Trichter und die Vorratsgefäße zuvor mit heißem
Wasser gründlich gesäubert wurden.

Der Nährwert der Hottinger-Brühe ist von der Qualität des
Fleisches und anderen Faktoren abhängig. Will man sie ohne

Peptonzusatz für Kulturzwecke verwenden, so ist die Bestimmung der optimalen Verdünnung notwendig. In einer Reihe von Röhrchen werden Verdünnungen von 1:5, 1:10, 1:15 usw. bis 1:30 hergestellt. Bei der Herstellung der Verdünnungen ist die Konzentration der Salze, die der Brühe zugegeben werden müssen, entsprechend zu berücksichtigen und dem Verdünnungswasser 2% der unten beschriebenen Salzlösung zuzugeben. Die Röhrchen, die entsprechend bezeichnet werden, sind nach der Sterilisation mit anspruchsvollen Bakterien zu beimpfen. Das Röhrchen, in dem nach 24 stündiger Bebrütungsdauer das beste Wachstum sichtbar ist, gibt die Konzentration an, in der die Brühe zu verwenden ist.

Im allgemeinen verdünnt man die nach obigen Angaben filtrierte Brühe zur Herstellung von Nährböden auf das 5 fache und setzt 1% Pepton zu.

Die Hottinger-Brühe ist im Verhältnis zum Fleischsaft reich an Eiweißabbaustoffen, dagegen arm an Mineralsalzen. Es ist daher notwendig, bei ihrer Verwendung neben Kochsalz noch Phosphate und Magnesiumsalze hinzuzufügen. Man stellt sich zweckmäßig eine gesättigte wäßrige Viehsalzlösung her, der man nach Filtration 5% Dikaliumphosphat (K_2HPO_4) hinzusetzt. Zur Auflösung wird erwärmt; die Lösung kann nach Filtration verschlossen vorrätig gehalten werden. Bei der Herstellung von Nährböden gibt man jeweils zu 1 l Nährboden 20 ccm Lösung hinzu. Ein so hergestellter Nährboden hat die notwendige Salzkonzentration.

Während der Verdauungszeit der Brühe kann es vorkommen, daß sich infolge ungenügenden Durchschüttelns mit Chloroform gewisse Fäulnisbakterien vermehren. Es entwickeln sich dann Gase, insbesondere Schwefelwasserstoff, durch die dann Fleischpartikelchen an die Oberfläche dringen. Der Fäulnisprozeß wird unterbrochen, wenn man der Brühe Toluol zugibt, das infolge seines geringen spezifischen Gewichts von oben desinfizierend wirkt.

Bei der Verarbeitung der Brühe zu Nährböden darf natürlich kein Chloroform zurückbleiben. Man vertreibt es dadurch, daß man die Brühe im offenen Topf 15 Min. lang kocht. Da das $CHCl_3$ einen Siedepunkt von 60° hat, verfliegt es in dieser Zeit.

Zur Vornahme der Tryptophanreaktion werden benötigt: 1. 10proz. Salzsäure, aus der 25proz. Salzsäure „D.A.B.6" durch Verdünnen herzustellen. 2. Wäßrige gesättigte Bromlösung, die erhalten wird durch kräftiges Schütteln von reinem Brom mit

Aqua dest. in einer Glasstöpselflasche, wobei ein ungelöster Rest Brom zurückbleiben muß.

Zur Anstellung der Reaktion werden 10—20 ccm der Brühe filtriert und das Filtrat mit 10 proz. Salzsäure bis zur deutlich sauren Reaktion (Lackmusprobe) angesäuert. Von dem angesäuerten Filtrat gibt man in zwei Reagensröhrchen je 1—2 ccm und setzt dem einen Röhrchen tropfenweise Bromwasser hinzu. Tritt nach Zusatz einiger Tropfen ein rötlicher Farbton auf, so ist Tryptophan vorhanden. Die Verdauung kann dann wie oben angegeben unterbrochen werden; andernfalls ist sie weiter fortzusetzen. Das zweite Röhrchen dient zum Vergleich der Farben.

Wo die Verdauung auffallend lange dauert, ist die Reaktion der Brühe zu prüfen und evtl. nachzualkalisieren. Weiterhin besteht die Möglichkeit, daß das Pankreatin durch zu langes Lagern seine Wirksamkeit verloren hat. Es ist dann frisches Pankreatin zuzufügen.

2. Ersatzstoffe für Fleischsaft.

Als Ausgangsmaterial für Nährböden im Sinne eines Ersatzes für Fleischsaft usw. kann auch Fleischmehl, Blutmehl, Kasein, Sojabohnenmehl, ferner Malzextrakt Verwendung finden. Für anspruchsvolle Bakterien genügen diese Ersatzstoffe vielfach nicht. Wo sie Anwendung finden, werden davon in der Regel 10 g auf 1 l Nährboden genommen. Ihre Verarbeitung findet entsprechend der des gekörnten Maggis mit Zusatz von 0,5 % Kochsalz statt.

Kaseinagar. Zur Herstellung braucht man trypsinverdautes Kasein. Hierzu rührt man 800 g pulverisiertes Kasein (für Genußzwecke, Merck) mit 8 l Leitungswasser an und kocht es unter ständigem Umrühren auf; dann hält man die Mischung auf 90 bis 100° und setzt nach und nach soviel 20 proz. NaOH hinzu, bis die Phenolphthaleinprobe deutlich Rotfärbung zeigt (PH = 8,5—9,0). Für die obige Menge sind ca. 220 ccm dieser Lauge notwendig. Bleibt die Reaktion nach der letzten Laugezugabe 10 Min. konstant, so wird die Beheizung abgestellt.

Durch das NaOH wird das Kasein gelöst. Die schwach durchsichtige, dickflüssige Lösung wird auf 37° abgekühlt und in eine große Flasche gegossen; dann werden 4 g Pankreatin „Rhenania“ und 60 ccm Chloroform zugesetzt. Die Flasche verschließt man mit einem Korkstopfen und stellt sie nach gründlichem Durchschütteln in den 37°-Brutschrank. In den ersten 3—4 Tagen wird die Flasche täglich wiederholt kräftig durchgeschüttelt. Die anfangs durchweg trübe Flüssigkeit hellt sich allmählich zu einer klaren, stark gelb gefärbten Lösung auf. Während der Verdauungszeit ist die Reaktion öfter zu prüfen und nötigenfalls durch NaOH-Zusatz zu korrigieren. Die Verdauung erfolgt am schnellsten bei einer PH von 7,8—8,0. Wenn der Bodensatz, der während der Verdauung abnimmt, nur noch die Hälfte des Volumens ausmacht (was unter normalen Bedingungen in einer Woche erreicht ist), wird die Verdauung durch Zusatz von Salzsäure unterbrochen: 160 ccm HCl DAB6 wird auf das 6fache mit Wasser verdünnt und zur Kaseinbrühe gegeben. Die Flüssigkeit wird einen Tag in den Brutschrank gestellt und dann durch einen Faltenfilter klar filtriert. Diese Stammlösung ist unbegrenzt haltbar.

Zur Herstellung des Nährbodens wird eine entsprechende Menge Stammlösung zur Vertreibung des Chloroforms 3 Min. gekocht und mit NaOH auf PH 7,7 eingestellt. Die hierfür notwendige Menge kann für weitere Darstellungen auf der Flasche vermerkt werden. Dann wird 1 Teil Stammlösung mit 5 Teilen Leitungswasser verdünnt, 2—3% Fadenagar zugefügt und ohne weitere Zusätze der Kaseinagar hergestellt, der in der üblichen Weise im Autoklav sterilisiert wird.

Sojamehl als Ersatz für Fleisch. Nach KAUSCH und WEISZ ist Sojabohnenmehl ein vollwertiger Ersatz des Nährbodenfleisches[1].

120 g Sojabohnenmehl werden in 3 l Leitungswasser verrührt und bleiben unter häufigem Schütteln (3—4 mal am Tage) 2 Tage stehen. Am 3. Tage wird der Kolben nach kräftigem Durchschütteln 30 Min. im Dampftopf sterilisiert und der Inhalt durch ein angefeuchtetes Leinentuch filtriert.

Das Filtrat wird mit 0,4% Kochsalz versetzt, und kann ohne Peptonzusatz als flüssiger Nährboden verwandt werden.

Der aus Sojamehl gewonnene Nährboden wird allgemein auf PH 7,4—7,6 eingestellt. Für den Claubergschen Nährboden stellt man die PH-Zahl auf 7,4—7,5 ein, für Endo und Drigalsky auf 7,6—7,8.

Für den Claubergschen Nährboden ist statt des 4 proz. ein 3 proz. Mehlabsud am günstigsten.

Der Nährboden hat den Vorzug größter Billigkeit.

---

[1] Zbl. Bakter. I, Orig.-Bd. 133, S. 124.

3. Peptone.

Bei der Verdauung des Eiweiß im Magen entstehen durch die Wirkung der Pepsinsalzsäure die Peptone und Albumosen. Beide unterscheiden sich vom Eiweiß dadurch, daß sie durch Kochen nicht mehr denaturiert und ausgeflockt werden. Da sie die Bestandteile des Eiweiß enthalten, können sie als Nährbodengrund- oder Zusatzstoff dienen. Zur Verwendung kommen vorwiegend die durch Umfällung leichter zu reinigendeu Peptone.

Die im Handel befindlichen, für bakteriologische Zwecke gebräuchlichen Peptonsorten sind durch kurzes Verdauen mit Pepsinsalzsäure aus Eiweiß, Fibrin, Fleisch u. a. m. hergestellt. Die bekanntesten Trockenpeptone sind: Pepton Witte, Peptonum siccum Merk, Pepton e carne Merck, Pepton Knoll und das französische Pepton Chapoteau. In neuerer Zeit wird mit gutem Erfolg auch das flüssige Pepton G. f. S. (früher Gesellschaft für Seuchenbekämpfung, jetzt Veterinaria G. m. b. H., Frankfurt a. M.) angewandt.

Obwohl die Peptone wasserlöslich sind, wird die zuweilen vorkommende kolloidale Trübung der Nährböden nach der Filtration durch sie verursacht. Diese Eigenschaft kommt dem Pepton e carne Merck und dem Pepton G. f. S. nicht zu. Weniger groß ist die Gefahr der Trübung, wenn man dem Nährboden beim Kochen ein wenig Gelatine (etwa 1 g auf 1 l) zusetzt. Pepton e carne Merck und Pepton Knoll geben den Nährböden dunkle Färbung. Flüssige Peptone können nach ccm abgemessen werden; statt der Grammzahlen werden entsprechende Flüssigkeitsmengen genommen. Für verschiedene Nährböden wird Bacto Pepton gebraucht, zu beziehen von: Digestive Ferments Co., Detroit, Michigan USA 920 Henry Street.

Selbstherstellung von Pepton aus Fibrin usw. 1 kg Fibrin; 3 l Wasser; 12 g absolutes Pepsin (Merck); 25 ccm Salzsäure DAB VI. Das Fibrin aus Rinder-, Hammel- oder Pferdeblut wird unter fließendem warmen Wasser weißgewaschen, d. h. blutfrei gemacht und durch einen Fleischwolf gedreht.

Inzwischen wird der künstliche Magensaft hergestellt, indem man die Salzsäure zu dem Wasser zusetzt und das Pepsin hineinrührt. Das zerkleinerte Fibrin wird in einen Emailletopf getan und mit dem Pepsinsalzsäuregemisch gut durchgerührt. Es bleibt über Nacht bei Zimmertemperatur stehen. Sollte es am nächsten Tage noch nicht vollständig verdaut sein, so gibt man zu der Masse soviel Salzsäure bis Kongorotpapier deutlich gebläut wird und setzt die Verdauung fort bis die Partikelchen völlig gelöst sind. Zum Abbrechen der Verdauung wird soviel 10proz. Sodalösung zugegeben, bis rotes Lackmuspapier bläut. Die Masse läßt man dann 2 Std. stehen und filtriert durch grobporiges Filtrierpapier oder durch Watte. Zwecks Konservierung setzt man der Peptonmasse 1% Chloroform hinzu.

200 ccm des Fibrinpeptons entsprechen 10 g Trockenpepton. Bei Bouillonnährböden, die mit flüssigem Fibrinpepton hergestellt sind, ist meistens eine Filtration durch Seitzklärschichten notwendig, weil sie anders schwer zu klären sind. Nach demselben Verfahren kann auch aus fett- und sehnenfreiem gemahlenen Fleisch oder aus enthäutetem Stierhoden Pepton gewonnen werden.

Am billigsten ist das aus Schweinemagen hergestellte Pepton, da hierbei der Pepsinzusatz fortfällt. Die Verdauung muß aber bei 50° erfolgen. Auch bei der Herstellung der anderen Peptone werden die Eiweiße bei dieser Temperatur besser und gleichmäßiger abgebaut. Aus einem großen Emailletopf mit Deckel, durch den ein Thermoregulator und ein Thermometer in das Innere hineinragen, läßt sich leicht ein Verdauungsapparat herstellen, den man auch zur Herstellung der Hottingerbrühe verwenden kann.

Für Nährböden kann eine Peptonart, besser aber ein Gemisch von verschiedenen Peptonarten, Verwendung finden. Da der Peptongehalt 4—5% beträgt, wird die Brühe bei der Nährbodenherstellung entsprechend vier- bis fünffach verdünnt. Neben erheblicher Verbilligung des Betriebes, erreicht man durch das selbsthergestellte Pepton häufig ein besseres Bakterienwachstum als bei Verwendung käuflicher Peptone.

Anmerkung über Klärung: Bei Verwendung selbsthergestellter Peptone macht die Klarfiltration der Nährböden oft Schwierigkeiten. Verwendet man die Peptonbrühe zusammen mit der Hottingerbrühe zur Agarherstellung, dann empfiehlt sich folgendes Verfahren: Wenn z. B. 25 l 2proz. Nähragar hergestellt werden sollen, nimmt man $6\frac{1}{4}$ l Peptonbrühe, mischt mit 5 l Hottingerbrühe, gibt dazu 250 ccm gesättigte Viehsalzlösung mit 5% K_2HPO_4 und 50 ccm Alkali (400 g KOH, 300 g NaOH, 300 g Na_2CO_3 ad 2000 ccm Aqua dest.) kocht auf und hält 30 Min. bei 1 at im Autoklav. Dann filtriert man durch Papierfilter klar (2mal durch dieselben Filter) 500 g Fädenagar werden mit 6 l Leitungswasser eingeweicht und mit 6 ccm konzentrierter Essigsäure angesäuert. Nach einigen Stunden vereinigt man den Agar mit dem Filtrat, gibt noch einmal 250 ccm Phosphat-Viehsalzlösung hinzu, füllt mit Wasser auf 25 l auf, kocht auf und erhitzt nochmals 30 Min. im Autoklav. Die weitere Verarbeitung ist dann wie üblich. Die Klarfiltration des Nährbodens macht keine Schwierigkeiten.

Bei der Bouillonherstellung verfährt man so, daß man die Pepton-Hottingerbrühe mit Phosphat-Viehsalzlösung und der notwendigen Menge Alkali versieht, dann mit Wasser auf die Gesamtmenge auffüllt, aufkocht, 45 Min. im Autoklav bei 120° hält, dann klarfiltriert, wobei man evtl. Seitz-Klärschichten verwendet. Nach Einstellung auf die notwendige PH sterilisiert man die fertige Bouillon bei 110° im Autoklav nach. Die so hergestellte Bouillon bleibt dann klar.

4. Kohlehydrate.

Die Kohlehydrate haben in der Bakteriologie weniger die Aufgabe als Kohlenstoff- oder Energiequelle zu dienen, sondern sie werden vorwiegend zur Feststellung biologischer Eigenschaften herangezogen: Durch die Gärfähigkeit an gewissen Zuckerarten lassen sich die Bakterien unterscheiden.

Die Elemente, aus denen sich die Kohlehydrate zusammensetzen, sind C, H und O. Ihren Namen erhalten sie auf Grund der Tatsache, daß die Summenformel $C_x(H_2O)_y$ die Elemente H und O im gleichen Verhältnis wie im Wasser enthält. Auch läßt sich durch trockenes Erhitzen das chemisch gebundene Wasser austreiben (Verkohlen des Zuckers und Holzes).

Die einfachsten Bausteine sind die Monosaccharide oder Monosen (z. B. Traubenzucker $H_2C(OH) \cdot CH(OH) \cdot CH(OH) \cdot CH(OH) \cdot CH(OH) \cdot CHO$). Treten von diesen zwei oder drei zusammen, so entstehen die Di- und Trisaccharide. Entstehen weitere Zusammenschlüsse, so spricht man von Polysacchariden.

Die Mehrzahl der Zucker ist optisch aktiv, d.h. sie vermag die Ebene des polarisierten Lichtes zu drehen. Rechtsdrehung wird durch Vorsetzen eines Buchstabens d—, Linksdrehung durch l—gekennzeichnet. Optisch inaktive Gemische werden durch dl— bezeichnet.

a) **Monosen.** Hier werden nach der Zahl der Kohlenstoffatome die Pentosen von den Hexosen unterschieden. Wichtige Pentosen sind:

Arabinose $C_5(H_2O)_5$, aus Gummi arabicum.

Xylose $C_5(H_2O)_5$, aus Holzgummi oder Stroh.

Rhamnose $C_5H_9O_5 \cdot CH_3$, auch Isodulzit genannt, aus den Gelbbeeren, Rhamnus infectoria zu erhalten.

Von Hexosen $C_6(H_2O)_6$ sind zu nennen:

d-Glukose, Traubenzucker, Dextrose in Fruchtsäften und im Blut.

d-Mannose durch Oxydation des Zuckeralkohols Mannit erhalten.

d-Galaktose entsteht neben Glukose bei Spaltung des Milchzuckers.

Fruktose, Fruchtzucker, Laevulose in süßen Früchten. Bei der „Inversion" des Rohrzuckers neben Dextrose erhalten.

b) **Polyosen.** Die wichtigsten Disaccharide $C_{12}(H_2O)_{11}$ sind:

Rohrzucker, Saccharose im Saft von Zuckerrohr und Zuckerrübe: Glukose + Fruktose.

Milchzucker, Laktose zu gewinnen aus den Molken: Glukose + Galaktose.

Malzzucker, Maltose. Entsteht beim Keimen des Getreides aus der Stärke durch das Ferment Diastase: Glukose + Glukose.

Ein Trisaccharid $C_{18}(H_2O)_{16}$, die

Raffinose, Melitriose kann aus Melasse isoliert werden.

Zu den Polysacchariden $(C_6H_{10}O_5)_n \cdot H_2O$ gehört neben der für die Bakteriologie bedeutungslosen

Zellulose (im Holz usw.) nur die

Stärke und das Glykogen (in der Leber) zu den wichtigsten Verbindungen.

Aus Stärke[1] entsteht durch Behandlung mit verdünnter Salpetersäure oder durch Kochen das *Dextrin*.

Bei den Zuckeralkoholen ist die endständige Aldehydgruppe

---

[1] **Herstellung von Stärkelösung.** Die Herstellung von Stärkelösungen macht oft Schwierigkeiten. Ungeeignet ist die sogenannte lösliche Stärke, weil in dieser durch die Vorbehandlung eine geringe Hydrolyse der Stärke eintritt und dabei Glukose gebildet wird, die den Versuch durch Reduktion stören kann. Um eine chemisch reine Stärkelösung zu bekommen, verwendet man gewöhnliches Kartoffelmehl, aus dem man sich mit absolut säurefreiem kalten Aqua dest. eine 5proz. Stärkemilch herstellt. Nach dem Absetzen hebert man das Wasser ab und wiederholt das Verfahren einige Mal, wobei das Wasser mit der Stärke gut zu schütteln ist. Die reduzierenden Kohlehydrate werden dabei ausgewaschen. Die ausgewaschene Stärke mit dem letzten Wasser erhitzt man im Autoklav auf 150—155° eine halbe Stunde lang. Dabei geht die Stärke vollkommen in Lösung über. Erhitzt man die Stärkemilch nur auf 132° = $2\frac{1}{2}$ at dann bekommt man eine Gallerte von Amylopektin und eine Lösung von Amylose. Auch die bei $5\frac{1}{2}$ at gelöste Stärke scheidet nach einigen Wochen wieder Stärke aus. (Bodensatz). In dem Falle scheidet man den Bodensatz durch Filtration von der Stärkelösung ab und sterilisiert die Lösung, um das Wachstum von Schimmelpilzen zu vermeiden.

der Monosen durch die Alkoholgruppe ersetzt ($CHO \rightarrow CH_2OH$) und die Zahl der Wasserstoffatome ist um zwei vermehrt: $C_6H_8(OH)_6$.

Mannit, häufigster Zuckeralkohol, reichlich in der Manna, dem Saft der Mannaesche enthalten kann durch Reduktion von Traubenzucker erhalten werden.

Als Nährbodenzusatz kommen noch die Glukoside in Frage, die in den Pflanzen durch Synthese von Alkoholen mit Zuckern entstehen. Arbutin: $C_{12}H_{16}O_7$ aus der Bärentraube, Salicin $C_{13}H_{18}O_7$ im Weidensaft, Aesculin $C_{15}H_{16}O_9$ aus der Roßkastanie. Diese werden durch Alkalien, Säuren oder Enzyme derart gespalten, daß ein Molekül Glukose (Traubenzucker) und ein Alkohol, Aldehyd usw. gebildet wird.

5. Körperflüssigkeiten.

Gewinnung von Ascitesflüssigkeit. Für Bakterienarten, die nur unter Zusatz von nativem (vollständigem, ungeronnenem) menschlichen Eiweiß zu den Nährböden gedeihen (Gonokokken, Meningokokken usw.) ist die Ascitesflüssigkeit die geeignete Eiweißquelle. Ihre Gewinnung erfolgt am Krankenbette von Patienten, bei denen infolge einer Herz-, Nieren- oder Gefäßerkrankung Flüssigkeitsansammlungen in den Körperhöhlen entstehen, die durch Punktion abgeleitet werden. Das Punktat wird in sterilen Glasflaschen mit eingeschliffenem Glasstöpsel aufgefangen (es kann viele Liter betragen). Um die Flüssigkeit zu konservieren, gibt man 2% Chloroform hinzu, schüttelt gründlich durch und hebt sie im Eisschrank auf. Vor dem Gebrauch ist die Sterilität zu prüfen (1 ccm Ascitesfl. in 1 Bouillonröhrchen unter sterilen Bedingungen gebracht, wird 48 Std. bebrütet). Bei nicht sicherer Sterilität Filtration (s. Filtration, Seitzfilter).

Es ist auch angebracht die Reaktion zu prüfen. Der PH-Wert muß in der Nähe von 7,5 liegen.

Bauchhöhlenpunktate, die deutliche Grünfärbung aufweisen, also gallehaltig sind, eignen sich nicht für Pneumokokkenkulturen.

Um das Chloroform nicht in den Nährboden einzuschleppen, darf man die Flüssigkeit vor dem Zugeben nicht schütteln und muß von der oberen Hälfte abpipettieren. Will man die Flüssigkeit aus der unteren Hälfte der Flasche verwenden (Chloroform sitzt dank seiner spezifischen Schwere am Boden), so erwärmt man die Flüssigkeit im sterilen Kolben auf 56° und hält längere Zeit bei dieser

Temperatur. Es sind oft Stunden dazu erforderlich. Man kann sich auch so helfen, daß man unter sterilen Kautelen den Inhalt zweier Flaschen zusammenbringt und dann die vereinigte Flüssigkeit einige Tage stehen läßt, der obere Teil der Flüssigkeit enthält sehr wenig Chloroform.

Gewinnung von humanem Serum. Serum, auch Blutserum genannt, ist die strohgelbe Flüssigkeit, die sich über dem Blutkuchen in einem mit Blut befüllten Gefäß sammelt. Diese Flüssigkeit enthält etwas mehr Eiweiß als Ascitesflüssigkeit und ist für Nährböden gut brauchbar. Man gewinnt sie so, daß man bei gelegentlichem Aderlaß am Krankenbette Blut steril auffängt, es im hohen Zylinder im Eisschrank 24 Std. stehen läßt, dann das Serum steril abhebert und weiter so behandelt, wie die Ascitesflüssigkeit. Aus 1l Blut lassen sich höchstens 400 ccm Serum gewinnen.

Wo eine serologische Abteilung im Hause ist, kann man Serum von den Blutproben abnehmen, die man in einer Flasche sammelt (Chloroform zusetzen!), dann durch Seitzfilter filtriert und für Nährboden verwendet.

Gewinnung von tierischem Serum. Wo es sich um kleine Mengen handelt, entnimmt man bei den Großtieren Pferd, Rind, evtl. auch Schaf das Blut durch Punktion der Halsvene, bei Kaninchen, Meerschweinchen durch Herzpunktion.

Bei größeren Mengen wird das Blut beim Schlachten der Tiere in einem gut gesäuberten, zylindrischen, emaillierten Eimer aufgefangen, der 1—2 Std. im Kühlraum ungerührt verbleibt. Dann schneidet man den Blutkuchen nach mehreren Richtungen kreuzweis durch und beschwert ihn mit einer in den Eimer passenden Bleiplatte, die mit vielen parallel zur Achse der Platte verlaufenden Bohrungen versehen ist. Die Bleiplatte drückt den aus Fibrin und roten Blutkörpern bestehenden Blutkuchen zusammen; über der Platte sammelt sich in etwa 48—72 Std. das abgepreßte klare Serum, das dann sehr sauber abgehebert wird. Während der ganzen Zeit verbleibt das Gefäß im Kühlraum.

Das Serum, das in Flaschen abgehebert wurde, wird mit 2 Vol.-% Chloroform versetzt, gut durchgeschüttelt (!) und im Eisschrank aufgehoben. Für Löfflerserumnährböden kann das so gewonnene Serum in der Regel ohne weiteres verwendet werden. Soll es zu Nährböden zugesetzt werden, die nicht mehr sterilisiert werden (Serum-Bouillon, Serum-Agar), so ist es wie die Ascitesflüssigkeit zu filtrieren (s. dort). Die Konservierung des Filtrates erfolgt durch $CHCl_3$, dessen bakterizide Eigenschaft, wenn auch nicht alle Keime abtötet, so doch deren Vermehrung hindert.

Die höchsten Serumausbeuten hat man beim Pferdeblut, dessen Herkunft (ob junge oder alte Tiere) auch von Einfluß auf die Qualität in physikalischer und biologischer Hinsicht ist.

Gewinnung von Blut für Nährböden. Das Blut kann je nach Art des herzustellenden Nährbodens Menschen- oder Tierblut sein. Da das Blut nach Verlassen des Körpers ohne besondere Behandlung nur einige Minuten flüssig bleibt, so läßt man es, sofern man es durch Venenpunktion beim Mensch oder Tier entnimmt, unmittelbar in den fertigen sterilen auf 45—50° abgekühlten Nährboden fließen. Das Gefäß mit dem Nährboden, sofern es nicht graduiert ist, ist mit einem Merkstrich zu versehen, um eine Dosierungsmöglichkeit zu haben. Bei Entnahme aus der Armvene des Menschen hat man an der Einteilung der Spritze ein Maß. Das Blut wird aus der Spritze in den fertigen sterilen, temperierten Nährboden gespritzt und nach guter Verteilung je nach Bedarf bzw. Art des Nährbodens steril auf Röhrchen oder Platten verteilt.

Soll das Blut erst nach längerer Zeit dem Nährboden zugesetzt werden, so ist seine Gerinnung durch Zusatz von Chemikalien oder durch Defibrinieren zu verhindern.

Chemisch erreicht man es durch einen 30proz. Zusatz einer 5proz. sterilen dreibasigen Natr.-Citratlösung $(CH_2)_2COH (COONa)_3$. Mit dieser Lösung durchgeschüttelt gerinnt das Blut nicht.

Zum Defibrinieren nimmt man eine weithalsige Flasche mit eingeschliffenem Glasstöpsel (Pulverflasche), beschickt sie mit Glasperlen, daß der Boden wenigstens mit einer 2—3 cm hohen Schicht mit Perlen bedeckt ist, bringt zwischen Stöpselhalswand und Glasstöpsel einen ca. 1 cm breiten Papierstreifen (Verhinderung einer Verkittung der Glasflächen) und sterilisiert das in Papier gewickelte Gefäß, dessen Volumen nach der Menge des Blutes zu bemessen ist. Nach dem Abkühlen fängt man das Blut steril auf und schüttelt es intensiv etwa 20 Min. Durch das Schütteln wird das Fibrin aus dem Blute gefällt und schwimmt in fasrigen Flocken an der Oberfläche. Die Erythrozyten setzen sich wohl nach einiger Zeit ab, können aber wieder durch Schütteln mit dem Serum gemischt werden.

Das Blut kann durch Zusatz von Chloroform usw. nicht konserviert werden, weil sonst Hämolyse eintritt. Doch kann das Blut, wenn es steril entnommen ist, mehrere Tage im Eisschrank gehalten werden.

Da in größeren Betrieben, wo viele Blutnährböden gebraucht werden, punktionsreife Tiere in der notwendigen Anzahl meistens nicht vorhanden sind, muß man sich mit Blut von Schlachttieren behelfen. Nach Durchschnitt der Halsgefäße bei Rindern oder Pferden läßt man das Blut einige Sekunden fortströmen, wobei die Keime der Wundränder abgespült werden. Dann fängt man das Blut in dem mit Glasperlen beschickten Gefäß auf und defibriniert es in der vorher beschriebenen Weise. Zum sicheren Defibrinieren darf das Gefäß nur etwa bis zu zwei Drittel gefüllt sein.

Das von Schlachttieren gewonnene Blut ist meistens nur einige Stunden nach Gewinnung verwendbar, weil schon einige Luftkeime das Blut durch ihre rasche Vermehrung innerhalb 24 Std. unbrauchbar machen.

III. Flüssige Nährböden.

Die Herstellung der flüssigen Nährböden ist einfacher und leichter als die der festen. Auch das Wachstum der Bakterien ist darin gut; sie werden nicht selten als Belebungsmittel für schwache Stämme benutzt. Ihr Nachteil ist der, daß sie eine Isolierung von Keimarten unmöglich machen.

1. Allgemein gebräuchliche, flüssige Nährböden.

Nährbouillon aus Fleischsaft. 1 l Fleischsaft, 10 g Pepton, 5 g Kochsalz, 0,5 g Soda werden bei größeren Mengen in einem offenen Aluminium- oder Emailletopf, bei kleineren Mengen in einem Kolben zusammengegeben und auf dem Drahtnetz (das verdampfende Wasser ist zu ersetzen), sonst im Dampftopf eine Stunde gekocht. Die Kochdauer rechnet von der Zeit an, in der die Lösung aufkocht, bzw. das Thermometer am Dampftopf die Siedetemperatur angibt. Die Bouillon wird dann filtriert (s. Filtration), der PH-Wert bestimmt, evtl. korrigiert. Hierzu verwendet man Salzsäure bzw. Kali- oder Natronlauge. Der PH-Wert der gewöhnlichen Bouillon ist auf 7,5 einzustellen. Nach Zugabe von Säuren oder Basen ist die Bouillon vor der endgültigen PH-Bestimmung aufzukochen, um die CO_2 zu vertreiben. Die klare Bouillon wird dann zu 8 ccm auf Röhrchen oder zu 50 ccm auf 100 ccm fassende Erlenmeyer-Kölbchen abgefüllt, die eine Stunde im Dampftopf sterilisiert werden.

Soll die Bouillon zum späteren Abfüllen aufgehoben werden, so füllt man sie in größere Kolben oder Flaschen und sterilisiert sie ½—1 Std. im Autoklav.

Gepufferte Bouillon. Man stellt sie genau so her wie die gewöhnliche Bouillon, nur nimmt man statt 0,5 nur 0,3 % NaCl und gibt 0,2 % K_2HPO_4 hinzu. Zum Alkalisieren wird statt Soda NaOH genommen. Nach den Erfahrungen von MICHAELIS ist die Soda zum Alkalisieren ungeeignet, weil sie in der Bouillon in Natriumbikarbonat übergeht.

Die Pufferung (K_2HPO_4-Zusatz) hat den Zweck, der Bouillon einen konstanten PH-Wert zu geben (s. Puffer).

Die Bouillon aus Hottingers Verdauungsbrühe mit gesättigter Viehsalzlösung und 5 proz. K_2HPO_4-Zugabe (s. Verdauungsbrühe n. H.) ist gepuffert.

Bouillon aus Liebigs Fleischextrakt (oder auch Lab-Lemko). 1 l Wasser, 10 g Liebigs Fleischextrakt, 5 g NaCl, 0,5 g Na_2CO_3, 10 g Pepton. Die Verarbeitung erfolgt wie bei der Bouillon aus Fleischsaft. Der flüssige Liebigs Fleischextrakt wird auf Papier abgewogen, das in dem Wasser abgespült wird. Auch hier kann eine Pufferung vorgenommen werden (s. gepufferte Bouillon. PH = 7,5).

Bouillon aus gekörntem Maggi. 1 l Wasser, 3 g NaCl, 10 g Pepton, 0,5 g Na_2CO_3, 10 g gekörnten Maggi. Verarbeitung wie Bouillon aus Liebigs Fleischextrakt, PH = 7,5.

Bouillon aus Hottingers Verdauungsbrühe. 1 l fertige Verdauungsbrühe aufkochen, 15 Min. kochen lassen, dann zugeben: 4 l Wasser, 5 g Na_2CO_3 (bildet hier mit der Salzsäure NaCl + H_2CO_3), 5 g Kaliumhydroxyd, 50 g Pepton, 100 ccm gesättigte Viehsalzlösung mit 5 % K_2HPO_4 (und evtl. 5 g Gelatine), die weitere Verarbeitung erfolgt wie bei der Nährbouillon aus Fleischsaft. Der PH-Wert ist auf 7,5 einzustellen.

Bouillon für Streptokokken, PH 7,6—7,8. Als Ausgangsmaterial kann Fleischsaft, Liebigs Fleischextrakt (Lab-Lemko) oder Hottingerbrühe dienen. Auch die Verarbeitung ist die gleiche, nur stellt man die PH-Zahl auf 7,6—7,8 ein. Wo Streptokokken nicht befriedigend wachsen, kann man statt 1 % auch 2 % Pepton zugeben. Durch Verwendung einer anderen Peptonsorte kann man die

Bouillon heller oder dunkler als die gewöhnliche herstellen, wodurch sie unterscheidbar wird und vor Verwechslungen schützt.

2. Flüssige Nährböden zur Züchtung und Differenzierung von Eiterbakterien.

Traubenzuckerbouillon. Der Traubenzucker dient hier zur Vervollkommnung des Nährbodens. In der Regel erfolgt eine 2 proz. Zugabe zur Bouillon: 2 g Traubenzucker werden in etwa 10 ccm Aqua dest. durch kurzes Aufkochen gelöst, mit Bouillon P_H 7,5 auf 100 ccm aufgefüllt und im Kulturgefäß (Röhrchen oder Kölbchen) 1 Std. im *Dampftopf* sterilisiert.

Ascitesbouillon. Von der sterilen Ascitesflüssigkeit wird in der Regel 1 Teil zu 9 Teilen Bouillon (P_H 7,5) zugesetzt.

Wo es sich um wenige Röhrchen oder Kölbchen handelt, befüllt man diese (Röhrchen zu 9 ccm, Kölbchen zu 45 ccm) mit Bouillon, sterilisiert sie eine Stunde im Dampftopf und gibt nach dem Erkalten mit der sterilen Pipette 1 bzw. 5 ccm Ascitesflüssigkeit hinzu. Nach Zugabe der Ascitesflüssigkeit darf nicht mehr sterilisiert werden. Steril arbeiten!

Wo eine größere Anzahl von Kulturgefäßen beschickt werden soll, füllt man z. B. 900 ccm Bouillon in einen Kolben und sterilisiert im Autoklav. Gleichzeitig sterilisiert man einen Abfülltrichter mit Deckel und 100-ccm-Pipetten. Nach dem Abkühlen der Bouillon gibt man zu dieser mit der sterilen Pipette 100 ccm sterile Ascitesflüssigkeit, gießt nach Durchschütteln vorsichtig in den Abfülltrichter und füllt den Nährboden in sterile Kulturgefäße ab. Beim Abfüllen ist die Kolben- oder Rohrmündung jeweils abzuflammen. Staubentwicklung ist strengstens zu vermeiden. Die abgefüllten Röhrchen usw. kann man zur Probe auf Sterilität 48 Std. in den Brutschrank stellen.

Serum-Bouillon. Die Herstellung der Serum-Bouillon erfolgt in derselben Weise wie die der Ascitesbouillon, mit dem Unterschied, daß man statt Ascitesflüssigkeit Serum nimmt; gewöhnlich wird steriles Pferdeserum verwendet.

Blut-Bouillon. Das erforderliche Blut wird in der im Abschnitt Gewinnung von Blut für Nährböden beschriebenen Weise erhalten. Das sterile, hierzu hauptsächlich durch Venenpunktion gewonnene Menschen- oder Tierblut wird in einer Konzentration von 5—10% der Bouillon zugegeben. Die Technik ist die gleiche wie bei der

Ascitesbouillon. Über die Blutart entscheidet der Zweck, für den der Nährboden bestimmt ist.

Kochblutbouillon nach Levinthal. Erforderlich sind: 900 ccm Bouillon von PH 7,5—7,6 und 50—80 ccm defibriniertes steriles Blut (Menschen- oder Tierblut). Die Bouillon wird in einen 1-l-Kolben gefüllt und durch den Wattestopfen ein Thermometer bis auf den Boden des Kolbens eingeführt. Will man die Bouillon im Autoklav sterilisieren, so muß die Thermometerskala bis 120° reichen. Nun sterilisiert man die Bouillon und gleichzeitig einen zweiten Kolben mit Trichter und Faltenfilter, eine 100-ccm-Voll-pipette und einen Abfülltrichter.

Inzwischen bringt man ein Wasserbad auf 100°. Den Kolben mit der sterilen Bouillon kühlt man auf 80° ab, setzt tropfenweise unter Schütteln das Blut hinzu und stellt ihn in das kochende Wasser. Unter häufigem Umschütteln bleibt er 5—8 Min., bei 21 Inhalt 10—15 Min. im kochenden Wasser. Das Thermometer dient zur Temperaturkontrolle des Kolbeninhalts und darf nicht über 85° steigen. Der Nährboden wird dann aus dem Wasserbad ge-nommen und durch das sterile Filter filtriert (evtl. zweimal). Die Filtration kann zur Vermeidung bakterieller Verunreinigung im Dampftopf erfolgen, jedoch darf hier die Temperatur nicht über 80° betragen, weil durch höhere anhaltende Erhitzung das Hämo-globin zu Oxyhämoglobin oxydiert, und gleichzeitig auch der ther-molabile V=(Vitamin)-Faktor zerstört wird.

Der Nährboden ist vorwiegend zur Züchtung von Influenza-bazillen geeignet, die zu ihrem Fortkommen den thermolabilen V-und den unbekannten X-Faktor brauchen; beide sind in der Bouil-lon enthalten. Es gedeihen aber auch andere Bakterienarten darin besser als in der gewöhnlichen Bouillon.

Das Abfüllen erfolgt wie bei Ascitesbouillon unter sterilen Kau-telen. Die abgefüllten Röhrchen können zum Nachsterilisieren für kurze Zeit in das auf 95° erwärmte Wasserbad gestellt werden. Dann erfolgt Sterilitätsprobe im Brutschrank.

Blutextraktbouillon. Blutextrakt 20—50 ccm, Bouillon PH 7,5 1000 ccm. Der Blutextrakt wird so hergestellt, daß man defibri-niertes Blut mit gleichen Teilen Bouillon mischt. Das Gemisch wird in sterile Zentrifugenröhren aus Jenaer Glas verteilt und diese werden 30 Min. ins kochende Wasser gestellt. Das schwarzbraune Blutbouillongemisch wird dann mit einem sterilen Glasstab gut durchgerührt und sofort zentrifugiert. Die überstehende klare Flüssigkeit wird abpipettiert und im oben angegebenen Verhältnis mit Bouillon gemischt. Das Abfüllen erfolgt unter sterilen Bedingungen. Die Bouillonröhrchen bzw. Kölbchen können wie Levinthalbouillon im Wasserbad kurz erhitzt werden.

Hefeextraktbouillon. Hefeextrakt 50—100 ccm, Bouillon PH 7,5 ad 1000 ccm.

Den Hefeextrakt bereitet man aus 100 g Bierhefe, die man mit 400 ccm stark verdünnter HCl (PH 4,5) aufschwemmt. Unter ständigem Schütteln kocht man diese Aufschwemmung in einem Jenaer Glaskolben auf einem Drahtnetz 10 Min. und zentrifugiert nach dem Abkühlen. Die gelblichklare überstehende Flüssigkeit wird in Kolben steril abpipettiert und auf PH 7,5 gebracht. Die Kölbchen mit dem Hefeextrakt können kurze Zeit (10 Min.) im Dampftopf sterilisiert werden.

Die Zugabe des Extrakts zur Bouillon und das Abfüllen erfolgt unter sterilen Bedingungen. Die befüllten Röhrchen usw. können kurze Zeit sterilisiert werden. Durch den Extraktzusatz wird die Bouillon qualitativ etwa der Serumbouillon gleich.

Optochin-Bouillon zur Differenzierung von Pneumokokken. Optochinlösung 1 : 1000 1 ccm, Bouillon PH 7,5 steril 60 ccm.

Die unter sterilen Bedingungen gemischte Optochinbouillon wird 10 Min. im Dampftopf sterilisiert. Nach dem Abkühlen auf 56° setzt man 30 ccm sterile Ascitesflüssigkeit hinzu, füllt den Nährboden auf sterile Röhrchen ab, die zwecks Nachsterilisation 30 Min. bei 56° im Wasserbad gehalten werden können. Die Sterilität der Röhrchen wird durch 24—48 stünd. Bebrüten erprobt.

Die Differenzierung erfolgt dadurch, daß man je ein Optochinbouillon- und ein Serum- bzw. Ascitesbouillonröhrchen mit der Bakterienart beimpft und dann 24 Std. bebrütet. Pneumokokken wachsen in der Optochinbouillon nicht.

Statt Ascitesbouillon kann man frische Levinthalbouillon verwenden. Man gibt zu 90 ccm Levinthalbouillon 1,0 ccm Optochinlösung 1 : 1000, füllt steril ab und sterilisiert wie unter Levinthalbouillon angegeben ist.

Galle zur Differenzierung von Pneumokokken. Die Herstellung von Gallenährböden s. unter „Flüssige Nährböden für pathogene Darmbakterien".

Das Galleröhrchen wird mit der fraglichen Kultur beschickt

und mehrere Stunden bebrütet, dann wird von der Galle eine Ascites- oder Serumbouillonkultur angelegt. Pneumokokken sind von der Galle abgetötet.

Taurocholsaures Natrium zur Differenzierung von Pneumokokken. Natr. taurocholicum (auch Natr. choleinicum) 1,0 g, Aqua dest. 10,0 ccm.

Die Substanz wird in Aqua dest. heiß gelöst und nach Abkühlen mit gleichen Teilen einer Bouillonkultur versetzt. Pneumokokken lösen sich in wenigen Minuten auf. Die Beobachtung kann im hängenden Tropfen erfolgen.

Aeskulinbouillon zur Differenzierung von Enterokokken. Aeskulin pur. 0,1 g, Aqua dest. 10,0 ccm, Bouillon PH 7,5 100,0 ccm.

Das Glukosid Aeskulin wird in Aqua dest. durch kurzes Aufkochen gelöst, die Lösung der Bouillon hinzugefügt. Nach kurzem Aufkochen wird in Röhrchen zu 5 ccm abgefüllt und ½ Std. bei 0,5 at im Autoklav sterilisiert. Der fertige Differentialnährboden wird mit dem zu prüfenden Stamm beimpft und 24—48 Std. bebrütet. Enterokokken spalten meist Aeskulin in Traubenzucker und Aeskuletin; letzteres ist dem Brenzkatechin verwandt und bildet mit Eisensalzen tintenartige Verbindungen.

Zur Differenzierung stellt man sich als Indikator eine Lösung von 1 g Ferrum citricum oxydatum (zitronensaures Eisen) in 100 ccm Aqua dest. her. Die Lösung kann sterilisiert werden. Man kann auch 1 proz. Liquor Ferri sesquichlorati-Lösung benutzen. Von einem dieser Indikatoren gibt man 2—3 Tropfen in das bebrütete Röhrchen. Die meisten Enterokokken zeigen dann einen braunschwarzen Farbumschlag.

Statt der nachträglichen Zugabe des Indikators kann man die sterile Ferricitratlösung schon der Ausgangsbouillon beigeben: Auf 100 ccm Bouillon kommen 2,5 ccm 1 proz. Ferricitratlösung. Nach Beimpfung tritt während der Bebrütung nur bei Enterokokken Schwarzfärbung ein.

Enterokokken-Nährboden nach Hisz. Menschliches oder tierisches Serum verdünnt man in Röhrchen 1:1, 1:2, 1:3 und 1:4 Teilen mit Aqua dest., kocht die Verdünnungen über der Flamme kurz auf. Dasjenige Röhrchen, in dem die Mischung am wenigsten ausflockt (meistens 1:2), gibt den Serumtiter für den Nährboden an.

Das Serum wird in der ermittelten Weise verdünnt, zu 100 ccm.

Der Verdünnung gibt man 1% Mannit, in etwas Aqua dest. durch Aufkochen gelöst, und 5—10% Lackmuslösung hinzu. Der Nährboden wird zu 2—5ccm in Röhrchen abgefüllt und ½ Std. im Dampftopf sterilisiert.

Durch Enterokokkenkulturen gerinnt der Nährboden während der Bebrütung.

Pankreatinbouillon nach ALDERSHOFF zur Toxingewinnung aus Streptokokken. 300g gehacktes fett- und sehnenfreies Rindfleisch, 500ccm Aqua dest., 500ccm 0,8proz. Sodalösung, 5ccm Chloroform, 2g Pankreatin absolut (Merck), 80,0ccm Normalsalzsäure, etwas 10proz. NaOH-Lösung.

Dem zerkleinerten Fleisch wird das Aqua dest. zugesetzt und die Mischung unter Umschütteln in einem 2-l-Kolben auf 80° erwärmt. Dann fügt man die Sodalösung zu, kühlt auf 45° ab, gibt Pankreatin und $CHCl_3$ hinzu, schüttelt gut durch und stellt das Gemisch zur Verdauung für 6 Std. in den Brutschrank. In dieser Zeit ist öfter durchzuschütteln. Nun wird die normale Salzsäure zugefügt, ½ Std. im Dampftopf erhitzt und filtriert. Das Filtrat wird mit NaOH-Lösung bzw. HCl auf PH 7,8 eingestellt und 20 Min. im Autoklav auf 110° erhitzt. Dann erfolgt Klarfiltration und evtl. Korrektur der PH auf 7,8. Nach Abfüllen auf Kölbchen wird nochmals für ½ Std. im Autoklav erhitzt.

Die Kölbchen sind mit 80ccm Bouillon zu beschicken. Nach Beimpfung, 24stündiger Bebrütung und Filtration durch Berkefeld-N-Kerzen ist in der Bouillon reichlich Toxin enthalten.

Hämoglobinbouillon nach WETHMAR. Aus einer sterilen Blutagarplatte mit 10% Blutgehalt schneidet man ca. 1qcm große Stücke mit einem sterilen Messer heraus und bringt unter sterilen Bedingungen je zwei solcher Stücke in ein gewöhnliches Bouillonröhrchen, in Bouillon*kölbchen* entsprechend mehr. Die Röhrchen werden im Thermostat 3—4 Std. bei 60° gehalten. Hierbei tritt das Hämoglobin in die Bouillon über, die dabei trübe (serös) wird.

Der Nährboden eignet sich für hämoglobinophile Bakterien.

Nitrat-Bouillon zum Nachweis der Reduktion von NO_3 zu NO_2. Kaliumnitrat 0,25g, Aqua dest 10ccm.

Nach kurzem Aufkochen ist die Lösung mit Bouillon PH 7,5 auf 100ccm aufzufüllen. Nach Abfüllen in Röhrchen wird im Dampftopf sterilisiert.

Während der Bebrütung erfolgt bei Reduktion Dunkelfärbung des Nährbodens.

Differentialnährböden für Streptokokken nach WIRTH. 1. Lackmusmolke (s. unter Lackmusmolke bei „flüssige Nährböden für Darmbakterien").

2. Neutralrotmilch. Zu 1 l keimfreier Magermilch fügt man eine Aufschwemmung von 0,5 g Neutralrot (EHRLICH) in 10 ccm Wasser. Nach kurzem Aufkochen wird in Röhrchen zu je 7 ccm abgefüllt. Die Röhrchen werden noch zweimal in 24 stündigem Abstand je eine halbe Stunde im kochenden Dampftopf sterilisiert. Die Beimpfung geschieht durch Übertragung von einer Öse *Blutagar*kultur.

Beide Nährböden zeigen nach 1—6 tägiger Bebrütung Rötung und Gerinnung, wenn gewisse Streptokokkenarten vorliegen.

3. Malachitgrünmilch. Zu 100 ccm steriler, entrahmter Milch gebe man 3 ccm einer wässrigen Lösung von Malachitgrün 1:60 und 12 ccm einer 10 proz. Sodalösung. Die Mischung wird zwei Stunden im Dampftopf oder siedendem Wasserbad erhitzt. Sollte nach dieser Zeit die grüne Farbe bei dem Erkalten nicht völlig verschwinden, so füge man unter Kochen noch einige Tropfen Sodalösung hinzu, bis der grüne Farbton einer hellbräunlichen Färbung gewichen ist. Sodann ist in Röhrchen zu je 5 ccm abzufüllen und ¾ Std. im Dampftopf zu sterilisieren. Die fertige Malachitgrünmilch soll in den Röhrchen von hellbrauner Farbe sein und kein Gerinnsel aufweisen.

Nach Impfung mit einer Öse Blutagarkultur ist bei 1—8 tägigem Brutschrankaufenthalt (36°) auf Grünfärbung und Gerinnung zu achten.

4. Lackmusmilch. 100 ccm sterile, entrahmte Milch werden mit 15 ccm Lackmuslösung (KAHLBAUM) und 5 ccm steriler 10 proz. Sodalösung versetzt. Die Röhrchen werden zu je 7 ccm abgefüllt und nicht länger als 20 Min. im Dampftopf sterilisiert, da die Lackmuslösung längeres Erhitzen nicht verträgt. Vor Gebrauch ist acht Tage lang im Brutschrank auf Sterilität zu prüfen.

Nach Impfung mit einer Öse Blutagarkultur ist bei 1—8 tägigem Brutschrankaufenthalt auf Rotfärbung und Gerinnung zu achten.

5. Lackmusmilch mit Kohlehydratzusätzen. Die Kohlehydrate werden im allgemeinen als 1—2 proz. Zusatz zum Nährboden gegeben. Laktose setzt man 10%, Arabinose 2% hinzu, dann versetzt man die Milch mit 15% Lackmuslösung.

6. Glyzerin-Lackmusmilch. 100 ccm steriler entrahmter Milch versetzt mit 7 ccm Lackmuslösung und mit 10 ccm Glyzerin. Sonst wie bei der Lackmusmilch.

7. Pepton-Traubenzucker-Lackmusmilch mit Taurocholsaurem Natrium. 100 ccm keimfreier Magermilch werden unter leichtem Erwärmen im sterilen Kölbchen 15 ccm Lackmuslösung, 5 ccm 10 proz. Sodalösung, 3,0 g Witte-Pepton, 2,0 g Traubenzucker und 1,25 g = 1% bzw. 3,7 g = 3% taurocholsaures Natrium gegeben. Nachdem alles gelöst ist, wird die Mischung zu je 5 ccm in Röhrchen abgefüllt und 30 Minuten lang (nicht länger) im Dampftopf sterilisiert. Während das Kasein in dem Röhrchen mit 1% taurocholsaurem Natrium gelöst bleibt, fällt in den Röhrchen mit 3% das Eiweiß beim Sterilisieren aus und bildet in der Kuppe des Reagensglases ein festes Gerinsel unter der klaren blau gefärbten Molke. Das Abfüllen und Sterilisieren geschieht wie bei der Lackmusmilch.

Die Sterilisation der Milch. Das Sterilisieren der Milch macht oft Schwierigkeiten, da einerseits Verunreinigung durch Sporen vorkommt, andererseits bei längerem Einwirken höherer Temperaturen, z. B. im Autoklav die Eiweißstoffe verändert werden. Im allgemeinen genügt es, wenn die möglichst frisch bezogene Marktmilch sofort ³/₄ Std. im Dampftopf sterilisiert wird. Sodann bleibt sie im ³/₄-Liter-Kolben zwei Tage lang bei Zimmertemperatur stehen; die während dieser Zeit gebildete Rahmschicht ist zu entfernen und die Milch noch einmal im Kolben ³/₄ Std. lang im Dampftopf zu sterilisieren. Die so behandelte Milch ist dann als Nährbodengrundlage geeignet. Die fertigen Milchnährböden müssen acht Tage lang im Brutschrank auf Sterilität geprüft sein. Ein Ausfall von rd. 5% durch Sporenbildner läßt sich meistens nicht vermeiden.

Natura-Milch von Bosch u. Co. Die Firma Natura-Milch Exportgesellschaft Bosch u. Co., Waren in Mecklenburg, liefert eine nach einem besonderen Verfahren hergestellte sterile Dosenmilch (Vollmilch) die keimfrei und praktisch unbegrenzt haltbar ist. Zum Gebrauch wird die Dose ohne zu schütteln an einem Ende aufgestochen, dann fährt man mit einer sterilen Pipette durch die Rahmschicht und zieht die darunter befindliche Magermilch auf. Die Milch ist steril, kann aber sicherheitshalber nach dem Abfüllen 15—20 Minuten im Dampftopf nachsterilisiert werden.

Peptonbouillon nach Schottmüller-Schulten. Dieser Nährboden ist für Blutkulturen bestimmt. Das Blut wird am Krankenbette dem Nährboden zugegeben und bildet mit diesem eine gallertartige Masse, die nach Bebrütung evtl. Kolonien aufweist. Der Röhrcheninhalt ist nach Bebrütung in eine sterile Petrischale überzuführen und die Kolonien können dann weiter bearbeitet werden.

Die Herstellung des Nährbodens ist folgende: 1 l Fleischsaft wird mit 100 g Pepton Witte, 1,5% NaCl versetzt und zwei Stunden im Dampftopf gekocht. Dann folgt Filtration und Einstellung auf PH 7,5. Jetzt wird abermals bis zum möglichst völligen Klarwerden (mehrere Stunden) im Dampftopf gekocht, filtriert, die PH kontrolliert und gegebenenfalls mit NaOH oder HCl korrigiert.

Da nun, besonders wenn man nicht frisches Pepton zur Verfügung hat, seine gerinnende Wirkung verschieden ist, wird folgender Versuch angesetzt: Man gibt in Reagensgläser 2, 4, 6 und 7 ccm der Peptonbouillon und füllt die ersten drei Röhrchen mit steriler 0,85proz. NaCl-Lösung oder sterilem Wasser auf 7 ccm auf. Dann fügt man jedem Röhrchen 1 ccm einer 10proz. Gummiarabikumlösung und 0,3 ccm einer 10proz. Kalziumchloridlösung zu, sterilisiert sie im Dampftopf und versetzt sie nach dem Erkalten mit je 2 ccm frischem Blut. Die Verdünnung des Röhrchens, in dem nach 24 Stunden die beste Gallertbildung erfolgt ist, ist die brauchbarste.

Nun fügt man der Gesamtmenge der Peptonbouillon, die man dem Ergebnis des Vorversuchs entsprechend mit NaCl-Lösung oder Wasser verdünnt hat, 15% einer 10proz. Gummiarabikumlösung und 4% einer 10proz.

Kalziumchloridlösung hinzu, füllt je 8 ccm in Röhrchen ab und sterilisiert sie eine Stunde im Dampftopf.

Tritt bei Zusatz der $CaCl_2$-Lösung oder bei späterem Erhitzen ein Niederschlag auf, so kann dieser bis auf eine gewisse Opaleszenz durch Filtration beseitigt werden. Für die Kultur ist er ohne Belang.

Traubenzuckerlösung zur Meningokokkenzüchtung. 10 g Traubenzucker, 100 ccm Aqua dest. Traubenzucker und Aqua dest. werden zusammen aufgekocht, die Lösung wird zu je einem ccm in Röhrchen abgefüllt und im Dampftopf eine halbe Stunde sterilisiert.

Die Traubenzuckerlösung ist nur als Nährzusatz zum Liquor cerebrospinalis (Rückenmarksflüssigkeit) gedacht: Man gibt zu 9 Teilen des Liquors 1 Teil dieser Lösung steril hinzu und bebrütet das Gemisch wie jeden anderen Nährboden.

Albuminglyzerolat nach Cantani. Blut, Serum oder Ascitesflüssigkeit wird zu gleichen Teilen mit Glyzerinum pur. gemischt und im Eisschrank aufgehoben. Durch das Glyzerin wird nach längerer Zeit, manchmal erst nach Wochen, Sterilität erreicht. Das sterile Blutglyzerolat wird mit der sechsfachen Menge steriler Ascitesflüssigkeit versetzt. Das Ascitesblutglyzerolat wird unter sterilen Bedingungen als 5—10 proz. Zusatz zu gewöhnlicher Bouillon gegeben.

Die Bouillon ist in manchen Fällen besser geeignet als die übliche Ascitesbouillon.

Flüssiger Eiweißnährboden für Gonokokken nach Lipschütz. Die Eierschale eines frischen Hühnereis wird mit heißem Wasser und Bürste abgeseift, getrocknet, in Alkohol getaucht und abgeflammt. Das Eiklar wird unter Trennung vom Eigelb in einem sterilen Meßzylinder aufgefangen und 2 Teile Eiweiß mit 98 Teilen Leitungswasser verdünnt (2 proz.). Auf je 100 ccm der Eiweißlösung werden 20 ccm n/10-NaOH zugesetzt, und nach Überführung in einen sterilen größeren Kolben im Verlauf einer ½ Std. mehrmals tüchtig durchgeschüttelt. Alsdann wird durch ein Faltenfilter filtriert, in Kölbchen oder Röhrchen abgefüllt und diese 30 Min. im Dampftopf sterilisiert. Kölbchen kann man auch durch 2—3 Min. langes Sieden auf dem Asbestdrahtnetz sterilisieren.

Für Gonokokken kann die Lösung nach der Sterilisation gleich Verwendung finden. Man kann sie auch als 25—30 proz. Zugabe für feste Nährböden benutzen.

Lipoidhaltiger Nährboden nach Suranyi. Ein Eigelb wird, wie bei dem Gonokokkennährboden beschrieben, steril vom Eiklar getrennt mit 150 ccm Aqua dest. versetzt, gründlich gemischt und die

Mischung mit n/10-NaOH auf PH = 7,8 gebracht. Es erfolgt dann weitere Verdünnung mit Aqua dest. auf 350 ccm und Sterilisation im Autoklav bei 110° für 20 Min. Dann gibt man 1 Teil Eigelblösung zu 2 Teilen Bouillon PH 7,6—7,8. Schließlich wird im Dampftopf 1 Std. sterilisiert.

In dieser Nährlösung wac..·en anspruchsvolle Bakterien wie Pneumokokken, Streptokokken, Meningokokken evtl. auch Gonokokken ohne Zusatz von menschlichem Eiweiß.

Die Eigelblösung kann auch als fester Nährboden Anwendung finden. Zu Nähragar mit einem Gehalt von 4% Agar, 2% Pepton und 1% Kochsalz wird Eigelblösung im Verhältnis 1:1 gegeben.

Serum-Alkali-Albuminat-Bouillon. 2 Teile Serum Alkali Albuminat nach KLEIN (s. flüssige Differentialnährböden für Darmbakterien), 8 Teile Bouillon PH 7,6—7,8.

Das Serum-Alkali-Albuminat wird der Bouillon zugesetzt. Nach kurzem Aufkochen wird filtriert und auf PH 7,6—7,8 eingestellt. Dann kann in sterile Röhrchen abgefüllt und 30 Min. bei 110° (½ at) im Autoklav sterilisiert werden.

Der Nährwert der Bouillon entspricht etwa der Serum-Bouillon; sie eignet sich daher zur Züchtung anspruchsvoller Bakterien.

Ihr Vorteil besteht hauptsächlich darin, daß der fertige Nährboden sterilisierbar ist.

Tapioka-Bouillon. Tapioka wird aus Stärkemehl von brasilianischen Maniholarten gewonnen. Die Maniholstärke wird angefeuchtet durch Siebe gedrückt so daß sich Klümpchen bilden, die dann auf heißen Platten getrocknet werden und teilweise gelatinieren (Sago).

Für die Bouillon kann man das Sagomehl oder den Sago verwenden.

10 g Sagomehl wird mit etwas Aqua dest. übergossen und bleibt 24 Std. stehen. Dann wird mit Bouillon auf 1000 ccm aufgefüllt, eine Stunde im Dampftopf gekocht, filtriert und auf PH 7,6 eingestellt. Die fertige Bouillon wird in Röhrchen zu 8—10 ccm abgefüllt und eine Stunde im Dampftopf sterilisiert.

Verwendet man Sago, so nimmt man 10 g auf 1 l Bouillon, kocht gleich eine Stunde im Dampftopf und läßt 24 Stunden stehen. Dann wird filtriert, auf PH 7,6 eingestellt, wie üblich abgefüllt und eine Stunde im Dampftopf sterilisiert.

Die Tapioka-Bouillon ist qualitativ besser als die gewöhnliche, sie eignet sich auch zur Züchtung von anspruchsvollen Mikroorganismen.

3. Flüssige Nährböden für Anaërobier.

Tarozzibouillon. Die Lebern mehrerer Meerschweinchen werden von der Gallenblase und vom Bindegewebe befreit, in pflaumenkerngroße Stücke geschnitten und in einem Kolben mit der 2—3fachen Menge Bouillon PH 7,2 (optimale PH nach ZEISZLER) übergossen; nach halbstündigem Erhitzen im Dampftopf wird die bröcklige, getrübte Bouillon durch ein Faltenfilter filtriert, die Leberstückchen unter der Wasserleitung abgespült und zu je 2—3 Stückchen auf Reagensgläser verteilt. Die Röhrchen werden mit der filtrierten Bouillon zu 9 bis 10 ccm befüllt und 1 Std. im Dampftopf sterilisiert.

Die am Boden liegenden Leberstückchen verbrauchen den in die Bouillon eindringenden Sauerstoff und schaffen in ihrer Umgebung anaërobe Bedingungen.

Ältere Bouillonröhrchen müssen vor Beimpfung etwa 10 Min. in das siedende Wasserbad gestellt werden, um den Sauerstoff auszutreiben.

Die nach Abkühlen beimpfte Bouillon kann man sicherheitshalber mit Vaseline überschichten, die man vorher im Autoklav sterilisiert. Bei der Verflüssigung der auf Kölbchen abgefüllten Vaseline ist vorsichtig mit kleiner Flamme zu erhitzen und die beimpfte Leberbouillon etwa 1 cm hoch zu überschichten.

Leberbouillon nach FORTNER. Die Leber von Kaninchen wird nach Befreiung von der Gallenblase und dem Bindegewebe 10 Min. im Dampftopf erhitzt, in längliche Stückchen zerlegt, und zu 2 bis 5 Stückchen auf Reagensröhrchen verteilt. Die beschickten Röhrchen werden dann mit etwa 10 ccm Bouillon PH 7,6 befüllt und ½ Std. bei 110° im Autoklav sterilisiert.

Die fertigen Röhrchen sind 1—2 Tage zur Prüfung auf Sterilität in den Brutschrank zu stellen. Im übrigen gilt das Gleiche wie bei Tarozzi-Bouillon.

Statt Kaninchen- bzw. Meerschweinchenleber kann man auch Nieren von denselben Tieren in derselben Weise verwenden.

Wo Leberbouillon in größeren Mengen gebraucht wird und Kleintierorgane für diesen Bedarf nicht zur Verfügung stehen, kann auch Kalbsleber, die möglichst frisch und von der Haut befreit sein muß, Verwendung finden.

Lebermilch nach FORTNER. Der Nährboden wird genau so hergestellt wie die Leberbouillon nach FORTNER. Statt der Bouillon verwendet man frische Kuhmilch. Eine Vaselineüberschichtung ist hierbei nicht notwendig, da sich aus der Vollmilch eine Sahneschicht bildet. Sterilisation 1 Std. bei 110° im Autoklav.

Anaërobierbouillon mit Zuckerarten usw. und Lackmuszusatz.

Von den Monosen sind geeignet Glukose, Galaktose und Lävulose, von den Biosen Saccharose, Laktose, Maltose, von den Polysacchariden Inulin, von Glukosiden das Salizin, von den mehrwertigen Alkoholen Mannit und Dulcit als Reduktionsmittel.

Von den angeführten Kohlehydraten setzt man zu der Bouillon PH 7,2—7,6 je 1% der Kohlehydrate hinzu. Es ist zweckmäßig, diese in etwas Aqua dest. aufzukochen, dann der Bouillon zuzugeben und im Dampftopf 1 Std. zu sterilisieren. Auf die Menge der Bouillon berechnet, sterilisiert man gleichzeitig 7,5% Lackmuslösung und gibt sie dann der sterilen Bouillon hinzu. Nach Durchschütteln erfolgt steriles Abfüllen und Nachsterilisation von kurzer Dauer im Dampftopf (20 Min. nicht überschreiten!).

Für Bac. amylobacter darf Pferdefleischbouillon nicht verwendet werden, weil es das in diesem Fleisch enthaltene Glykogen zerlegt.

Es ist selbstverständlich, daß die angeführten Kohlehydrate jedes für sich getrennt der Bouillon zugegeben wird.

Die Lackmuslösung zeigt neben der Säurebildung die Reduktion an.

Hirnbrei nach Hibler. Frisches Hirn (spätestens 24 Std. nach dem Tode entnommen) vom Tier oder Mensch, das in seinem Aussehen einwandfrei ist, wird von den Häuten befreit und durch den Fleischwolf getrieben. Dann werden 2 Teile Hirn mit 1 Teil Leitungswasser, das nicht sauer reagieren darf, verrührt. Der Hirnbrei kann unter ständigem Rühren kurz aufgekocht werden und wird durch ein Haarsieb koliert und schließlich 2 Std. im Dampftopf (nicht Autoklav) erhitzt. Es erfolgt Abfüllen in Röhrchen zu mindestens 10 ccm, die 2 Std. im Autoklav bei 110° zu sterilisieren sind.

Der Hirnbrei kann auch in Literkolben abgefüllt werden. Diese sind an zwei Tagen je 2 Std. bei 110° (Autoklav) zu sterilisieren.

Wo der Hirnbrei zu wenig Flüssigkeit enthält, kann man darüber etwas Wasser nachfüllen. Eine entsprechende Nachsterilisation ist dann selbstverständlich.

Zur Vermeidung des Austrocknens der Röhrchen werden die Wattestopfen nach Abnehmen kurz in kochendes (!) Hartparaffin getaucht und wieder aufgesetzt. Da dies erst nach der Sterilisation möglich ist, muß rasch und steril gearbeitet werden.

Nach KOVACS[1] tritt die Schwarzfärbung des Hirnbreies 24 bis 48 Std. früher ein, wenn man das Hirn statt mit Wasser, mit einer 0,05proz. Lösung kaltgelösten Ferrosulfats verarbeitet.

Glukosebrühe nach ROSENOW. 1000 ccm Fleischsaft aus Rindfleisch, 2,0 g (0,2%) Glukose.

Nach Aufkochen wird filtriert und auf PH 7,6 eingestellt.

Frisches Kaninchen- oder Kalbshirn wird von den Häuten befreit und in der Hackmaschine zerkleinert. Das Hirn muß dann mit einem entsprechend schmalen Spatel auf den Boden der Reagensröhrchen gebracht werden, wobei ein Verschmieren der Röhrchen zu vermeiden ist. Es genügt ca. 1 ccm Gehirnmasse für jedes Röhrchen. Hinzu kommen pro Röhrchen zwei bis drei etwa kirschkerngroße Marmorstückchen, die zur Neutralisation der evtl. entstehenden Säure dienen. Die so beschickten Röhrchen werden mit ca. 10 ccm der Glukosebrühe befüllt und im Autoklav 1 Std. bei 110° sterilisiert.

Zu der Glukosebrühe wird vielfach der Andradisindikator hinzugesetzt. Seine Herstellung ist folgende:

Der Andradisindikator. 0,5 g Säurefuchsin wird in 100 ccm Aqua dest. durch Erhitzen gelöst.

Dann fügt man zu der dunkelroten Farblösung normale Natronlauge hinzu bis die Farbe in gelb umschlägt. Die Menge der Natronlauge schwankt um 17 ccm.

Zu 1 l Glukosebrühe setzt man 2,5 ccm Andradisindikator hinzu. Säurebildung wird durch Rötung angezeigt.

Statt des Rindfleischsaftes kann man auch fertige Bouillon PH 7,6 verwenden. Herstellung und Zusätze sind die gleichen.

Ascites-Kaninchenniere-Bouillon nach SMITH-NOGUCHI. Der Nährboden soll zur Züchtung sehr anspruchsvoller Bakterien (z. B. Scharlach- und Masernerreger) dienen.

Ein Kaninchen wird nach Betäubung entblutet, das Fell wird in der Bauchmittellinie aufgeschnitten und seitlich fixiert. Nach Bepinselung der Bauchdecken mit Jodtinktur wird die Bauchhöhle mit sterilen Instrumenten eröffnet. Die Nieren werden freigelegt, von Fett- und Bindegewebe befreit und in bohnengroße Stücke zerschnitten. Die Stücke werden je 1 auf ein Reagensröhrchen verteilt und die Röhrchen mit je 7 ccm steriler Ascitesflüssigkeit beschickt. Dann erfolgt Vaselineüberschichtung.

[1] Zbl. Bakt. Bd. 95, S. 344.

Die Ascitesflüssigkeit darf weder durch Wärme noch durch Chloroform sterilisiert sein. Filtration durch Seitzfilter ist zulässig. Die fertigen Röhrchen werden zur Sterilitätsprobe acht Tage im Brutschrank gehalten.

Rinderleber-Rinderhirnbouillon dient ebenfalls zur Züchtung der Scharlach- und Masernerreger. Man stellt den Nährboden folgendermaßen her:

I.

500 g fett- und sehnenfreie Rinderleber wird in kleine Stücke zerlegt, mit 1000 g Aqua dest. 2 Std. im Dampftopf erhitzt und filtriert. Zu dem Filtrat gibt man 10 g Pepton und 5 g NaCl, schüttelt durch und kocht 1 Std. im Dampftopf; nach Filtration stellt man mit NaOH den PH-Wert auf 8,2 ein, erhitzt und filtriert nochmals. Das Filtrat wird in Kölbchen zu 250 ccm abgefüllt, 1 Std. im Dampftopf sterilisiert und kühl aufbewahrt.

II.

500 g Rinderhirn befreit von Blut und Häuten wird mit 200—300 ccm Aqua dest. verrührt und in 250 ccm-Kölbchen zu je ca. 60 g abgefüllt und 1 Std. bei 110° im Autoklav sterilisiert.

Für Kulturen gibt man zu den 60 g in den Kölbchen unter II 120 ccm aus dem Kölbchen I, schüttelt durch und bestimmt noch einmal die PH-Zahl, die 7,4—7,6 sein muß. Nun erfolgt 1 Std. Sterilisation bei 110° im Autoklav.

Eierweißnährboden zur Toxingewinnung aus Anaërobiern. Für je 100 ccm Nährboden braucht man ein Ei. Die Eier werden 10 Min. lang gekocht, dann geschält und ausschließlich das Weiße in etwa erbsengroße Würfel geschnitten. Die Würfel werden mit Nährbouillon, PH = 7,5 in einem Kolben übergossen, im Dampftopf 30 Min. erhitzt und bis zum nächsten Tage kühl aufgehoben. Die benutzte Bouillon darf nicht älter als 14 Tage sein. Beim Kochen mit den Eiweißstückchen gehen aus diesen alkalisch reagierende Stoffe in die Bouillon über, die nicht nur das Wachstum der Anaërobier, sondern auch der Pneumo- und Meningokokken begünstigen.

Die Bouillon wird am nächsten Tage filtriert, das Filtrat auf Röhrchen zu ca. 10 ccm abgefüllt und ¾ Std. bei 110° im Autoklav sterilisiert.

Für Toxingewinnung aus Anaërobiern ist ein Zusatz von je ein Eiweißwürfelchen pro Röhrchen (vor der Sterilisation) von Vorteil, weil dann reichlich Toxin gebildet wird.

4. Flüssige Nährböden für Diphtheriekulturen.

Thielsche Differentialnährlösung. 1 g Pepton, 1 g Nutrose, 0,5 g Kochsalz, 100 ccm Aqua dest., 8 ccm Lackmuslösung, 1 g Traubenzucker.

Kochsalz, Pepton und Nutrose werden mit etwa 10 ccm des abgemessenen Aqua dest. in einer Reibschale zu einem dünnen Brei verrieben und mit dem restlichen Aqua dest. in einen Kolben gespült. Nach 30 Min. langem Erhitzen im Dampftopf muß mehrmals durch das gleiche sterile Faltenfilter filtriert werden, da die Nutroselösung durch einmalige Filtration gewöhnlich nicht klar wird. Man stellt das Filter in den eingeheizten Dampftopf oder deckt es auf dem Tisch mit einem sterilen Deckel zu und läßt über Nacht filtrieren. Zu dem Filtrat gibt man den in etwas Aqua dest. durch kurzes Aufkochen gelösten Traubenzucker und die etwa 10 Min. im Dampftopf sterilisierte Lackmuslösung. Nach Abfüllen in Röhrchen zu 5—8 ccm wird 30 Min. im Dampftopf sterilisiert.

Diphtheriebakterien röten und trüben den Nährboden nach 24-stündiger Bebrütung. Pseudo-Diphtheriebakterien lassen ihn unverändert. Für manche Diphtherie- und Pseudodiphtheriebakterientypen trifft das jedoch nicht zu.

Bouillon für Toxingewinnung aus Diphtheriebakterien. 1 l Fleischsaft aus Kalbfleisch, 20 g Pepton, 3 g Kochsalz, 2 g Na_2HPO_4 (sekund. Natriumphosphat), 1 g Traubenzucker. Einige Marmorstückchen oder gemahlene Kreide. .

Das Kalbfleisch wird wegen seiner Armut an Muskelzucker bevorzugt. Der 2proz. Peptonzusatz bedingt gutes Wachstum der Diphtheriebakterien.

Die Herstellung der Bouillon geschieht wie üblich; die PH wird auf 7,8 eingestellt. Um eine große Flüssigkeitsoberfläche zu erzielen, werden die Kolben (am zweckmäßigsten Erlenmeyerkolben) nur zu $^1/_3$ gefüllt.

Zur Bindung der Säure setzt man den Kolben mehrere bohnengroße Marmorstücke zu, die vorher im Autoklav sterilisiert werden.

Statt des Marmors kann man auch sterile Schlemmkreide verwenden. Auf 50 ccm Bouillon gibt man eine Messerspitze voll.

Nach dem Abfüllen der Bouillon usw. erfolgt einstündige Sterilisation im Dampftopf.

Zuckerfreie (entzuckerte) Bouillon. Wo Pferdefleisch als Grundlage für Nährboden Verwendung findet, enthält der Nährboden

Muskelzucker. Für Fälle, in denen zuckerfreie Bouillon usw. verlangt wird, kann man sich mit Lab-Lemko (Liebigs Fleischextrakt) helfen, der praktisch zuckerfrei ist. Ist dieser nicht vorhanden oder ungeeignet, kann man die Bouillon durch Hefe entzuckern.

Entzuckerung von Nährbrühe. Zu 1 l fertiger Nährbouillon gibt man etwa 10 g Preßhefe. Die Hefe verrührt man mit sterilem, auf 40° abgekühltem Leitungswasser (nicht Aqua dest.) zu einem dicken Brei und vereinigt sie mit der sterilen Bouillon in einem Kolben. Die Bouillon, die vor der Hefezugabe auf 40° abgekühlt sein muß, wird nach dem Hefezusatz etwa acht Tage im Brutschrank gehalten. Der Nährboden ist dann durch die Gärung zuckerfrei geworden.

Die Bouillon wird darauf ½ Std. bei 110° im Autoklav sterilisiert, filtriert und auf die notwendige PH (für Toxingewinnung auf 7,8—8,0) eingestellt. Nach PH-Einstellung erfolgt ½stündiges Erhitzen im Dampftopf und Klarfiltration durch Seitzfilter.

Die so vorbereitete Bouillon wird abgefüllt und wie gewöhnlich sterilisiert.

Zur Herstellung von Toxinbouillon kann der zu entzuckernden Bouillon von vornherein 2%, statt 1% Pepton zugesetzt werden. Der Zusatz kann auch nach dem Entzuckern erfolgen. Der Zusatz von Zuckerarten, falls solche überhaupt zu erfolgen hat, muß selbstverständlich nach dem Entzuckern erfolgen.

Martin-Bouillon (zur Gewinnung von Diphtherietoxin).
1. Schweinemagenpepton: 1 kg gehackte Schweinemägen, 5 l auf 50° angewärmtes Leitungswasser, 50 ccm Salzsäure (chem. rein) D. A. B. VI.
Um größere Gleichmäßigkeit zu erreichen, nimmt man mindestens fünf Schweinemägen für einen Arbeitsgang, wäscht sie gründlichst, befreit vom Fett und dreht sie durch den Fleischwolf oder hackt sie fein. Die Masse wird in großen Flaschen mit dem angesäuerten Wasser gemischt und 15—18 Std. bei 50° gehalten. Dabei tritt durch das den Mägen anhaftende Pepsin die Verdauung ein. Nach Ablauf der Zeit erhitzt man die Brühe auf 100°, wobei das überschüssige Pepsin zerstört wird; dann kühlt man die Brühe auf 80° ab und gibt soviel Soda hinzu, bis die Lösung lackmusneutral ist. Die Brühe wird durch Papierfilter klarfiltriert und weiter verarbeitet oder in Flaschen abgefüllt und sterilisiert (evtl. durch Chloroform konserviert.) Der Peptongehalt beträgt 4%.

2. **Fleischwasser:** 1 kg bestes Kalbfleisch, 2 l 37° warmes Wasser.

Das Kalbfleisch wird von Fett und Sehnen befreit, durch den Fleischwolf gemahlen und in einem Kolben mit dem Wasser vermischt; dann bleibt es 20 Std. bei 37°. Bei der eintretenden Fermentation werden die Fleischpartikelchen in Form eines lockeren Kuchens an die Flüssigkeitsoberfläche gehoben. Man filtriert die Flüssigkeit, ohne den Fleischkuchen zu drücken, ab und verarbeitet das Filtrat zusammen mit dem Schweinemagenpepton zum Nährboden.

3. **Herstellung der Bouillon:** Fleischwasser und Pepton werden zu gleichen Teilen gemischt, auf 100° erhitzt und durch ein Tuch filtriert. Das Filtrat wird auf 80° erwärmt und mit Soda bis zur Schwachrosafärbung des Phenolphthaleins alkalisiert. PH etwa 8,0—8,5. Die alkalische Bouillon wird durch Papierfilter, evtl. Seitz-Klärschichten, klar filtriert und 30 Min bei 1 at (120°) Autoklav vorsterilisiert, dann endgültig klar filtriert, in Kulturgefäße abgefüllt und bei 115° 30 Min. im Autoklav sterilisiert.

Bemerkung: Der Fäulnisprozeß, dem das Fleischwasser ausgesetzt ist, scheint für die Toxinproduktion besonders günstige Bedingungen zu schaffen. Da Kalbfleisch nur minimale Mengen Muskelzucker enthält, und das Schweinemagenpepton gut puffert, erübrigt sich meistens der sonst übliche Zusatz von Marmorstückchen zu den Kulturgefäßen. Das Martin-Pepton kann auch anderen Nährböden zugesetzt werden, indem man die Brühe vierfach mit Wasser verdünnt, gleich 1% Peptongehalt.

5. Flüssige Nährböden zur Züchtung und Differenzierung von pathogenen Darmbakterien.

a) Flüssige Nährböden für Choleravibrionen.

Peptonwasser für Choleravibrionen-Erstzüchtung.

α) **Stammlösung:** 100 g Pepton Witte, 50 g Kochsalz, 20 g kristallisierte oder 10 g wasserfreie Soda, 1 g Kalisalpeter, 1000 ccm Aqua dest.

Das Pepton und die Salze werden dem Wasser zugegeben, 1 Std. im Dampftopf erhitzt, klarfiltriert und zu 50 ccm auf Kölbchen abgefüllt, die 1 Std. im Dampftopf sterilisiert werden. Zur Vermeidung von Verdunstung können die Stopfen paraffiniert werden. Dunkel aufgehoben ist der Nährboden einige Monate haltbar.

β) Gebrauchslösung: 1 Teil der unter α) angegebenen Stammlösung wird mit 9 Teilen Aqua dest. verdünnt, dann 15 Min. im Dampftopf erhitzt und falls nötig filtriert. Der PH-Wert wird geprüft, falls er nicht um 8,2—8,4 liegt, wird die entsprechende Korrektur mit NaOH bzw. HCl vorgenommen. Nach erfolgter Korrektur wird nochmals 15 Min. im Dampftopf erhitzt und, falls sich Ausflockungen zeigen, filtriert. Es erfolgt dann Abfüllung auf sterile Röhrchen und Kölbchen.

In 100 ccm Erlenmeyerkölbchen füllt man 30—50 ccm ab und entsprechend der Kolbenzahl 6—8 mal soviel Röhrchen zu je 10 ccm. Die Röhrchen und Kölbchen werden ½ Std. im Autoklav sterilisiert (110°). Die Sterilisation kann auch dreimal ½ Std. im Dampftopf erfolgen.

Dieser Herstellungsmodus entspricht der amtlichen Vorschrift.

Blutalkalibouillon nach KRAUS. 25 ccm Blutalkali (Herstellung s. unter Dieudonnéagar), 100 ccm Nährbouillon.

Blutalkali und Bouillon werden heiß gemischt, die Mischung gut durchgeschüttelt und bei 50° im Thermostat 3 Std. im offenen Kolben gehalten. Hierauf läßt man den mit Wattestopfen verschlossenen Kolben 24 Std. bei 37° im Brutschrank stehen. Die Blutalkali-Bouillon wird dann in Röhrchen oder Kölbchen abgefüllt, ½ Std. im Dampftopf sterilisiert und ist sofort verwendbar, durch den Aufenthalt im Thermostat wird das entwickelte, schädliche Ammoniak ausgetrieben.

Stark alkalische Bouillon für Cholerakultur. Zur Fortzüchtung von Choleravibrionen kann auch gewöhnliche Nährbouillon PH 8,2—8,4 Verwendung finden. Die Herstellung s. unter Bouillon.

b) Flüssige Nährböden für Bakterien der Typhus-Paratyphus-Ruhrgruppe.

Rindergalle. Rindergallenblasen werden von der Leber abgelöst und nach Anstich die Galle in einem gut gesäuberten Gefäß aufgefangen. Nach Umgießen in einen entsprechend großen Kolben erhitzt man ½—1 Std. im Dampftopf, filtriert und füllt in Röhrchen zu 5—7 ccm, die 1 Std. bei 110° im Autoklav sterilisiert werden.

Die Galle wird hauptsächlich zur Herauszüchtung von Typhus- und Paratyphusbakterien aus den Blutkuchen der zur Widal-Reaktion eingesandten Blutproben verwandt.

Galle mit Pepton. Um die elektive Eigenschaft der Galle zu verbessern, kann man derselben 1% Pepton zusetzen.

Die wie oben gewonnene Galle wird nach dem Kochen im Dampftopf und Filtration pro 100 ccm mit je 1 g Pepton versetzt, hierauf 1 Std. im Dampftopf gekocht, dann filtriert, entweder in

Kulturgefäße (Röhrchen) oder zwecks Konservierung in Kolben, Flaschen usw. abgefüllt und 1 Std. bei 110° sterilisiert.

Galle, die längere Zeit im Kolben aufbewahrt wurde, ist vor Abfüllung auf Röhrchen zu filtrieren. Die Röhrchen werden dann wie angegeben im Autoklav sterilisiert.

Galle-Bouillon. Vielfach ist es üblich als Elektivnährböden für Typhusbakterien Galle-Bouillon zu verwenden.

Die (wie unter „Rindergalle" angegeben), vorbereitete Galle wird zu gleichen Teilen mit gewöhnlicher Nährbouillon gemischt, in Röhrchen abgefüllt und wie üblich sterilisiert.

Brillantgrün-Bouillon (Vorkulturnährböden). 1 g Brillantgrün (Kristalle, extra rein Höchst), 1000 ccm Aqua dest.

Das Kristallpulver geht durch Schütteln mit aqua dest. allmählich in Lösung. Die Stammlösung ist in brauner Flasche, oder unter Lichtabschluß bei Zimmertemperatur lange Zeit haltbar.

Zur Herstellung der Brillantgrün-Bouillon gibt man 1 ccm Brillantgrünstammlösung auf 99 ccm gewöhnliche Bouillon. (Verdünnung 1 : 100000.) Die Brillantgrünbouillon wird in großkalibrige Röhrchen (Sputumversandgefäße) zu 10 ccm oder in 100-ccm-Kolben abgefüllt. Die Kulturgefäße mit dem Nährboden können 20 Min. im Dampftopf sterilisiert werden.

Zur Vorkultur wird 1 ccm Stuhl oder Urin in ein Röhrchen, von Lebensmitteln entsprechend mehr in ein Kölbchen, eingebracht und erst nach fünf- dann nach 24 stündiger Bebrütungsdauer auf Endo- oder v. Drigalski-Platten ausgestrichen.

Dieser Vorkulturnährboden ist gut für Paratyphus-Bakterien, weniger gut für Typhus-Bazillen geeignet.

Flüssiger Nährboden nach Nisslé. (Vorkulturnährboden.) 65,0 ccm sterile Rindergalle, 1,0 Kal. jodat. pur., 4,0 ccm 1 proz. Malachitgrünlösung (Malachitgrün Höchst, Kristalle extra rein), 30,0 ccm 3 proz. Coffeinlösung (frisch hergestellt, nicht über 80° erwärmt).

Zur Herstellung der Lösung sterilisiert man die nötige Menge Aqua dest., kühlt sie auf 78—80° ab, gibt das KJ und Coffein hinzu und schüttelt bis zur Auflösung. Dann setzt man die sterile Galle und die Malchitgrünlösung hinzu.

Zur Herstellung der Malachitgrünlösung werden 100 ccm Aqua dest. kurz aufgekocht und nach Abkühlen auf 80° mit Malachitgrün versetzt.

Nach der Mischung wird der Nährboden zu je 10 ccm steril in großkalibrigen Röhrchen evtl. Kölbchen abgefüllt (s. Brillantgrünbouillon), die 1 Std. im Wasserbad bei 80° sterilisiert werden können.

Die Beimpfung erfolgt in derselben Weise wie die Brillantgrünbouillon. Die Weiterbeimpfung auf Platten erfolgt nach 12 stündiger Bebrütung von der Oberfläche des Nährbodens aus, ohne den letzteren zu schütteln.

Der Kauffmannsche Kombinationsnährboden zur Vorkultur von Typhus- und Paratyphusbazillen. Zur Herstellung des Nährbodens braucht man: 1. 50proz. Natriumthiosulfatlösung, 2. Lösung von 20% Jod und 25% Kal. jodat. (KJ) in Aqua dest., 3. einpromillige Brillantgrünlösung, 4. Kalziumkarbonat (Ca CO$_3$), 5. Bouillon PH 7,5, 6. sterile Galle.

Herstellung der Lösungen:

1. 50 g Natriumthiosulfat werden im Kölbchen mit 50 ccm Aqua dest. unter Schütteln über freier Flamme gelöst und dann mit Aqua dest. auf 100 ccm aufgefüllt.

2. 50 ccm Aqua dest. werden aufgekocht. Inzwischen verreibt man 20 g Jod und 25 g Jodkali im Mörser und übergießt während des Reibens mit kleinen Mengen des kochenden Aqua dest. Nach Zusatz des Wassers tritt schließlich Lösung ein. Durch ein Papierfilter wird in einem 100-ccm-Meßzylinder filtriert und mit einem Rest des heißen Aqua dest. das Filter nachgespült und die Lösung auf 100 ccm aufgefüllt.

3. 1 g Brillantgrün krist. extra rein Firma Höchst in 1000 ccm aufgekochtes Aqua dest. geben und kräftig durchschütteln.

Längeres Kochen der Na$_2$S$_2$O$_3$- und der Brillantgrünlösung ist zu vermeiden.

α) **Tetrathionatnährböden zur Anreicherung für Paratyphusbakterien.** 22,5 g Calcium carbonic. pur. werden in einem Literkolben bei 1 at im Autoklav sterilisiert und mit 450 ccm Bouillon versetzt. Nach gutem Durchschütteln gibt man der Reihe nach 50 ccm Natriumthiosulfatlösung und 10 ccm Jod-Jodkalilösung hinzu. Natriumthiosulfat geht hierbei in Natriumtetrathionat über:

$$2\,\mathrm{Na_2S_2O_3} + \mathrm{J_2} = \mathrm{Na_2S_4O_6} + 2\,\mathrm{NaJ}$$

$$
\begin{array}{ccc}
S\!\!\begin{array}{l}\diagup ONa \\[-2pt] =O \\[-2pt] =O \\[-2pt] \diagdown SNa\end{array}
& +\ \begin{array}{c}J\\[6pt]|\\[6pt]J\end{array}\ = &
S\!\!\begin{array}{l}\diagup ONa \\[-2pt] =O \\[-2pt] =O \\[-2pt] \diagdown S\end{array}
\\[14pt]
S\!\!\begin{array}{l}\diagup SNa \\[-2pt] =O \\[-2pt] =O \\[-2pt] \diagdown ONa\end{array}
& &
S\!\!\begin{array}{l}\diagup S \\[-2pt] =O \\[-2pt] =O \\[-2pt] \diagdown ONa\end{array}\ + 2\,\mathrm{NaJ}
\end{array}
$$

Der Nährboden wird unter dauerndem Schütteln in großkalibrige Röhrchen zu etwa 10 ccm abgefüllt und 30 Min. im Dampftopf sterilisiert. Paratyphusbakterien werden nach einigen Stunden Bebrütungsdauer angereichert. Von diesem Nährboden erfolgt Ausstrich auf Endo- oder Drigalski-Platten.

β) **Kombinationsnährboden für Typhus- und Paratyphus-Bakterien.** Zu dem wie unter *α* hergestellten Tetrathionatnährboden werden auf je 500 ccm 5 ccm der Brillantgrünlösung 1 : 1000 und 25 ccm sterile Galle gegeben. Nach gutem Durchschütteln erfolgt Abfüllung wie bei Nährboden *α*. Als Kulturgefäße sind Sputumversandgläser 70 × 19 mm gut geeignet. Die Korkstöpsel dieser Gläser sind zu durchbohren und die Bohrlöcher mit Wattestopfen zu versehen. Hierdurch wird die Abfüllung erleichtert und das Eintauchen von Watte verhütet. Die befüllten Röhrchen werden 30 Min. im Dampftopf sterilisiert.

Der Nährboden ist zur Vorkultur sowohl für Typhus- als auch Paratyphusbakterien geeignet. Die Kulturgefäße werden mit je ca. 1 ccm Stuhl oder Urin beschickt und nach 3—6 bzw. 20 stündiger Bebrütung auf Endo- oder Drigalskiplatten überimpft.

c) Flüssiger Nährboden für Abortus Bangbakterien.

Amnionbouillon. 200 ccm Rinderamnionflüssigkeit, 5—10 g Traubenzucker, 5—10 ccm Glyzerin, 800 ccm Bouillon PH 7,5.

Traubenzucker und Glyzerin werden in wenig Aqua dest. in der Siedehitze gelöst und mit der Amnionflüssigkeit zur Bouillon gegeben. Nach gutem Durchschütteln wird der Nährboden zu 8—10 ccm auf Röhrchen abgefüllt und 1 Std. im Dampftopf sterilisiert.

Gewinnung der Amnionflüssigkeit (Fruchtwasser): Bei der Schlachtung einer trächtigen Kuh wird der Fruchtsack entnommen. Man fixiert ihn dann vorsichtig auf einen Tisch, so daß ein Teil, unter die Tischkante herabhängt. Die tiefste Stelle wird nach Abbrennen mit dem glühenden Kupferspatel durch ein Troikart (Skalpell) angestochen und die Flüssigkeit in einem sterilen Kolben aufgefangen. Daß Troikart, Skalpell usw. steril sein müssen, ist selbstverständlich. Die Amnionflüssigkeit wird durch ein steriles Faltenfilter filtriert und kann unter Zusatz von 2 Vol.% Chloroform (öfter durchschütteln!) wie Serum konserviert werden.

d) Flüssige Nährböden zur Differenzierung von pathogenen Darmbakterien.

Traubenzucker-Bouillon im Gärungskölbchen. Gewöhnliche Nährbouillon PH 7,5 wird mit 2% Traubenzucker, der vorher mit etwas Aqua dest. durch

Aufkochen gelöst ist, versetzt und in Gärungsröhrchen· abgefüllt, deren oberer Schenkel durch mehrmaliges entsprechendes Neigen bis oben zu füllen ist. Die befüllten Gärungskölbchen werden 1 Std. im Dampftopf sterilisiert.

Die Gärungskölbchen bestehen aus einem U-förmig gebogenen Rohr, das eine Ende ist zugeschmolzen, das andere kürzere Ende erweitert sich kugelig (ähnlich wie beim Quecksilberbarometer) und verläuft in eine röhrchenförmige Öffnung, die zum Befüllen bzw. zur Aufnahme des Wattestopfens vorgesehen ist. Die Gärungskölbchen dienen zur Prüfung auf Gasbildung, d. h. des fermentativen Verhaltens gegenüber verschiedenen Zuckerarten.

Bei Züchtung gasbildender Bakterien (z. B. Paratyphus) sammelt sich das durch Vergärung des Zuckers gebildete Gas im oberen Teil des geschlossenen Schenkels. Die Kölbchen müssen zur Kultur vertikal stehen. Unter einheitlichen Bedingungen (gleiche Temperatur, Bouillon und Kölbchengröße) können verschiedene Stämme z. B. auf ihr Gärvermögen verglichen werden. Zum Nachweis der Säurebildung kann der Bouillon Lackmuslösung als Indikator zugegeben werden.

Gärungsröhrchen. In einfacher Weise kann die Gasbildung in flüssigen Nährböden durch Benutzung kleiner Gärungsröhrchen nachgewiesen werden.

Geeignet sind die kleinen Reagensröhrchen, die für die Einsendung von Blut zur Widal-Reaktion dienen. Mit dem offenen Ende nach unten werden sie in die üblichen Reagensröhrchen für Nährböden eingeführt. Nach Verschluß mit Watte erfolgt wie üblich Trockensterilisation.

Die so vorbereiteten Röhrchen werden mit der entsprechenden Zuckerbouillon befüllt und sterilisiert. Das kleine Röhrchen, das nach Befüllung auf der Bouillon schwimmt, füllt sich während der Sterilisation mit Dampf, bei Abkühlung mit Bouillon und steht dann auf dem Boden des großen Röhrchens. Erfolgt während der Kultur Gasbildung, so sammelt sich ein Teil des Gases in dem kleinen Röhrchen, das hierdurch an die Oberfläche steigt.

Eiweißfreier flüssiger Nährboden für Typhus-Bakterien nach FRÄNKEL-USCHINSKI. 5 g Kochsalz, 2 g Dikaliumphosphat (K_2HPO_4), 6 g Ammonium lactic. pur., 4,0 g Asparagin, 1000,0 ccm Aqua dest.

Die Salze werden dem Aqua dest. hinzugesetzt und nach Aufkochen auf PH 7,3—7,4 eingestellt. Es wird auf Röhrchen oder Kölbchen abgefüllt und 1 Std. im Dampftopf sterilisiert.

Die Typhusbakterien wachsen spärlicher als in eiweißhaltigen Nährböden. Der Nährboden dient nur rein wissenschaftlichen Zwecken.

Nutrose Traubenzucker-Lackmuslösung nach BARSIEKOW. Barsiekow I. 10 g Nutrose (Kaseinnatriumphosphat), 5 g Kochsalz, 50 ccm Lackmuslösung, 10 g Traubenzucker, 1000 ccm Aqua dest.

Das Kochsalz wird in 950 ccm Aqua dest. gelöst. Die Nutrose ist in einer Reibschale unter allmählichem Zusatz von ca. 100 ccm dieser Lösung zu verreiben, wobei darauf zu achten ist, daß sich keine Klümpchen bilden. Die Nutroselösung wird der übrigen Kochsalzlösung zugefügt, mit dieser etwa 2 Std. in einem Kolben im Dampftopf erhitzt und durch ein angefeuchtetes steriles Filter filtriert. Die Nutroselösung filtriert sehr langsam; um ein klares Filtrat zu erzielen, muß man sie mindestens zweimal (über Nacht) filtrieren.

Zu dem klaren Filtrat, welches man 30 Min. im Dampftopf sterilisiert, gibt man den in 50 ccm Aqua dest. aufgekochten Traubenzucker und die 15 Min. im Dampftopf sterilisierte Lackmuslösung. Die Reaktion des Nährbodens wird durch Zugabe von $\frac{n}{10}$-NaOH-Lösung auf den Lackmusneutralpunkt eingestellt. Die Lösung darf weder rot noch blau, sondern muß violett erscheinen. Darauf wird in sterile Röhrchen zu ca. 6 ccm abgefüllt und höchstens 30 Min. im Dampftopf sterilisiert.

Typhus- und Ruhrbakt. trüben (meistens) und röten die Lösung. Bakt. faecalis alkalig. bläut die Lösung mehr oder weniger stark. Paratyphus und Coli verursachen Rötung, Gerinnung und Gasbildung. (Bei Verwendung von Gärungsröhrchen nachweisbar.)

Nutrose-Milchzucker-Lackmuslösung. Barsiekow II. 10 g Nutrose, 5 g Kochsalz, 50 ccm Lackmuslösung, 10 g Milchzucker, 1000 ccm Aqua dest.

Die Herstellung geschieht wie bei Barsiekow I. Statt Traubenzucker wird hier Milchzucker genommen.

Bact. Coli bewirkt Rötung, Gerinnung und Gasbildung.

Typhus-, Paratyphus- und Ruhrbakterien verändern die Nährlösung nicht.

Nutrose-Mannit-Lackmuslösung nach DOERR. 10 g Nutrose, 5 g Kochsalz, 30 ccm Lackmuslösung, 10 g Mannit, 1000 ccm Aqua dest. Herstellung wie Barsiekow-Lösung.

Die Lösung dient zur Unterscheidung der Bakterien der Ruhrgruppe: Bakt. Shiga-Kruse verändert nicht, Y und Flexner röten nach 24 Std. Typhusbakterien röten, Paratyphusbakterien und Coli verursachen Rötung, Gerinnung und Gasbildung.

Nutrose-Maltose-Lackmuslösung nach HETSCH. 10 g Nutrose, 5 g Kochsalz, 50 ccm Lackmuslösung, 10 g Maltose, 1000 ccm Aqua dest. Herstellung wie bei Barsiekow.

Die Shiga-Kruse Ruhrbakterien lassen den Nährboden unverändert. Flexner-, Typhus- und Paratyphusbakterien verursachen Rötung und Gerinnung.

Serum-Alkali-Albuminat nach KLEIN, ein Ersatz für Nutrose.

Die Nutrose ist teuer und verursacht häufig Schwierigkeiten. Ein vollwertiger Ersatz ist das Serum-Alkali-Albuminat.

9 Teile steriles Rinder- oder Pferdeserum,

1 Teil 15% (offizinelle) Natronlauge.

Serum und Natronlauge werden in einem sterilen Kolben gemischt und zwei Tage im 37°-Brutschrank gehalten; dann wird mit so viel chemisch reiner Salzsäure D.A.B. VI versetzt, daß rotes Lackmuspapier noch schwache Bläuung zeigt. Nach gutem Durchschütteln kann die Lösung ½ Std. im Dampftopf sterilisiert und als Nährbodenzusatz aufgehoben werden.

Vor Verwendung ist die Lösung zu filtrieren.

Zur Bereitung von Barsiekow-Lösung wird 1 Teil Serum-Alkali-Albuminat mit 4 Teilen Aqua dest. verdünnt, mit 0,5% Kochsalz versetzt und 1 Std. im Dampftopf erhitzt. Zu dieser Lösung werden Lackmus- und Zuckerlösung in den üblichen Mengen gegeben.

Das Serum-Alkali-Albuminat kann auch zur Verbesserung der Nährbodenqualität bei Züchtung einer Reihe anspruchsvoller Bakterien dienen. Ein Vorteil dieser Nährböden im Vergleich zu Eiweißnährböden ist die Sterilisierbarkeit.

Rinderserum-Wasser nach GILDEMEISTER als Ersatz für Nutrose. 50—100 ccm steriles Rinderserum, 950—900 ccm Aqua dest. werden gemischt und 1 Std. im Dampftopf gekocht. Das Gemisch bleibt nach dem Kochen fast völlig klar. Nach Filtration erfolgen die unter BARSIEKOW angegeben Zusätze mit Ausnahme von Nutrose.

Die Differenzierung in dieser Lösung ist noch schärfer als bei Verwendung von Nutrose.

Mannit-Bouillon. 10 g Mannit, gelöst in etwas Aqua dest., 50 ccm Lackmuslösung, ad 1000 ccm Bouillon PH 7,5.

Mannit wird mit Aqua dest. aufgekocht und der Bouillon zusammen mit der Lackmuslösung zugegeben. Die Lackmus-Mannit-Bouillon wird zu 6—8 ccm in Röhrchen abgefüllt und 30 Min. im Dampftopf sterilisiert. Die Bakterien der Typhus-Paratyphus-Gruppe und meistens auch Coli röten den Nährboden. Faecal. alkalig. zeigt keine Veränderung oder schwache Bläuung; Kruse-Shiga, Y und Flexner verändern den Nährboden nicht.

Lackmusmolke nach PETRUSCHKY. Magermilch wird zu gleichen Teilen mit Wasser verdünnt und auf 80—90° erhitzt. Während der Erhitzung setzt man tropfenweise soviel Salzsäure hinzu, bis das Casein vollständig ausflockt. Nach Filtration gibt man zur klaren Molke 10 proz. Sodalösung bis der Neutralpunkt erreicht ist. Die Molke wird nun 1—1½ Std. im Dampftopf sterilisiert und nochmals filtriert. Zum wasserklaren Filtrat setzt man 5% Lackmuslösung und korrigiert nötigenfalls die Reaktion. Die Farbe der Lackmusmolke muß violett sein.

Die fertige Lackmusmolke wird auf Röhrchen zu je 5—7 ccm abgefüllt und an drei aufeinander folgenden Tagen je 15 Min. (fraktionierte Sterilisation) oder einmal 30 Min. sterilisiert.

Typhus-Bakterien verursachen sehr geringe Trübung und schwache Rötung, Paratyphus A Bakt. geringe Trübung und Rötung, Paratyphus B Trübung und Rötung, nach einigen Tagen Aufhellung und Bläuung. Bact. Coli ruft starke Trübung und Rötung hervor, Faecal. Alkalig. geringe Trübung und Bläuung, Ruhr Shiga-Kruse keine Trübung, geringe Rötung; Ruhr Flexner und Y verhalten sich wie Ruhr Shiga-Kruse.

Zur Befüllung mit Lackmusmolke dürfen nur Reagensröhrchen aus Jenaer Glas oder häufiger gebrauchte Röhrchen dienen, da neue Glassachen leicht Alkali abgeben.

Es sei darauf hingewiesen, daß die Herstellung einer einwandfreien Lackmusmolke nach PETRUSCHKY wegen der Verschiedenartigkeit der Milch häufig mißlingt. Daher ist es empfehlenswert, den Nährboden von der Firma Kahlbaum, Berlin-Adlershof zu beziehen. Er ist durch Zusatz von Chloroform konserviert und gleich gebrauchsfertig. Zur Verwendung wird auf Röhrchen abgefüllt und 30 Min. im Dampftopf erhitzt.

Synthetische Lackmusmolke nach SEITZ. 20 g Milchzucker, 0,4 g Traubenzucker, 0,5 g Dinatriumphosphat, 1 g Ammoniumsulfat, 2 g Natriumzitrat, 5 g Kochsalz, 0,05 g Pepton Witte, 0,1 g Azolitmin (Kahlbaum), 1000 ccm Aqua dest.

Die Salze werden durch kurzes Aufkochen in Aqua dest. gelöst, filtriert und das Filtrat wie unter ,,Lackmusmolke nach PETRUSCHKY'' angegeben, abgefüllt und sterilisiert.

Wegen der Gleichmäßigkeit, Billigkeit und einfachen Herstellung wird diese Lackmusmolke der von PETRUSCHKY angegebenen vorgezogen, vor der sie weiter den Vorzug hat, daß ihre Umschlagsgrenzen schärfer sind.

Rhamnosemolke nach BITTER. Zur Differenzierung der Bakterien der Paratyphusgruppe. 0,5 g Dinatriumphosphat (Na_2HPO_4), 1 g Ammoniumsulfat, 2 g Natriumzitrat, 5 g Kochsalz, 0,05 g Pepton Witte, 10 g Rhamnose (Merck) (auch 5 g genügen), 1000 ccm Aqua dest.

Die Salze und Pepton werden ohne die Rhamnose in dem Aqua dest. durch Aufkochen gelöst. Die Lösung wird filtriert und kann nach ½ stündigem Erhitzen im Dampftopf Verwendung finden. Da Rhamnose sehr teuer ist, wird sie nur der jeweils benötigten Menge Molke zugesetzt, die man zweckmäßigerweise in alkalifreien Patentflaschen vorrätig hält. Zu je 100 ccm der Lösung wird 1 g (oder nur 0,5 g) Rhamnose gegeben. Nach kurzem Aufkochen kann die Molke in Röhrchen zu 5 ccm abgefüllt und 30 Min. im Dampftopf sterilisiert werden.

Nach 15—24 stündiger Bebrütung setzt man den Kulturen je zwei Tropfen einer 0,5 proz. alkoholischen Methylrotlösung (Methylrot 0,5 g, Alkohol 96 proz. 100 ccm) als Indikator hinzu.

Paratyphus B (SCHOTTMÜLLER): meist ohne Säurebildung (Indikatorfarbe gelb), desgl.

Enteritidis Gärtner und *Suipestifer.*

Enteritidis Breslau: Säurebildung (Indikatorfarbe rot).

Fuchsin-Glyzerin-Bouillon nach STERN. 100 ccm gewöhnliche Bouillon mit PH 7,8, 5—6 Tropfen alkoholische gesättigte Fuchsinlösung (s. unter „gesättigte Lösungen‟), 0,5 ccm einer 0,5 proz. wässrigen Chrysoidinlösung, 1 ccm Glyzerin pur., 2 ccm einer frisch hergestellten 10 proz. Natriumsulfitlösung (Na_2SO_3).

Nachdem die Bouillon auf den PH-Wert eingestellt ist, fügt man das Glyzerin, Fuchsin, Chrysoidin und die Natriumsulfitlösung hinzu. Der Nährboden stellt eine goldgelbe klare Lösung dar, die in der Wärme rot wird, nach dem Abkühlen jedoch wieder die ursprüngliche Farbe annimmt. Nach Filtration füllt man die Bouillon zu etwa 8 ccm auf Röhrchen ab, die 30 Min. im Dampftopf sterilisiert werden.

Unter Abschluß von Luft und Licht ist die Bouillon fast unbegrenzt haltbar. Bei Verschluß mit Wattestopfen rötet sie in etwa 14 Tagen spontan und wird unbrauchbar.

Der Fuchsin-Natriumsulfit-Indikator reagiert auf Aldehyde durch Bildung einer roten Verbindung. Er zeigt die Spaltung von Zucker vollkommener und schärfer als Lackmuslösung an, da hierbei Anfangs die Menge des Aldehyds größer ist als die der Säure.

Bact. suipestifer verändert die Lösung nicht.

Enteritidis Gärtner und *Paratyphus B* (SCHOTTMÜLLER) röten nach drei Tagen, früher nur ausnahmsweise.

Fuchsin-Zucker-Bouillon nach STERN. Statt des Glyzerin kann man der Bouillon je nach Art des Versuchs 0,5—1,0 % Dextrose, Laevulose, Galaktose, Maltose, Arabinose, Saccharose oder Xylose zusetzen.

Trypsin-Bouillon dient zum Nachweis der Indolbildung. 10 g Pepton, 5 g Kochsalz, 1000 ccm Aqua dest.

Die Lösung wird in einem 2-l-Kolben zum Sieden erhitzt, der Kolben mit einem Wattestopfen verschlossen, durch den ein Ther mometer in die Flüssigkeit ragt. Nach einstündigem Erhitzen im Dampftopf ist auf PH 7,4—7,5 einzustellen und auf 40° abzukühlen.

Dann werden 0,2g Trypsin (Grübler), 0,2g Dikaliumphosphat (K_2HPO_4), 0,02g Magnesiumsulfat abgewogen, der auf 40° abgekühlten Brühe zugesetzt und bis zur Auflösung geschüttelt. Zur Verhütung bakterieller Verunreinigung fügt man je 10 ccm Chloroform und Toluol hinzu und stellt den Kolben nach gründlichem Durchschütteln in den 37°-Brutschrank. Nach einer Verdauungszeit von 24 Std. ist das Pepton abgebaut.

Der Kolbeninhalt wird dann durch ein steriles, mit Aqua dest. angefeuchtetes Faltenfilter filtriert (das nasse Fließpapier hält das Chloroform und das Toluol längere Zeit zurück), das Filtrat in sterile Patentflaschen abgefüllt und unverschlossen 45 Min. im Dampftopf sterilisiert.

Vor Licht geschützt aufgehoben ist es lange Zeit haltbar.

Da die Trypsinbouillon oft bis zur vierfachen Verdünnung gute Umschläge zeigt, stellt man vor Ingebrauchnahme einen Vorversuch derart an, daß man zu je zwei Röhrchen

```
a) 4 ccm Trypsin-Bouillon und 0 ccm 0,85 proz. NaCl-Lösung
b) 3  „        „          „      „  1  „  0,85  „      „        „
c) 2  „        „          „      „  2  „  0,85  „      „        „
d) 1  „        „          „      „  3  „  0,85  „      „        „
```

gibt, die Röhrchen nach entsprechender Bezeichnung ½ Std. im Dampftopf sterilisiert und nach dem Erkalten davon eines mit Typhusbakterien und das andere mit Colibakterien beimpft. Nach 24 stündiger Bebrütung wird dann tropfenweise Indolreagens hinzugesetzt. Nach Zugabe einiger Tropfen zeigen die mit Indolbildnern (Coli) beimpften Röhrchen eine deutliche Rosafärbung. Die mit Typhus-Bakterien beimpften Röhrchen erscheinen leicht gelb gefärbt (Eigenfarbe des Reagens). Die Verdünnung, in der nach dem Versuch der Indolnachweis noch ausreichend deutlich ist, kann als Gebrauchsverdünnung angesehen werden. Bei Bedarf wird die vorrätig gehaltene Trypsin-Stamm-Bouillon dementsprechend mit 0,85 proz. NaCl-Lösung verdünnt, zu 3—4 ccm auf Röhrchen abgefüllt und 45 Min. im Dampftopf sterilisiert.

Als Indikator zum Nachweis der Indolbildung benutzt man das **Reagens von Ehrlich und Böhme.** 5g Paradimethylaminobenzaldehyd [$(CH_2)_2 N \cdot C_6H_4 \cdot CHO$], 50 ccm 96 proz. Alkohol, 50 ccm chem. reine Salzsäure DAB VI.

Das Reagens löst sich in kurzer Zeit, ist goldgelb und dunkelt bei längerem Stehen etwas nach. Zum Gebrauch wird es in Tropfflächchen gefüllt.

5—10 Tropfen auf 3—4 ccm beimpfte Trypsin-Bouillon geben bei Indolgegenwart deutliche Rosafärbung.

Indolbildner sind: Bact. Coli (reichlich), Ruhr Flexner (nach 3—5 Tagen), Ruhr Y (bisweilen nach mehreren Tagen).

Kein Indol bilden: Bact. typhi, paratyphi A und B, faecalis alcaligenes und Ruhr Shiga-Kruse.

Trypsin-Bouillon nach M. NEISSER und E. PRINGSHEIM. Autoren nehmen Bouillon aus Liebigs Fleischextrakt (Lab-Lemko, s. dort).

Die fertige Bouillon wird auf PH 7,6—7,8 durch Zusatz von Sodalösung alkalisiert in einem Kolben mit einem durch den Wattestopfen hindurchragenden Thermometer versehen, sterilisiert, auf 40° abgekühlt und pro 1000 ccm 0,2 g Trysin Grübler, 10 ccm Chloroform und ebensoviel Toluol zugesetzt. Die Verdauung und alles weitere erfolgt wie unter Trypsin-Bouillon angegeben.

Als Indikatoren benutzten Autoren das

Reagens zur Indolbestimmung nach B. PRINGSHEIM. 5 g Para-Dimethylamidobenzaldehyd, 50 ccm Methylalkohol, 40 ccm Acid. hydrochloric. pur.

Die Verwendung der Bouillon und des Indikators ist die gleiche wie unter Trypsin-Bouillon angegeben.

Kalium-Natrium-d-Tartrat-Nährboden. Zur Differenzierung zwischen Paratyphus B SCHOTTMÜLLER und BRESLAU[1]. 1 g Kalium-Natrium-d-Tartrat (Salz rechtsdrehender Weinsteinsäure), 100 ccm Trypsinbouillon (Fleischextraktbouillon nach M. NEISSER und PRINGSHEIM), 2,5 ccm einer 1 proz. Bromthymolblaulösung.

Das Tartrat wird in etwas Aqua dest. unter Erwärmung gelöst und der Bouillon zusammen mit der Bromthymolblaulösung zugesetzt. Dann wird der Nährboden auf PH 7,4 eingestellt und in der üblichen Weise in Röhrchen abgefüllt und 25 Min. im Dampftopf sterilisiert.

Die Schottmüller-Stämme bilden nach etwa 20stündiger Bebrütung Alkali und färben den Nährboden blau.

Die Breslau-Stämme bilden Säure, die einen Umschlag nach gelb verursacht.

---

[1] Zbl. Bakt. 122, S. 131.

Als Reagens kann man auch eine 1proz. Bleiazetatlösung verwenden, die nach dem Bebrüten der Bouillon zugesetzt wird. Breslau-Stämme zeigen nach einigen Tropfen wenig, Schottmüller-Stämme viel Bodensatz.

Die Bromthymolblaulösung stellt man her, indem man 1g der Substanz (Merck) mit 32ccm 1/10 norm. NaOH im Achatmörser verreibt, wobei man die NaOH-Lösung tropfenweise zugibt und die Lösung schließlich mit frisch ausgekochtem Aqua dest. auf 1000ccm auffüllt.

Das Kalium-Natrium-d-Tartrat erhält man bei Grübler und Hollborn, Leipzig.

Milch als Differenzialnährboden. Verwendung findet die Magermilch wie bei den Differenzialnährböden für Streptokokken (s. dieselben).

Bact. typhi und paratyphi A zeigen keine Gerinnung, paratyphi B keine Gerinnung, nach 1—3 Wochen Aufhellung; Bact. coli verursacht Gerinnung, Bact. faecalis alcaligenes keine Gerinnung, manchmal Aufhellung. Ruhr-Shiga-Kruse, Ruhr-Flexner und Y zeigen keine Gerinnung.

6. Flüssige Nährböden zum Nachweis von Colibakterien im Trinkwasser.

Traubenzucker-Pepton-Lösung zur Bestimmung des Colititers.
a) *Stammlösung:* 100g Pepton, 100g Traubenzucker, 50g Kochsalz, 1000ccm Aqua dest.

Die Substanzen werden mit dem Wasser in einem 2-l-Kolben kurz aufgekocht und weiter ½ Std. im Dampftopf erhitzt. Nach Filtration durch ein Faltenfilter wird in sterile Patentflaschen abgefüllt und 30—45 Min. im Dampftopf sterilisiert.

b) *Gebrauchslösung:* 1 Teil der Lösung a wird mit 9 Teilen Aqua dest. verdünnt, filtriert, zu *genau* 10ccm in Röhrchen abgefüllt und ¾—1 Std. im Dampftopf sterilisiert.

Daneben füllt man einige Röhrchen ebenfalls zu 10ccm der Lösung a ab, die ebensolange im Dampftopf sterilisiert werden.

Zur Feststellung des Titers gibt man 1. 100ccm des fraglichen Trinkwassers in einem sterilen Kölbchen zu 10ccm der 10%igen Nährlösung a, 2. in einem Röhrchen 10ccm Wasser mit 1ccm der *1 %igen* Nährlösung, 3. als nächstes 1ccm Wasser in ein Röhrchen mit 10ccm der *1%igen* Nährlösung, 4. dem nächsten Röhrchen mit 10 ccm der *1% igen* Nährlösung wird 0,1 ccm Wasser zugesetzt. Ausgehend von diesem Röhrchen werden weitere Verdünnungen(0,01 usw.) durch Übertragen von 1 ccm auf 9 ccm Bouillon und Mischen durch Aufziehen mit der Pipette hergestellt. Die Pipetten sind zu wechseln.

Für Trinkwasser genügen Verdünnungen bis 0,001 ccm, Abwasser muß bis 0,000 000 1 verdünnt werden.

Coli wächst trübend und gasbildend; um ihn sicher zu bestimmen, werden von den verdächtigen Röhrchen Endoplatten angelegt. Die kleinste Wassermenge aus der Colibazillen gezüchtet werden, ergibt den Titer. Zuweilen wird im vorletzten Rohr kein Coli gefunden (z. B. in 100,0 und 1,0 Coli +, in 10,0 —). Dann wird dieses Rohr als Titerwert (also in 10,0 Coli) genommen.

Trypsin-Fleischextrakt-Pepton-Galle-Milchzucker-Lackmuslösung zur Bestimmung des Colititers im Trinkwasser. *Lösung I*: 50 g Pepton Witte, 25 g Liebigs Fleischextrakt, 25 g Kochsalz, 500 ccm filtrierte sterile Galle, 1 g Trypsin (Grübler), 5 ccm Chloroform, 1 ccm Toluol. *Lösung II*: 75 g Milchzucker, 600 ccm Lackmuslösung.

Pepton, Fleischextrakt, Kochsalz und Galle werden in einem Kolben aufgekocht, 30 Min. im Dampftopf weitererhitzt, dann filtriert und mit normaler Sodalösung neutralisiert. Als Indikator verwendet man Lackmuspapier. Über den Lackmusneutralpunkt hinaus setzt man noch 3 ccm n-Sodalösung hinzu, kühlt dann auf 40° ab, setzt Trypsin, nach gutem Durchschütteln Chloroform und Toluol hinzu und stellt den Kolben zwecks Andauens in den 37°-Brutschrank. Hier verbleibt er 36 Std. Während dieser Zeit ist die Lösung häufig zu schütteln.

Es folgt dann Filtration durch ein mit Galle angefeuchtetes Faltenfilter, Abfüllen in Patentflaschen und einstündige Sterilisation im Dampftopf. (Lösung I.)

Milchzucker wird mit Lackmuslösung aufgekocht und 10 Min. im Dampftopf weitererhitzt, dann soviel Sodalösung zugesetzt, bis die Lackmusfarbe den Neutralpunkt anzeigt. (Lösung II.)

Zum Gebrauch werden 5 Teile Lösung I mit 6 Teilen Lösung II gemischt. Diese Stammlösung wird wie die Traubenzuckerpept. z. T. 10fach (1 + 9 Aqua dest.) verdünnt, abgefüllt und sterilisiert und in derselben Weise angewandt.

Colibazillen verursachen Gasbildung und Rötung. Zur genauen Identifizierung ist auch hier die Endoplatte erforderlich.

Pepton-Milchzucker-Azolitmin-Nährboden zur Bestimmung des Colititers im Trinkwasser. 25 g Pepton, 10 g Kochsalz, 50 g Milchzucker, 1 g Azolitmin, 1000 ccm Aqua dest.

Die Substanzen werden durch kurzes Aufkochen gelöst, 30 Min. im Dampftopf sterilisiert, filtriert und falls notwendig, durch Zusatz von Sodalösung neutralisiert. Die Farbe des Nährbodens muß violett, nicht rot sein.

Der filtrierte Nährboden wird auf Patentflaschen abgefüllt und 45 Min. im Dampftopf sterilisiert.

Auch dieser Nährboden wird zum Gebrauch 10fach verdünnt. Seine Anwendung ist die gleiche wie die der Traubenzuckerpeptonlösung und entsprechend auch das Abfüllen usw.

7. Flüssige Nährböden für Tuberkelbazillen.
a) Eiweißhaltige Nährböden.

Glyzerinbouillon. Die gewöhnliche Nährbouillon wird mit 5% Glyzerin versetzt und für humane Tbc.-Stämme auf PH 6,3, für bovine Stämme auf PH 6,5—6,8 eingestellt, dann auf Erlenmeyer-kölbchen abgefüllt und 1 Std. im Dampftopf sterilisiert.

Die Tuberkelbazillen wachsen in Form einer faltigen Haut auf der Nährbodenoberfläche, diese muß daher möglichst groß sein. Um das Untersinken der Kultur zu verhindern, kann man sterilisierte Korkstückchen in die Nährlösung hineinbringen und auf diese die fortzuzüchtende Kultur aufimpfen. Bei genügender Übung und vorsichtiger Hantierung erübrigt sich dieser Kunstgriff.

Eibouillon nach Besredka und Jupille. I. 1 Teil Eiereiweiß, 10 Teile Aqua dest.; II. 1 Teil Eigelb, 10 Teile Aqua dest., etwas Normal-Sodalösung; III. Peptonfreie Bouillon.

Möglichst frische Hühnereier werden mit heißem Wasser und Seife gereinigt, nach dem Trocknen in Spiritus getaucht und ab-geflammt. Die Schale wird in der Mitte mit einem sterilen Messer geknickt und Eiweiß und Eigelb, jedes für sich getrennt, in sterile Mensuren aufgefangen. Unter kräftigem Rühren mit einem sterilen Glasstabe wird dem Eiweiß nach und nach die 10fache Menge Aqua dest. hinzugefügt, sodann erfolgt Erhitzung auf 100°, Fil-tration durch ein steriles Faltenfilter, Abfüllen in entsprechend große Kolben und einstündige Sterilisation im Dampftopf.

Das Eigelb wird ebenfalls mit der 10fachen Menge Aqua dest. verdünnt; nach gründlichem Schütteln in einem Kolben setzt man tropfenweise n-Na_2CO_3-Lösung hinzu, bis nach gutem Durchmischen Klärung der Lösung eintritt. Im allgemeinen genügt 1 ccm n-Sodalösung auf 100 ccm Eigelbaufschwemmung. Die Aufschwem-mung wird auf 100° erhitzt, dann filtriert und wie die Eiweißlösung abgefüllt und sterilisiert.

Die peptonfreie Bouillon stellt man sich aus Liebigs Fleisch-extrakt her. Die Herstellung ist wie üblich, nur läßt man das Pepton fort und unterläßt den Alkalizusatz.

Zu 100 ccm Bouillon gibt man 20 ccm Eiweißlösung und 5 bis 20 ccm Eigelblösung.

Der Nährboden kann kurz aufgekocht und filtriert werden. Der optimale PH-Wert liegt bei 6,3. Der fertige Nährboden wird dann zu ca. 30 ccm in 100 ccm oder zu ca. 120 ccm auf 300 ccm Erlenmeyerkölbchen abgefüllt und 1 Std. im Dampftopf sterilisiert.

Bohnenwasser-Nährboden nach LÖWENSTEIN. 1 kg weiße Bohnen (Saubohnen), 10 l Aqua dest., 0,5 % Pepton, 0,5 % Kochsalz, 4 % Glyzerin.

Die Bohnen werden mit dem Aqua dest. übergossen und 24 Std. stehen gelassen, dann unter anhaltendem sorgfältigen Rühren auf offener Flamme solange gekocht, bis das Wasser ein gelblichtrübes Aussehen annimmt. Die Masse wird durch ein Filtertuch gegossen und dem Filtrat entsprechend den Prozentzahlen Pepton, Kochsalz und Glyzerin zugesetzt. Nach einstündiger Erhitzung im Dampftopf wird klarfiltriert. Wenn nach mehrmaligem Filtrieren die Flüssigkeit nicht klar wird, muß mit Eiweiß geklärt werden (s. Klärung). Der PH-Wert wird vor der Klärung auf 6,3 eingestellt, der fertige Nährboden auf Kölbchen abgefüllt (s. Eibouillon nach BESREDKA und JUPILLE) und 1 Std. im Dampftopf sterilisiert.

b) Eiweißfreie flüssige Nährböden für Tbc.-Kulturen.

Nährlösung nach KUSS. 7 g Acid. citricum pur. cryst., 7 ccm Normal-Schwefelsäure, 1000 ccm Aqua dest., 7—8 g Kal. carbonic. pur.

Zitronensäure, Schwefelsäure und Kaliumkarbonat werden zu dem Wasser gegeben, aufgekocht und etwa 5 Min. sieden lassen um das CO_2 auszutreiben. Inzwischen wiegt man folgende Salze ab: 4 g Calciumglycerophosphat, 1,5 g Magnesiumglycerophosphat, 0,4 g Ferrum citricum oxydat., 12 g Asparagin pur. cryst.

Die Salze werden in einen leeren 2-l-Kolben geschüttet und mit der obigen heißen Lösung übergossen, dann setzt man 50 ccm Glyzerin pur. hinzu und kocht auf. Nach Lösung der Salze wird auf 20° abgekühlt und der PH-Wert auf 6,3 für humane oder 6,5—6,8 für bovine Stämme eingestellt. Dann kann die Lösung filtriert, wie oben angegeben auf Kölbchen abgefüllt und 1 Std. im Dampftopf sterilisiert werden.

Zur Korrektur des PH-Werts verwendet man 10 proz. KOH- bzw. Zitronensäure.

Nährlösung nach Lockemann. 4g Monokaliumphosphat, 3g Mononatriumphosphat, 0,6g Magnesiumsulfat, 2,5g Magnesiumcitrat, 5g Asparagin, 20g Glycerin pur., 1000 ccm Aqua dest.

Die Salze und das Glyzerin werden in Aqua dest. gelöst. Die weitere Verarbeitung geschieht wie unter „Nährlösung nach Kuss" angegeben.

Nährflüssigkeit nach Proskauer und Beck. 3,5g Ammoniumkarbonat, 1,3g Monokaliumphosphat, 2,50g Magnesiumsulfat, 15 ccm Glycerin pur., 1000 ccm Aqua dest.

Die Tuberkelbazillen entnehmen ihren Stickstoffbedarf bei diesem Nährboden aus dem kohlensauren Ammonium. Die Herstellung ist die gleiche wie bei der Nährlösung nach Lockemann.

Saponinzusatz für Tbc.-Nährböden. Manche Versuchsanordnungen machen es erforderlich, daß die wachsartige Hülle der Tuberkelbazillen während der Kultur aufweicht. Um dies zu ermöglichen, setzt man dem Nährboden 0,2% Saponin pur. (Merck) hinzu. Der fertige Nährboden, der diesen Zusatz enthält, kann dann wie üblich im Dampftopf sterilisiert werden.

Nährboden zur Differenzierung von vergrünenden Tbc.-Stämmen nach Sauton. 4g Asparagin pur., 60g Glyzerin doppelt dest. (spez. Gew. 1,26), 2g Zitronensäure chem. rein krist., 0,5g Kaliumbiphosphat, 0,5g Magnesiumsulfat chem. rein (von der Firma Kahlbaum-Schering, Berlin), 0,05g Eisenammonium viride (von der Fa. J. D. Riedel, Berlin), 1000 ccm Aqua dest. (von der Fa. Wolff-Calmbach, Berlin N 4, Schröderstr. 14.

Die Chemikalien werden abgewogen, in der angegebenen Reihenfolge dem H_2O zugegeben und mit diesem aufgekocht. Nach vollständiger Lösung wird der Nährboden auf PH 7,2 eingestellt. Zum Einstellen benutzt man 25 proz. Ammoniak (Salmiakgeist spez. Gewicht 0,910), das möglichst frisch sein muß (pro Liter verbraucht man 2—2,5 ccm). Zweckmäßig ist es, etwas „Sauton" vor dem Alkalisieren in ein anderes Gefäß zu tun, um, falls man zuviel Ammoniak hinzugesetzt hat, ausgleichen zu können, da Säure nicht verwendet werden darf.

Der fertige Nährboden wird in Kulturkölbchen abgefüllt und 1 Std. im Dampftopf sterilisiert.

Der vom Reichgesundheitsamt empfohlene Nährboden differenziert zwischen vergrünenden und anderen Stämmen.

8. Flüssige Nährböden für pathogene Pilze.

Bouillon nach Sabouraud zur Erstzüchtung (Milieu d'épreuve).
20g Pepton Witte oder Pepton Chassaing granuliert, 40g Maltose oder Glukose, 1000 ccm Wasser.

Pepton und Maltose bzw. Glukose werden mit etwas Wasser übergossen und in einem Kolben auf kleiner Flamme unter Schütteln bis zur Auflösung erwärmt. Die Lösung wird dann auf 1000 ccm mit Wasser aufgefüllt und in den Autoklav gestellt. Sobald der Druck = ½ at erreicht hat (110°), wird die Beheizung am Autoklav abgestellt und die Abkühlung abgewartet. Der Nährboden wird dann klarfiltriert und in Kölbchen oder großkalibrige Röhrchen abgefüllt und entweder 1 Std. oder an 3 Tagen (fraktioniert) je ½ Std. im Dampftopf sterilisiert.

Neutralisation des Nährbodens ist nicht erforderlich, da er an und für sich sauer reagiert und Pilzarten saure Reaktion bevorzugen, ihre Wachstumsoptimum läßt auch eine große Breite bezüglich der PH-Zahl zu.

Zur Fortzüchtung ist der Nährboden weniger geeignet, weil infolge des Zuckergehaltes die Kulturen leicht pleomorph (in der Form verändert) werden. Sie werden dann von einer weißen samtartigen Schicht überzogen.

Milieu de choix nach Sabouraud zur Erstzüchtung. 10—20g Pepton, 30—40g Glykose (Traubenzucker), 1000 ccm Wasser.

Die Herstellung, Sterilisation usw. erfolgt wie bei „Milieu d'épreuve".

Flüssiger Nährboden zur Fortzüchtung (Milieu de conservation).
30g Pepton, 1000 ccm Wasser.

Die Herstellung erfolgt wie bei Milieu d'épreuve.

In der Lösung bleiben die Pilze länger formenbeständig.

Deutscher Pilzzüchtungsnährboden nach Grütz zur Erstzüchtung.
5 g Pepton (Knoll), 80 g Nervinamalz (Knoll), 1000 ccm Wasser.

Das Pepton wird unter Erwärmung in etwas Wasser gelöst, Nervinamalz wird dann zugesetzt und die Lösung 1 Std. im Dampftopf erhitzt. Der Nährboden muß mehrmals filtriert werden, bis er klar wird. Abfüllen und Sterilisation erfolgt wie bei den Sabouraud-Nährböden.

Der Nährboden ist in mancher Hinsicht dem Sabouraudschen überlegen.

Nährboden zur Fortzüchtung von pathog. Pilzen nach GRÜTZ. 30 g Pepton (Knoll), 1000 ccm Wasser.

Die Herstellung erfolgt wie oben angegeben.

Der Nährboden ist vollwertiger Ersatz für das Milieu de conservation.

Nährboden nach PLAUT für Ausgangskulturen. 10—20 g Pepton, 10 g Traubenzucker, 5 ccm Glyzerin, 5 g Kochsalz, 1000 ccm Wasser.

Herstellung erfolgt wie bei Sabouraud.

Modifikation des Plautschen Nährbodens nach GRÜTZ. 5 g Pepton (Knoll), 10 g Traubenzucker, 5 ccm Glyzerin, 5 g Kochsalz, 1000 ccm Wasser.

Die Herstellung des Nährbodens ist wie oben angegeben.

Statt 10 g Traubenzucker können 60 g Nervinamalz genommen werden.

Glyzerin-Bouillon für pathog. Pilzarten. Gewöhnliche Bouillon PH 6,0—7,0 wird mit 2% Glyzerin versetzt und wie üblich in Kulturgefäße abgefüllt und 1 Std. im Dampftopf sterilisiert.

9. Flüssiger Nährboden für Schimmelpilze.

Pflaumendekokt-Nährboden. 100 g getrocknete, entkernte Backpflaumen, 500 ccm Aqua dest.

Die Pflaumen werden mit dem Aqua dest. in einem weithalsigen Kolben 30 Min. im Dampftopf erhitzt. Die Masse wird auf ein großes Filtertuch gegeben und ausgepreßt. Die Preßflüssigkeit wird kurz aufgekocht und klarfiltriert. Das Filtrat wird je nach Bedarf auf großkalibrige Röhrchen oder Kölbchen abgefüllt und 1 Std. im Dampftopf sterilisiert.

Brotbrei-Nährboden für Schimmelpilze. Brot wird gerieben, in Erlenmeyerkolben getan, mit soviel Wasser übergossen, daß ein halbfester Brei entsteht. Nach dem Aufkochen wird, falls notwendig, Wasser nachgefüllt, jedoch darf der Brei nicht zu weich sein. Die Brotbreikolben können 1 Std. bei 110° sterilisiert werden.

Traubenzucker-Bouillon für Schimmelpilze. Die gewöhnliche Nährbouillon wird mit 1% Traubenzucker versetzt (Traubenzucker wie üblich in etwas Aqua dest. lösen), die PH-Zahl auf 5,5—6,5 eingestellt, dann in Kulturgefäße abgefüllt und 1 Std. im Dampftopf sterilisiert.

10. Flüssige Nährböden für Spirochäten.

Kaninchenserum nach Ungermann. Das Serum von jungen
Kaninchen wird steril gewonnen (s. Blut- bzw. Serumgewinnung)
und unverdünnt, bzw. in einer Verdünnung von 9 Teilen Serum
und 1 Teil physiologischer Kochsalzlösung oder besser Ringer-
lösung (s. dieselbe) in Röhrchen von 5 cm Länge und 0,9 cm lichte
Weite zu etwa $^2/_3$ voll abgefüllt. Die Röhrchen werden sogleich
mit sterilem Paraffinum liquidum überschichtet und im Wasserbad
30 Min. lang bei 58—60° gehalten.

Die Röhrchen werden einige Tage zwecks Sterilitätsprobe bebrütet und sind dann gebrauchsfertig.

Der Nährboden eignet sich zur Züchtung der Spirochaeta
icterogenes, gallinarum, obermeieri und duttoni.

**Serum-Bouillon nach Mühlens, zur Züchtung der Spirochaeta
pallida.** Steriles, chloroformfreies Pferdeserum wird unter sterilen
Bedingungen in Reagensröhrchen abgefüllt und im Wasserbad bei
80° zum Gerinnen gebracht. Das koagulierte Serum wird mit einer
sterilen Öse zerstückelt und die Stückchen zu je 3—5 auf sterile
Reagensröhrchen verteilt.

Die Reagensröhrchen werden dann zu etwa drei Viertel mit
Serum-Bouillon (1 Teil Pferdeserum, 2 Teile Bouillon) befüllt und
zum Austreiben der Luft 1 Std. bei 60° im Wasserbad gehalten.

Zur Sterilitätsprobe bebrütet man die Röhrchen einige Tage.

**Kaninchenserumwasser nach Noguchi zur Züchtung der Spiro-
chaeta pallida.** 1 Teil steriles Kaninchenserum wird mit 3 Teilen
sterilem Aqua dest. gemischt, die Mischung unter sterilen Bedingungen in Röhrchen (etwa ½ des Volums) abgefüllt und den
Röhrchen steril entnommene Kaninchenniere oder -hoden hinzugesetzt. Die so beschickten Röhrchen werden mit einer 3 cm
hohen Schicht Paraffinum liquidum überschichtet.

Nach erfolgter Sterilitätsprobe sind die Röhrchen gebrauchsfertig.

**Flüssiger Nährboden nach Aristowsky und Hoelzer zur Züch-
tung der Spirochaeta pallida.** Steriles Kaninchenserum kann unverdünnt oder 2 Teile mit 1 Teil physiol. Na-Cl-Lösung verdünnt genommen werden. Das Serum bzw. die Verdünnung wird in Röhrchen abgefüllt (ca. ½ Vol.). In jedes Röhrchen wird unter sterilen
Kautelen 1 Stückchen steril entnommener Kaninchenhoden oder
-hirn hinzugegeben und der Nährboden 1 Std. bei 60° im Wasserbad
gehalten.

An Stelle von Kaninchenserum kann auch sterile, chloroformfreie Ascitesflüssigkeit oder steriles Menschenserum genommen werden. Ascitesflüssigkeit verwendet man unverdünnt. Serum kann wie oben 2:1 verdünnt werden.

Es ist ratsam, an Stelle der physiologischen Kochsalzlösung Normosallösung zu verwenden. Normosallösung darf nicht durch Hitze sterilisiert werden, sie ist durch Filtration im Seitz- oder Berkefeldfilter zu entkeimen.

Organstückchen (Hoden oder Hirn) von normalen Kaninchen sind zuzugeben.

Nach Fertigstellung ist mehrtägige Bebrütung zwecks Sterilitätsprobe angebracht. Nach Beimpfung empfiehlt sich Paraffinüberschichtung.

Flüssiger Nährboden zur Züchtung der Spirochaeta dentium nach HANS REITER. Normales Hammelserum steril gewonnen, wird 1:1 oder 2:1 mit einer 1proz. Normallösung (Normosallösung s. oben) verdünnt, steril in Röhrchen abgefüllt und diese mit Kaninchen- oder Meerschweinchenhirnstückchen versehen. Die Röhrchen werden dann 24 Std. bei 50° gehalten und 1—2 Tage zur Sterilitätsprobe bebrütet.

Nährboden für Spirochaeta recurrens. Normales Kaninchenserum wird wie bei Nährboden nach ARISTOWSKY und HOELZER angegeben mit einer 1proz. Normosallösung gemischt, mit Kaninchen- oder Meerschweinchenhirn versehen, 24 Std. bei 56° gehalten, dann zwecks Sterilitätsprobe bebrütet und vor dem Beimpfen mit $^1/_{10}$ des Volumens frischem sterilen Meerschweinchenblut versetzt.

Kaninchenserumwasser zur Züchtung des Spirochaeta icterogenes. Kaninchenserum wird steril gewonnen und in Erlenmeyerkölbchen vorrätig gehalten. Reagensröhrchen werden mit je 3 ccm Leitungswasser befüllt und im Autoklav sterilisiert. Gleichzeitig sterilisiert man das zur Überschichtung notwendige Paraffinum liquidum.

Vor dem Beimpfen gibt man zu jedem Röhrchen 0,1 ccm des sterilen Kaninchenserums. Nach Beimpfung erfolgt Überschichtung mit Paraffinöl, die aber auch unterbleiben kann.

Nach UHLENHUT kann auch Blut oder Serum von infizierten Menschen und Tieren zur Kultur der in ihm vorhandenen Spirochaeten dem Leitungswasser zugegeben werden.

11. Flüssige Nährböden für apathogene Mikrobenarten.

Flüssiger Nährboden für Zellulosebazillen. (Zur experimentellen Methanvergärung der Zellulose.) 1 g sekundäres Kaliumphosphat, 0,5 g Magnesiumsulfat, 1 g Ammoniumsulfat oder Ammoniumphosphat, 0,05 g Natr. chlorid, 1000 ccm Aqua dest.

Nach Lösung in der Wärme wird filtriert, in Kulturgefäße gefüllt und 1 Std. im Dampftopf sterilisiert.

Nährboden für Hefekulturen nach HEYDUCK. 100 g Rohrzucker, 2,5 g Asparagin, 2,5 g Trikaliumphosphat (K_3PO_4), 0,85 g Magnesiumsulfat, 1000 ccm Aqua dest.

Verarbeitung wie oben.

Nährboden für Hefekulturen nach HENNEBERG. 150 g Rohrzucker, 5 g Pepton Witte, 5 g saures Kaliumphosphat (KH_2PO_4), 2 g Magnesiumsulfat, 5 g Kreide oder Natr. carbonat, ad 1000 ccm Aqua dest.

Verarbeitung wie oben.

Nährlösung zum Nachweis von Salpeterreduktion nach GILTAY. 2 g Kalium- oder Natriumnitrat, 5 g Acid. citric. cryst. pur., 2 g Magnesiumsulfat, 2 g Monokaliumphosphat, 0,2 g Chlorkalzium, 2 g Traubenzucker, 1000 ccm Aqua dest. und eine Spur Eisenchlorid (1—2 Tropfen).

Verarbeitung wie oben.

Nährlösung für Essigbakterien nach HENNEBERG. 10 g Liebigs Fleischextrakt, 10 g Pepton Witte, 30 g Dextrose, 40 g 96 proz. Alkohol, ad 1000 ccm Aqua dest.

Liebigs Fleischextrakt und Pepton werden in 900 ccm Aqua dest. gelöst, 1 Std. im Dampftopf erhitzt und filtriert. Dem klaren Filtrat wird die in 100 ccm Aqua dest. durch kurzes Aufkochen gelöste Dextrose hinzugefügt und nach Abfüllen auf Kolben (abmessen!) 1 Std. im Dampftopf sterilisiert. Nach dem Erkalten wird entsprechend der Menge den Kulturgefäßen der Alkohol zugegeben. Eine PH-Bestimmung findet nicht statt.

Eiweißfreier Nährboden für Essigbakterien nach HENNEBERG. 3 g Ammoniumsulfat, 3 g Monokaliumphosphat KH_2PO_4, 2 g Magnesiumsulfat, 30 g Dextrose, 20 ccm 96 proz. Alkohol, 1000 ccm Aqua dest.

Die Salze werden in 900 ccm Aqua dest. gelöst. Die Lösung wird filtriert und auf 1000 ccm Aqua dest. aufgefüllt, dann in Kulturgefäße abgefüllt und 1 Std. im Dampftopf sterilisiert. Der Alkohol wird nach Sterilisation und Abkühlen der Lösung zugegeben.

Nährboden für Schnellessigbakterien (Bact. Schützenbachi u. Bact. curvum). 2 g Ammoniumphosphat, 1 g Ammoniumsulfat, 1 g Monokaliumphosphat (KH_2PO_4), 1 g Magnesiumsulfat, 1000 ccm Aqua dest.

Verarbeitung wie oben.

Peptonhaltiger Nährboden für Schimmelpilze nach HENNEBERG. 10 g Pepton Witte, 2 g saures phosphorsaures Ammonium, 2 g salpetersaures Kalium, 0,5 g Magnesiumsulfat, 0,1 g Chlorkalzium, 100 g Traubenzucker, ad 1000 ccm Aqua dest.

Herstellung und Sterilisation wie vorher.

Eiweißfreier Nährboden für Schimmelpilze nach HENNEBERG. 2 g salpetersaures Kalium, 1g saures Kaliumphosphat (KH_2PO_4), 0,5g Magnesiumsulfat, 0,1g Chlorkalzium, 100g Rohrzucker, ad 1000ccm Aqua dest.

Herstellung und Sterilisation wie vorher.

Nährlösung für Milchsäurebakterien nach HENNEBERG. 10g Pepton Witte, 3g Asparagin, 3g saures Kaliumphosphat (KH_2PO_4), 0,1g Magnesiumsulfat, 50g Dextrose, ad 1000ccm Aqua dest.

Herstellung usw. wie vorher.

Hefeextrakt-Nährboden für Milchsäurebakterien nach HENNEBERG. 30g Hefeextrakt, 200g Rohrzucker, ad 1000ccm Aqua dest.

Etwa 700ccm Aqua dest. werden dem Hefeextrakt zugegeben und unter Erwärmung zur Lösung gebracht. Der Lösung wird der Rohrzucker hinzugesetzt und ca. 30 Min. im Dampftopf erhitzt. Dann kann mit Aqua dest. auf 1 l aufgefüllt und filtriert werden. Das Filtrat wird in Kulturgefäße abgefüllt und im Dampftopf 1 Std. sterilisiert.

Nährlösung für Essigsäurebakterien nach JAHNKE. 0,4g Dikaliumphosphat (K_2HPO_4), 1,0g Diammoniumphosphat [($NH_4)_2HPO_4$], 0,4g Magnesiumsulfat, 5 ccm Glyzerin, 1 g Bernsteinsäure, 30 ccm Äthylalkohol, 1000 ccm Aqua dest.

Die Salze werden in Aqua dest. gelöst, der Nährboden wird filtriert, in Kulturgefäße abgefüllt, 1 Std. im Dampftopf sterilisiert und nach dem Erkalten entsprechend der Menge mit Alkohol versetzt.

Nährböden für Bakterien, die Ammoniak zu Nitrat oxydieren, nach WINOGRADSKY. 2g Ammoniumsulfat, 1g Dikaliumphosphat, 0,5g Magnesiumsulfat, 2g Na Cl, 0,4g Eisenoxydul, 1000ccm Aqua dest. basischkohlensaure Magnesia im Überschuß.

Die Herstellung ist den andern Nährböden dieser Art entsprechend.

Nährboden für Nitrobakterien, die Nitrite zu Nitraten oxydieren, nach WINOGRADSKY. 1g Natriumnitrit, 0,5g Kaliumphosphat, 0,5g Magnesiumsulfat, 1g kalzinierte Soda, 0,5g NaCl, 0,4g Ferrosulfat, 1000ccm Aqua dest.

Herstellung wie vorher.

12. Physiologische Salzlösungen.

Der Grad der Wärme ist bekanntlich bedingt und abhängig von der Geschwindigkeit, mit der sich die Moleküle bewegen. Von den Gasen ist bekannt, daß sie im abgeschlossenen Raum allseitig den gleichen Druck (als Ausdruck ihrer Wärmeenergie) ausüben. Da sich die Bewegung aus einer Summe von Einzelstößen zusammensetzt, nennt man den entstehenden Druck auch „osmotischen" Druck (von griechisch osmos = Stoß). Wird ein gashaltiges Gefäß geöffnet, so verteilt sich durch diesen osmotischen Druck das in ihm enthaltene Gas in der Luft wie in einem luftleeren Raum völlig gleichmäßig.

Die gleichen Verhältnisse findet man nun bei den in einer Flüssig-

keit gelösten Salzen usw. Auch diese versuchen, Konzentrations-
unterschiede durch Diffusion auszugleichen. Die Gesetzmäßig-
keiten dieser Erscheinung wurden durch Versuche mit halb- (d. h.
nur für die kleinen Wasser- und Salzmoleküle) durchlässigen Mem-
branen erkannt. Die Blase eines Tieres (z. B. vom Schwein) wird
an ihrer Öffnung mit einem langen Glasrohr flüssigkeitsdicht verbunden und dann Zuckerlösung bis zu dieser Verbindungsstelle
eingefüllt. Taucht man die Blase in destilliertes Wasser, so kann
man im Verlauf einiger Stunden einen Anstieg der Zuckerlösung im
Rohr beobachten. Die Erscheinung beruht auf folgendem: Die
Zuckermoleküle üben einen osmotischen Druck aus. Da es ihnen
nicht möglich ist, durch die Membran zu Stellen niederer Konzentration (d. h. zum Aqua dest.) zu gelangen, *wandert umgekehrt das
Aqua dest. durch die Membran.* Da hierdurch die Flüssigkeitsmenge
in derselben gesteigert wird, entweicht ein Teil der Flüssigkeit in
das Steigrohr. Der Vorgang kommt erst dann zum Stillstand,
wenn der Druck im Steigrohr gleich dem osmotischen Druck
geworden ist.

Befinden sich Blutkörperchen in einer Flüssigkeit, deren Gehalt
an Salzmolekülen geringer ist als der einer „physiologischen“ Salzlösung, so dringen Wassermoleküle in die Blutkörperchen ein.
Da aber hier kein Druckausgleich möglich ist, kommt es von einer
bestimmten Salzkonzentration an zu einem Platzen der Blutkörper-
zellen. Der Inhalt der Blutkörperchen vermischt sich mit der
Flüssigkeit und macht diese lackfarben.

Wird umgekehrt der Salzgehalt der Flüssigkeit höher gewählt,
so tritt Wasser aus den Blutkörperchen in die Flüssigkeit über.
Da sich hierbei der Inhalt der Blutkörperchen vermindert, zeigen
sie Schrumpfung: Stechapfelform.

Flüssigkeiten gleicher Molekülkonzentration, wie physiologische
Salzlösungen werden als „isotonisch“, solche höherer bzw. niederer
Konzentration als „hyper“- bzw. „hypotonisch“ bezeichnet.

0,85 proz. Kochsalzlösung. 8,5 g chemisch reines Kochsalz werden mit ca. 500 ccm Aqua dest. gelöst; durch Erwärmen wird die
Auflösung nur wenig beschleunigt. Die Lösung wird dann bei 20°
auf 1000 ccm mit Aqua dest. aufgefüllt, filtriert, in Patentflaschen
abgefüllt und 1 Std. im Dampftopf sterilisiert.

In der Bakteriologie wird die 0,85 proz. Na-Cl-Lösung als „physiologische Kochsalzlösung“ bezeichnet.

Physiologische Kochsalzlösung nach Vorschrift des DAB. VI.
9 g Natriumchlorid chem. rein, 991 ccm Aqua dest.

Herstellung und Sterilisation wie oben DAB. VI = Deutsches Arzneibuch, 6. Vorschriftensammlung.

Normosallösung. Normosal ist ein Salzgemisch, das aus den Blutsalzen im normalen Verhältnis zusammengestellt, und in zugeschmolzenen Ampullen geliefert wird. Die Ampullen sind in der vorgeschriebenen Menge sterilen Aqua dest. kalt zu lösen. Da Normosallösung nicht sterilisiert werden darf (die Salze geben hierbei unerwünschte Reaktionen), muß man, um sichere Sterilität zu haben, die Lösung durch Seitz- oder Berkefeld-Filter filtrieren.

Ringer-Locke-Lösung. 8 g NaCl puriss., 0,2 g KCl puriss., 0,2 g $CaCl_2$ puriss., 1,0 g Dextrose puriss., 1000,0 ccm Aqua dest.

Die Salze und der Traubenzucker werden zum Aqua dest. gegeben, 30 Min. im Dampftopf erhitzt, dann filtriert und 1 Std. im Dampftopf sterilisiert.

Unmittelbar vor Gebrauch wird die Lösung durch Zusatz von $\frac{n}{20}$ NaOH auf PH 7,6—7,8 eingestellt. Der PH-Wert bleibt, da die Lösung völlig ungepuffert ist, nur kurze Zeit konstant; er ändert sich bei jeder Sterilisation. Daher muß die PH-Bestimmung und -Korrektur unter sterilen Bedingungen erfolgen.

Die Lösung ist isotonisch und entspricht den physiologischen Verhältnissen, Bakterien werden von ihr fast nicht geschädigt.

Tyrodelösung. 8 g Kochsalz, 0,2 g Kaliumchlorid, 0,2 g Kalziumchlorid, 0,2 g Natriumbikarbonat, 0,05 g Di-Natriumphosphat, 0,01 g Magnesiumchlorid, 1000 g Aqua dest.

Die Substanzen sind *in der angegebenen Reihenfolge* aufzulösen, da sonst Phosphatniederschläge entstehen.

Zur Entkeimung wird durch Seitz- oder Berkefeld-Filter filtriert.

Zur Züchtung von Staphylokokken oder Streptokokken setzt man der Tyrodelösung 0,5% Glykose hinzu.

IV. Halbstarre Nährböden.

Halberstarrtes Pferdeserum. Steriles, frisches Pferdeserum ohne Chloroformzusatz, das durch Seitz- oder Berkefeld-Filter entkeimt ist, wird steril auf Reagensröhrchen (zu $^2/_3$ ihres Volumens) abgefüllt. Um das Serum zu inaktivieren, ist es im Wasserbad 1 Std. bei 56° zu halten; dann wird das Wasserbad allmählich auf 68—70° erwärmt und so lange auf dieser Temperatur gehalten, bis das Serum beim Neigen des Röhrchens nicht mehr fließt und opaleszent erscheint. Der fertige Nährboden ist von halbstarrer gallertartiger Konsistenz. Nach dem Abkühlen erfolgt Sterilitätsprobe durch 24stündige Bebrütung.

Das Serum kann zur Züchtung anspruchsvoller Erreger (Scharlach, Spirochaeten) dienen.

Halberstarrtes Pferdeserum nach MÜHLENS. Steriles Pferdeserum s. oben wird in Erlenmeyerkölbchen abgefüllt und an drei aufeinander folgenden Tagen je 1½ Std. in den 58°-Brutschrank zum Inaktivieren und zur Erzielung sicherer Sterilität gestellt. Das Serum wird dann in kleine etwa 8 cm hohe Reagenzröhrchen zu ca. $^2/_3$ Volum. abgefüllt. Die Röhrchen werden mit vorher im Dampftopf sterilisierten Korkstopfen verschlossen und bei 58—60° im Serumerstarrungsapparat zur Koagulation gebracht. Bei der angegebenen Temperatur koaguliert das Serum in etwa 7—10 Stunden und ist durchsichtig gallertig. Vor Gebrauch werden die Röhrchen drei Tage bei 37° bebrütet.

Halbstarres Pferdeserum nach SHMAMINE zur Züchtung der Spirochaeta pallida. In 200 ccm sterilem Pferdeserum löst man unter Schütteln 1—1,5 g ameisensaures oder besser nucleinsaures Natrium. Dann leitet man aus dem Kippschen Apparat Kohlensäure ein; nach 2—3 Min. ist das Serum geklärt und wird in Reagensröhrchen in hoher Schicht steril abgefüllt. An drei Tagen erhitzt man sie im Wasserbad je 1 Std. auf 60° und steigert am vierten Tage die Temperatur vorsichtig auf 70°. Die Erstarrung des Serums wird dabei unter dauernder Beobachtung zu drei verschiedenen Zeiten unterbrochen, so daß man Nährböden von weicher, mittelharter und harter Konsistenz erhält. Der mittelharte und harte Nährboden dient zur Gewinnung der Erstkultur aus dem Ausgangsmaterial, der weiche Nährboden zur Isolierung der Reinkultur.

Pferdeserum nach HATA zur Züchtung der Spirochaeta obermeieri. Steriles, frisch abgesetztes Serum eines gesunden Pferdes wird mit steriler, physiol. Kochsalzlösung (1 Teil Serum zu 2 Teilen Kochsalzlösung) versetzt und in sterile Röhrchen von 15—17 mm Durchmesser in hoher Schicht abgefüllt. Die Röhrchen werden dann im Wasserbade 3 Std. auf 58° gehalten. Zum Schluß läßt man die Temperatur auf 70—71° steigen und hält die Röhrchen noch 30 Min. bei dieser Temperatur. Nach dem Abkühlen werden in den halbstarren Nährböden Stückchen aseptisch entnommener Kaninchenniere oder 2—3 Stückchen aseptisch gewonnener Speckhaut des Pferdeblutkuchens von 1 ccm Größe versenkt. Das spirochätenhaltige Blut wird in die Tiefe eingesät. Vor Gebrauch werden die Röhrchen einige Tage zwecks Sterilitätsprobe bebrütet.

V. Feste Nährböden.

Allgemeines.

Während die flüssigen Nährböden hauptsächlich der Vermehrung einzelner oder wachstumsschwacher Keime dienen, bedient man sich zur Trennung der Bakterienarten der festen Nährböden.

Die Zusammensetzung ist im allgemeinen dieselbe, wie die der flüssigen mit dem Unterschied, daß noch erstarrende Mittel wie Gelatine, Agar-Agar oder Eiweiß, zugefügt werden. Sofern das Eiweiß dem Nährboden die feste Konsistenz geben soll, wird es durch Wärme zum Erstarren gebracht. Durch verschiedene Zusätze, z. B. Zuckerarten, Indikatoren, Chemikalien, Blut, Eiweißstoffe u. dgl. und entsprechende Behandlung gewinnt man Spezialnährböden, auf denen die Bakterien durch ihr unterschiedliches Verhalten besser differenziert werden können als in flüssigen Nährböden.

1. Gelatine-Nährböden.

Allgemeines über Gelatine. Zur Herstellung von Nährböden verwendet man reinste, weiße (farblose) Speisegelatine, die aus Hautabfällen und Knochen gewonnen wird. Sie ist wie Leim amorph und enthält nur einen Teil der im hochwertigen (z. B. Fleisch-)Eiweiß vorkommenden Aminosäuren. Von der Darstellung her enthält sie saure, schwefligsaure Salze, die aber, solange sie in geringer Menge vorhanden sind, ohne Einfluß auf die Nährbodenqualität bleiben. Da die Gelatine zu den eiweißähnlichen Körpern gehört, wird ihre Lösung durch Erwärmen auf Siedehitze nicht koaguliert. Nach dem Erkalten bildet die Lösung eine elastische, farblose, durchsichtige Masse, deren Gallerte um so fester wird, je höher ihr Gelatinegehalt ist.

Der Gelatinenährboden enthält im allgemeinen die Bestandteile der Nährbouillon mit einem Zusatz von 10—15% Blattgelatine. Der Vorteil des Gelatinenährbodens ist seine absolute Durchsichtigkeit (im Gegensatz zu Agarnährböden, die immer eine leichte kolloidale Trübung aufweisen). Der Nachteil gegenüber dem Agarnährboden besteht darin, daß er schon bei rd. 25° verflüssigt und deshalb zur Züchtung bei Körpertemperatur als fester Nährboden versagt. Den Gelatinenährboden verwendet man hauptsächlich zur Bestimmung der Keimzahl im Trinkwasser und auch als Differenzialnährboden zur Unterscheidung zwischen Gelatineverflüssigern und andern Keimarten. Die Kultur erfolgt im 22°-Brutschrank.

Bei der Herstellung ist darauf zu achten, daß der Nährboden nach dem Zusatz der Blattgelatine möglichst schonend und wenig erhitzt wird, weil durch häufige und längere Erhitzung die Gelierfähigkeit des Nährbodens herabgesetzt wird. Die Sterilisation des Nährbodens nach dem Gelatinezusatz darf daher niemals im Autoklav erfolgen. Nach der Sterilisation muß sofort in kaltem Wasser abgekühlt werden, wodurch der Nährboden besser geliert. Ferner ist zu beachten, daß zur Erzielung völliger Klarheit vor der Filtration geklärt werden muß; den besten Kläreffekt erzielt man durch Zusatz von zu Schaum geschlagenem Hühnereiweiß oder evtl. von Serum (s. Klärung von Nährböden).

Gelatine-Nährböden zur Bestimmung der Keimzahl im Trinkwasser. Da der Nährboden qualitativ jedesmal gleichmäßig ausfallen muß, nimmt man statt des Fleischdekokts oder der Hottingerschen Verdauungsbrühe Liebigs Fleischextrakt (Lab-Lemko).

50 g Lab-Lemko, 50 g Pepton, 25 g Kochsalz, 25—30 g kristallisierte Soda, 5 l Leitungswasser.

Nach kurzem Aufkochen wird 30 Min. im Autoklav sterilisiert. Nach dem Abkühlen setzt man die Blattgelatine hinzu und kocht unter dauerndem Rühren vorsichtig auf.

Da einerseits die Gelatine in ihrer Gelierfähigkeit wechselt, andererseits in den Sommermonaten die Gelierfähigkeit geringer ist als im Winter, soll der Gelatinezusatz in den Sommermonaten 13—15%, im Winter 10—12% betragen.

Nach dem Aufkochen und völliger Lösung der Blattgelatine wird die Reaktion bestimmt und auf pH = 7,2 eingestellt. Die Lösung wird jetzt auf 50—55° abgekühlt und geklärt.

Zum Klären benötigt man ein Eierklar pro Liter (es kann aber auch weniger sein). Die Eierschale wird mit heißem Seifenwasser gereinigt; nach dem Abtrocknen taucht man das Ei in Brennspiritus und flammt es ab. Die Eierschale wird zwischen den beiden Polen geknickt und das Eierklar vom Eigelb in einer vorher mit Spiritus ausgeflammten Schale aufgefangen. In dieser wird es mit der gleichen Menge kaltem, möglichst sterilem Wassers versetzt und dann entweder mit dem vorher abgeflammten Schneebesen oder dem in gleicher Weise behandeltem Glasstab zu Eierschnee geschlagen. Der inzwischen auf 50° abgekühlten Nährlösung wird der Schnee zugesetzt und mit dieser gut verrührt. Durch die nachfolgende einstündige Erhitzung im Dampftopf gerinnt das Eiweiß und bindet die trübenden Bestandteile.

In der Zwischenzeit sterilisiert man sich die nötigen Filter (Papierfilter) einschließlich Kolben und Abfülltrichter im Dampf-

topf oder Autoklav und filtriert den Nährboden bei Zimmertemperatur. Man prüft noch einmal den pH-Wert und korrigiert
ihn gegebenenfalls.

Die Gelatine wird mit dem sterilisierten Abfülltrichter zu ca.
18 ccm in sicher sterile Röhrchen gefüllt. Die Röhrchen werden
entweder einmal 45 Min. oder fraktioniert, an drei aufeinanderfolgenden Tagen je 20 Min. im Dampftopf (!) sterilisiert. Unmittelbar nach der Sterilisation stellt man die Sterilisiertrommel mit den
Röhrchen in kaltes Wasser und erneuert dieses 1—2 mal, bis die
Röhrchen abgekühlt sind. Dadurch wird die Gelierfähigkeit des
Nährbodens erhöht.

Zum Plattenguß verflüssigt man die Gelatine durch Einstellen
der Röhrchen in ca. 45—50° warmes Wasser, nach kurzem Abkühlen auf ca. 30° gießt man sie zu dem vorher in die Petrischale
gegebenen Untersuchungswasser und mischt durch mehrmaliges
Neigen. Die fertigen Platten stellt man bis zum Erstarren des
Nährbodens in den Kühlraum, dann in den Gelatinebrutschrank.

In Betrieben, wo größere Mengen Gelatineplatten auf einmal
gebraucht werden, kann man statt der Röhrchen Kolben verwenden;
die Behandlung ist die gleiche wie die der Röhrchen.

Durch mehrtägige Lagerung der Röhrchen im Kühlraum kann
der Schmelzpunkt der Gelatine erhöht werden (29—30°).

Die Fa. Gehe & Co., Dresden, bringt unter der Bezeichnung
„non plus ultra"ein Präparat in den Handel, dal bei vorsichtiger Behandlung eine Gelatine mit einem Schmelzpunkt von 30—32° liefert.

Zuweilen, wenn auch selten, kommen Gelatinetafeln mit sehr
resistenten Keimen in den Handel, solche sind zur Nährbodenherstellung unbrauchbar.

Gelatine aus Fleischwasser oder Hottingerbrühe. Wo der Gelatinenährboden nicht zur Bestimmung der Keimzahl im Trinkwasser
Verwendung finden soll, kann man Fleischwasser oder Hottingers
Verdauungsbrühe an Stelle von Liebigs Fleischextrakt verwenden
(Herstellung s. dort). Die Menge des zuzusetzenden Peptons usw.
und die Herstellung ist im übrigen die gleiche wie im oben beschriebenen Nährboden.

Die PH-Zahl hat man nach der zu züchtenden Keimart einzustellen. Soll die Gelatine zur Züchtung von Choleravibrionen benutzt werden, muß die PH-Zahl 8,0—8,2 betragen, sonst allgemein
7,4—7,6.

Für Stichkulturen, die zur Erkennung von Gelatineverflüssigern dienen, brauchen die Röhrchen aus Ersparnisgründen nur in etwa 6 cm hoher Schicht befüllt zu werden.

Gelatine für Leuchtbakterien. Der Nährboden wird genau so hergestellt wie die Gelatine für die Bestimmung der Keimzahl im Trinkwasser, nur nimmt man statt 0,5% 3,0% Kochsalz und stellt die PH-Zahl auf 7,5—7,6 ein.

Kartoffelgelatine nach HOLZ für Ty- und Ruhrbakterien. Gesunde Kartoffeln werden mit heißem Wasser und Bürste gereinigt, dann geschält und auf einem Reibeisen zerrieben. Der Brei einschl. des Saftes wird auf ein Tuch getan und ausgepreßt. Der Saft bleibt 24 Std. bei Zimmertemperatur stehen und wird dann filtriert. Das Filtrat erhitzt man 30 Min. im Dampftopf, filtriert noch einmal und gibt 10% Blattgelatine hinzu. Die Mischung wird ca. 50 Min. im Dampftopf erhitzt, dann klarfiltriert und auf pH 7,2—7,4 eingestellt. Bei der Zugabe von Alkali tritt häufig Ausflockung ein; man erhitzt dann die Gelatine noch einmal kurze Zeit und filtriert. Zum Filtrieren benutzt man sterile Filter (s. oben), die man für die evtl. Nachfiltration aufhebt. Die Kartoffelgelatine wird dann in Röhrchen, wie oben angegeben, abgefüllt und sterilisiert. Die Farbe ist dunkler als die der Gelatine. Nach ELSNER kann zur Verbesserung des Nährbodens 1% Jodkali hinzugesetzt werden.

Harngelatine nach PIORKOWSKI für Typhusbakterien. 2—3 Tage alter alkalischer Harn, dessen spez. Gewicht 1020 oder annähernd soviel beträgt, wird mit 0,5% Pepton und 3,5% Gelatine versetzt, dann wie üblich gekocht, filtriert, abgefüllt und sterilisiert. Auf diesem Nährboden wachsen die Typhusbakterien in charakteristischen Kolonien. Während das Bact. coli in runden gelblichen Kolonien mit scharfem Rand wächst, haben die Typhusbakterien-Kolonien ein helles Zentrum und gezackten Rand.

Bierwürzegelatine für Schimmelpilze und Hefen. 1 l klare Bierwürzeflüssigkeit wird mit 100g Blattgelatine versetzt und 5 Min. gekocht. Die Lösung wird filtriert, in sterile Kulturgefäße abgefüllt und ist nach Sterilisation (s. oben) gebrauchsfertig. Der Nährboden wird nicht neutralisiert.

Pflaumendekoktgelatine für Schimmelpilze und Hefen. 500 g getrocknete Pflaumen werden mit 500 ccm Wasser aufgekocht und nach Abgießen nochmals mit 500 ccm Wasser erhitzt. Beide Abkochungen werden gemischt und filtriert, das Filtrat mit 10% Blattgelatine versetzt, etwa 5—10 Min. gekocht, dann filtriert, in Kulturgefäße abgefüllt und in der für Gelatine üblichen Weise sterilisiert. Eine PH-Bestimmung ist für diesen Nährboden nicht erforderlich.

2. Agar-Nährböden.

a) Allgemeines über Agar.

Der Nähragar enthält die Bestandteile der Nährbouillon und als gelierendes Mittel einen Zusatz von Agar-Agar. Während die Gelatinenährböden meistens schon bei 25° verflüssigt werden, verflüssigt der Agarnährboden in der Regel erst in der Nähe des Siedepunktes des Wassers und erstarrt bei 40°, dann allerdings ziemlich rasch. Somit sind Agarnährböden zur Züchtung von Mikroben bei Körpertemperatur hervorragend geeignet und haben die Gelatinenährböden bis auf einige Spezialzwecke verdrängt.

Agar-Agar besteht aus den getrockneten Fäden verschiedener Meeresalgen. Auf Ceylon kommt die Algenart Gracilaria lichenoides (auch Fucus amylaceus genannt), auf Java und Madagaskar die Eucheuma spinosum vor. Je nach Ort und Herkunft schwanken auch die einzelnen Werte der Agarbestandteile. Nach J. König besteht der Agar aus: Wasser 19,56%, Stickstoffsubstanz: 2,53%, Fett: 0,51%, stickstofffreie Extraktstoffe: 73,5%, Rohfaser: 0,45%, Asche: 3,43%. Der Gehalt an Stickstoffsubstanzen ist aber auch bei den einzelnen Agararten sehr verschieden und erreicht bis zu 12%.

Die gallertebildende Kraft des Agars ist 6—10 mal größer als die der Gelatine, sie beruht auf der pektinartigen Gelose, die aus verschiedenen Kohlehydraten besteht. Da sie demnach von Eiweiß- und Leimsubstanzen völlig verschieden ist, kommt es bei Agarnährböden niemals zu einer Verflüssigung durch peptonisierende Bakterien.

Nach Neuberg und Ohle wird bei der Salzsäurehydrolyse aus dem Agar Schwefelsäure abgespalten, der Agar enthält darnach eine gepaarte Schwefelsäure. Bei Sauerwerden von Agarnährböden (z. B. durch längeres Stehen derselben im Licht) kann neben anderen Faktoren unter Umständen abgespaltene, freie Schwefelsäure beteiligt sein.

Der Agar kommt in Form von Fäden, Stangen und auch pulverisiert in den Handel. Die beste Gallerte gibt im allgemeinen der Stangenagar, die schlechteste der pulverisierte; auch in den drei Formen gibt es ganz verschiedene Qualitäten, wie auch die Preise verschieden sind.

Die notwendige Konzentration schwankt je nach der Art des Nährbodens und der Qualität des Präparats zwischen 1—5%. Bei

Verwendung einer neuen Agarsorte ist es zweckmäßig, ihre Gelierfähigkeit, den Erstarrungspunkt und die Löslichkeit *vor* Ingebrauchnahme festzustellen. Hierzu stellt man sich eine 5proz. Agarlösung mit 0,85proz. Kochsalzlösung her (25g Agar mit 500ccm NaCl-Lösung). Beides wird zusammen in einem 1—2-l-Kolben 1 Std. im Autoklav bei 1 at erhitzt, dann stellt man sich durch Verdünnung mit NaCl-Lösung folgende Agarkonzentration in 100-ccm-Kölbchen her: 1. 50ccm 5proz. Agars, 2. 45 u. 5ccm NaCl-Lösung = 4,5% Agar, 3. 40 und 10 NaCl-Lösung = 4%, 4. 35 u. 15 NaCl-Lösung = 3,5%, 5. 30 u. 20 NaCl-Lösung = 3%, 6. 25 u. 25 NaCl-Lösung = 2,5%, 7. 20 u. 30 NaCl-Lösung = 2%, 8. 15 u. 35 NaCl-Lösung = 1,5%, 9. 10 u. 40 NaCl-Lösung = 1% Agar. Nachdem man die einzelnen Kölbchen entsprechend bezeichnet hat, erhitzt man sie noch einmal 1 Std. im Autoklav und gießt dann von jedem Kölbchen zwei Probeplatten. In die eine Platte gießt man die übliche Menge der Agarverdünnung, in die zweite gibt man 5ccm Wasser und 15ccm der Agarverdünnung hinzu. Nach dem Erstarren der Agarlösung prüft man durch Probestriche mit der Impföse, Spatel u. dgl. die Festigkeit der Oberfläche in den einzelnen Platten. Diejenige niedrigste Agarkonzentration, die bei den Probestrichen intakt bleibt, gibt den Anhaltspunkt für die Konzentration, in der die betreffende Agarsorte zu verwenden ist. Der Zusatz des Wassers in der zweiten Platte gestattet die Beurteilung, ob die betreffende Agarkonzentration auch nach Zugabe von Serum, Ascitesflüssigkeit u. dgl. noch genügende Oberflächenfestigkeit aufweist.

Durch stärkeres Erhitzen, besonders durch wiederholte Behandlung im Autoklav bei höheren Temperaturen wird die Erstarrungsfähigkeit des Agars herabgesetzt. Es gibt aber Agarsorten, die sehr schwer löslich und ebenso schwer filtrierbar sind. Bei der Verarbeitung solcher Agarsorten kann man sich so helfen, daß man den Rosamschen Versuch anstellt, indem man den kleingefaserten Fadenagar 5—10 Min. in 10proz. Essigsäure knetet und dann wässert. Durch diese Säurebehandlung kann man die Löslichkeit des Agars verbessern, gleichzeitig auch die Filtration erleichtern und den Erstarrungspunkt von 40° bis ca. 35° herabsetzen. Dabei leidet aber in gewissem Grade die Erstarrungsfähigkeit des Nährbodens.

Der nach ROSAM mit Essigsäure behandelte Agar kann nach

dem Auswässern wieder getrocknet werden, ohne die Eigenschaft der besseren Löslichkeit einzubüßen.

Im allgemeinen genügt es, wenn man den Fadenagar vor der Nährbodenherstellung über Nacht einweicht. Arbeitet man mit der Hottingerschen Verdauungsbrühe, dann ist es zweckmäßig, den aufgeweichten Fadenagar der angesäuerten Brühe hinzuzusetzen und mit dieser vor der Alkalizugabe zu kochen. Schon diese schwachsaure Reaktion begünstigt die Löslichkeit des Agars und erleichtert die Filtration.

b) Gewöhnlicher Nähragar.

Nähragar aus Fleischwasser. 5 l Fleischsaft (Herstellung s. dort), 50 g Pepton, 25 g Kochsalz oder 15 g NaCl und 10 g K_2HPO_4, 125 g Agarfäden.

Die Agarfäden werden einige Stunden, am besten über Nacht in das Fleischwasser im Kochtopf eingeweicht; sie quellen dabei auf und lösen sich danach besser. Bei Agarsorten, die schwer löslich sind, empfiehlt sich das Aufweichen in angesäuertem Wasser (s. Allgemeines über Agar). Man setzt dann den Topf aufs Feuer, gibt das Pepton und Kochsalz hinzu und erhitzt unter ständigem Rühren mit einem Holzlöffel bis zum Sieden. Wird an Stelle von Kochsalz das $NaCl$-K_2HPO_4-Gemisch zugesetzt, so ist der Nährboden gepuffert und zeigt nach der Einstellung weit größere Konstanz in bezug auf die PH-Zahl. Um die Klarfiltration des Nährbodens zu erleichtern, kann man pro Liter ca. 1 g Blattgelatine hinzusetzen. Nach einer Kochzeit von ca. 10 Min. sind die Agarfäden gelöst. Durch Zusatz von 10 proz. Sodalösung, NaOH oder KOH bringt man die Reaktion auf PH 7,5. Nach dem Alkalisieren ist es zweckmäßig, den Nährboden kurz noch einmal aufzukochen und die PH-Zahl noch einmal nachzuprüfen. Während des Kochens muß der Nährboden dauernd gerührt werden, weil er sonst zu leicht ansetzt. Man kann den Agar statt auf freier Flamme auch im Autoklav oder Dampftopf auflösen, hierbei treten aber Zeitverluste ein. Im Autoklav schäumt der Nährboden auch sehr leicht über.

Nachdem der Agar gelöst ist, wird er filtriert. Dieses nimmt man, um die dem Fadenagar anhaftenden hitzeresistenten Keime zu zerstören, im Autoklav bei 0,5—1 at Überdruck vor. Zum Filtrieren benutzt man Faltenfilter und Glas-, Emaille- oder Aluminiumtrichter mit ca. 1 l Inhalt. Zur Schonung der Filterspitzen legt man unter diese Gazeläppchen von ca. 10 qcm. Die so vorbereiteten Filtriertrichter stellt man in 2-l-Kolben in den Autoklav, beschickt die Filter mit dem zu filtrierenden Agar, füllt, wenn angängig, nach ca. 5 Min. in die Filter noch einmal nach und schließt den schon vorgeheizten Autoklav. Nachdem der Abdampfhahn das Entweichen der Luft durch kräftigen Dampfstrom anzeigt, dreht man ihn ab und läßt den Autoklav 40—50 Min. brennen. Hierbei läßt man den Überdruck tunlichst nicht über 1 at steigen, weil sonst der Nährboden qualitativ ungünstig beeinflußt und auch die Gelierfähigkeit des Agars herabgesetzt wird. (Für Zwecke der Nährbodenbereitung muß der Autoklav eine automatische Reguliervorrichtung haben, die den Atmosphärendruck automatisch einstellt.)

Nach Ablauf der Zeit wird die Beheizung unterbrochen und man vereinigt nach dem Abkühlen des Autoklaven die Filtrate in einen Kolben von entsprechender Größe. Nachdem die PH-Zahl bestimmt und evtl. korrigiert ist, wird der Agar in sterilisierte Kulturgefäße abgefüllt. Für Agarhochschichtröhren (Plattenguß, Anaerobenzüchtung) etwa 15—18 ccm, für Schrägagar 7 ccm. Zur Aufbewahrung, insbesondere zur Herstellung von Spezialnährböden wird er in kleinere Kolben abgefüllt.

Die befüllten Gefäße werden in der Regel 1 Std. im Dampftopf nachsterilisiert und bis zum Verbrauch im Kühlschrank aufbewahrt.

Die Konzentration des Agars (Grammzahl des Rohagars pro Liter) hat sich nach dem Zweck des Nährbodens und nach der Qualität der betreffenden Agarsorte zu richten. Auch die PH-Zahl ist je nach dem Zweck des Nährbodens verschieden.

Die Filtration des Agars kann auch durch Wattefilter erfolgen. Statt der Faltenfilter werden die Trichter (nachdem man über den Tubus ein Gazeläppchen gelegt hat) mit einer fingerdicken Schicht nicht entfetteter Watte ausgelegt, die aber nicht über den Trichterrand hinausreichen darf, da sonst der Nährboden durch Heberwirkung überliefe. Die Filtration verläuft schneller als durch Papier, der Nährboden ist aber meist nicht sehr klar. Um ihn dann klar zu bekommen, ist eine Klärung wie bei Gelatine (s. Klärung der Nährböden) mit Eiweiß usw. notwendig. Der geklärte Nährboden kann auch durch Wattefilter klarfiltriert werden.

Nähr-Agar aus Liebigs Fleischextrakt. Statt des Fleischwassers oder der Hottingerschen Verdauungsbrühe benutzt man, besonders in kleinen Laboratorien Liebigs Fleischextrakt (Lab-Lemko) als Ausgangsmaterial für Agarnährböden.

5 l Wasser, 50g Lab-Lemko, 50g Pepton, 25g Kochsalz oder 15g NaCl und 10g K_2HPO_4, 125g Fadenagar.

Der Fadenagar wird zerkleinert und im Emaille- oder Aluminiumkochtopf mit dem Wasser übergossen und einige Stunden, am besten über Nacht, quellen lassen. Dann kocht man unter Zugabe von Lab-Lemko, Pepton und Salz unter Rühren den Nährboden auf und verfährt genau so wie unter „Agar aus Fleischwasser" angegeben.

Sehr anspruchsvolle Bakterien gedeihen auf dem Fleischwasser- oder Hottinger-Agar besser.

Nähr-Agar aus Hottingers Verdauungsbrühe. 400g Fädenagar, 3 l Hottingerbrühe, 240g Pepton flüssig, 360ccm gesättigte Viehsalzlösung mit 5% K_2HPO_4, 15g kristallisierte Soda, 15g Kalium hydricum zusammen in etwa 300ccm H_2O gelöst, Wasser ad 16 Liter.

Der Fadenagar wird nach dem Zerkleinern im offenen Emailtopf mit der Hottingerbrühe übergossen; falls die Flüssigkeit die Agarfäden nicht ganz deckt, kann man 1—2 l Wasser zugeben. Nachdem die Agarfäden aufgeweicht sind (am besten läßt man den Agar über Nacht weichen), setzt man den Topf aufs Feuer und erwärmt den Agar unter Zugabe von weiteren 5—6 l Wasser unter Rühren bis zum Aufkochen. Nach dem Aufkochen stellt man die Flamme kleiner und kocht 10—15 Min. lang bis die Agarfäden vollständig gelöst sind, dann gibt man das Pepton, die gesättigte Viehsalzlösung mit 5% Dikaliumphosphat und evtl. 5—6 Blatt Gelatine hinzu. Man rührt noch einmal gut durch und versetzt vorsichtig mit Na_2CO_3 und KOH. Schließlich fügt man die bis zu 16 Litern (Marke im Kochtopf) notwendige Menge Wasser heiß hinzu, kocht noch einmal auf, bringt die PH-Zahl auf 7,5, filtriert und verfährt ebenso wie bei Agar aus Fleischwasser beschrieben wurde.

Die Alkalimenge richtet sich nach dem jeweiligen Säuregrad der Hottingerbrühe und der gewünschten PH-Zahl. Man kann statt Na_2CO_3 und KOH auch eines von beiden in entsprechend größerer Menge oder auch NaOH verwenden. Der PH-Wert muß nach der Filtration vor dem weiteren Verarbeiten des Nährbodens noch einmal kontrolliert und gegebenenfalls korrigiert werden.

Schrägagar. Der fertige Nähragar wird nach Bestimmung bzw. Einstellung der PH-Zahl in sterile mit Wattestopfen versehene Reagensröhrchen zu etwa 7—8 ccm abgefüllt. Beim Schräglegen des Röhrchens muß am Boden eine kleine Kuppe bleiben und das obere Ende der Schrägfläche etwa 2—3 ccm vor dem Wattestopfen aufhören. Die mit der entsprechenden Agarmenge befüllten Röhrchen werden aufrecht in eine Sterilisiertrommel gestellt und 1 Std. im Dampftopf sterilisiert. Gleich nach der Sterilisation legt man die Röhrchen mit dem oberen Ende auf einen etwa 7 mm starken Glasstab auf dem Tisch aus und läßt sie in dieser Lage erstarren. Zur Aufbewahrung im Kühlraum werden sie dann aufrecht in einen Behälter gestellt.

Zweckmäßig ist es, nur einen Teil der abgefüllten Röhrchen schräg auszulegen, etwa den Bedarf für 2—3 Tage, weil beim längeren Stehen das „Kondenswasser" (besser Quetschwasser genannt) verdunstet, und die Röhrchen dann für manche Zwecke nicht mehr brauchbar sind. Den übrigen Teil der sterilisierten Röhrchen läßt man aufrecht gestellt erstarren und löst davon bei Bedarf die entsprechende Anzahl im Wasserbade bei Siedetemperatur auf, um sie dann schräg zu legen. Auf diese Weise kann man in einem Arbeitsgange den Bedarf von Agarschrägröhrchen für mehrere Wochen abfüllen und sie doch mit Kondenswasser auf den Arbeitsplatz liefern.

Beim Einfüllen der Röhrchen ist darauf zu achten, daß der obere Teil nicht mit Nährboden benetzt wird.

Agar-Platten. Zur Herstellung von Agarplatten finden im allgemeinen Petrischalen Verwendung. Die Unterschale derselben hat gewöhnlich einen Durchmesser von 9 cm. Je nach dem Zweck, zu dem eine solche Kulturschale dienen soll, sind die Petrischalen größer oder kleiner im Durchmesser und in der Höhe.

Die Petrischalen werden im Trockensterilisator entkeimt und nach dem Abkühlen auf den Tisch mit dem Deckel nach oben ausgelegt. Sind nur einige Platten herzustellen, so verflüssigt man den Inhalt mehrerer Agarhochschicht-Röhrchen und gießt von jedem Röhrchen je eine Platte. Wo eine größere Anzahl von Platten auf einmal benötigt wird, löst man die entsprechende Nährbodenmenge im Kolben auf. Größere als 1-l-Kolben sind unhandlich und erschweren die Arbeit des Gießens. Man hält die Kolben entsprechender Größe mit Agar befüllt und sterilisiert vorrätig, um sie bei Bedarf nach Erwärmung im Dampftopf oder Wasserbad vergießen zu können. Um eine Platte von 9 cm Durchmesser in normaler Dicke zu gießen, braucht man ca. 18 ccm Agar. Auf einer zu dünnen Nährbodenschicht gedeihen die Bakterien zu schlecht. Beim Gießen der Platten achtet man darauf, daß in dem Raum kein Staub entwickelt wird. Zugluft, offene Fenster oder Türen sind zu vermeiden. Der Tisch wird, bevor die Platten ausgelegt werden, mit einem nassen Lappen evtl. mit einer desinfizierenden Lösung abgewischt. Sprechen und Hineinhauchen in die Petrischale ist streng zu vermeiden. Falls sich auf der Nährbodenfläche Luftblasen bilden, kann man diese durch die Bunsenbrennerflamme zerstören.

Die Kondenswasserbildung kann man dadurch stark einschränken, daß man den Nährboden vor dem Gießen auf ca. 50° abkühlt. Zum Abkühlen stellt man den Agarkolben stets in warmes Wasser (nicht unter 40°), weil in kaltem Wasser der Agar an den Kolbenwänden gerinnt, während er im Innern noch heiß bleibt. Deshalb ist während des Abkühlens häufiges Durchschütteln angezeigt.

Die gegossenen Agarplatten werden nach dem Erstarren im Eisschrank aufbewahrt, vor dem Gebrauch getrocknet und dann beimpft. Wo spezielle Trockenschränke, Exsikkatoren u. dgl. nicht zur Verfügung stehen, kann man die Platten im Brutschrank trocknen. Hierzu legt man sie mit der Nährbodenschicht nach oben, dachziegelartig auf Fließpapier übereinander.

c) Agarnährböden zur Züchtung und Differenzierung von Eiterbakterien.

Traubenzuckeragar 2 proz. Pro 100 ccm Nährboden, die benötigt werden, wiegt man 2 g Traubenzucker ab, löst ihn in einem Erlenmeyerkölbchen unter Zusatz von Aqua dest. durch kurzes Aufkochen auf, setzt die Lösung dem fertigen abgemessenen Näragar hinzu, schüttelt durch und füllt den Traubenzuckeragar entweder in Röhrchen zu Schrägagar usw. ab, die dann im Dampftopf nachsterilisiert werden; oder, falls der Nährboden zum Plattengießen verwendet werden soll, sterilisiert man ihn im ganzen nach und gießt die Platten in der üblichen Weise.

Ascitesagar-Platten zur Züchtung von **Streptokokken, Pneumokokken, Meningokokken, Gonokokken** usw. Über Gewinnung und Konservierung von Ascitesflüssigkeit s. unter Gewinnung usw.

Für Streptokokken und Pneumokokken genügt im allgemeinen ein Zusatz von 10% zum Agar. Für Meningokokken und insbesondere für Gonokokken ist ein Zusatz von 25—30% notwendig. Für Gonokokken nimmt man besonders dann, wenn die Ascitesflüssigkeit schon lange steht, bis zu 50%. In solchen Fällen muß der Agar höhere Konzentrationen haben (4%).

Der fertige Nähragar mit einem PH-Wert von 7,5 wird aufgelöst, entsprechend der zu gießenden Plattenzahl abgemessen (z.B.: Es sollen 20 Platten Ascitesagar 10 proz. gegossen werden. Die Platte zu 20 ccm = 400 ccm Nährboden = 360 ccm Nähragar + 40 ccm Ascitesflüssigkeit), in einem Kolben von entsprechender Größe sterilisiert und dann auf etwa 50° abgekühlt. Es erfolgt dann die Zugabe der Ascitesflüssigkeit, die mit dem Agar durchgemischt wird. Der Nährboden wird wie der gewöhnliche Agar in Platten gegossen. Zwecks Dosierung der Ascitesflüssigkeit werden Vollpipetten von entsprechendem Volumen mit sterilisiert. Zur Kontrolle der Temperatur kann man in den Agarkolben vor dem Sterilisieren durch den Wattestopfen ein Thermometer in den Agar hineinragen lassen. Das Abkühlen des Agars erfolgt durch Einstellen des Kolbens in warmes Wasser von ca. 40°. Die Temperierung des Agars ist wichtig, weil das Eiweiß der Ascitesflüssigkeit bei über 55° gerinnen würde, andererseits der auf 40° abgekühlte Agar schnell erstarrt. Bei einiger Übung kann man auf das Thermometer verzichten, man taxiert die Wärme durch Berührung mit der Hand.

Werden nur einige wenige Platten gebraucht, so kann man Agar in entsprechender Menge in Röhrchen abgefüllt, also zu 18 ccm für 10 proz. Ascitesagar, zu 16 ccm für 20 proz. usw. vorrätig halten, diese werden bei Bedarf im Wasserbade gelöst und daselbst auf 50° abgekühlt. In die zum Gießen bestimmten Petrischalen gibt man mit der sterilen Pipette die entsprechende Menge Ascitesflüssigkeit (hier also 2 bzw. 4 ccm) und gießt den Inhalt der Agarröhrchen hinzu. Durch mehrmaliges Hin- und Herneigen der Platte mischt man die Flüssigkeit mit dem Nähragar und läßt den Nährboden erstarren.

Ascites-Schrägagar-Röhrchen. Je nach dem Zweck für den der Nährboden gebraucht wird, setzt man dem Agar 10—50% Ascitesflüssigkeit hinzu, genau so wie für Ascitesagarplatten. Zusammen mit der abgemessenen Agarmenge sterilisiert man einen Warmwassertrichter mit Abfüllhahn und eine Vollpipette von entsprechendem Volumen im Dampftopf. Nach der Sterilisation wird der Agar auf ca. 50° abgekühlt (s. oben), die Ascitesflüssigkeit mit der Pipette zugesetzt und der Nährboden nach Durchschütteln mit dem Abfülltrichter in sterile Röhrchen abgefüllt, die sofort schräg gelegt werden müssen. Um ein Erkalten des Nährbodens während des Abfüllens zu verhindern, gießt man in die Öffnung des metallenen Trichters warmes Wasser von ca. 50°, das während des Abfüllens gegebenenfalls mit dem Bunsenbrenner nacherhitzt werden kann. Es ist zweckmäßig, beim Abfüllen die Röhrchenmündung nach dem Abziehen des Wattestopfens und vor dem Wiederschließen kurz durch die Flamme zu ziehen, um evtl. anhaftende Luftkeime unschädlich zu machen. Das Abfüllen selbst muß besonders vorsichtig erfolgen, weil die befüllten Röhrchen nicht mehr sterilisiert werden dürfen.

Wo nur wenige Röhrchen benötigt werden, kann man gewöhnliche Agarschrägröhrchen auflösen, auf 50° im Wasserbad abkühlen, und mit einer sterilen Pipette eine entsprechende Menge Ascitesflüssigkeit zugeben. Nach Zugabe der Ascitesflüssigkeit neigt man die Röhrchen einige Male, um ein gutes Durchmischen zu erreichen und legt sie dann in der üblichen Weise schräg aus.

Vor dem Beimpfen prüft man die Röhrchen durch 24 stündiges Bebrüten auf Sterilität.

Serumagar-Platten und -Schrägröhren. Serumagar wird genau so hergestellt wie Ascitesagar. Über Gewinnung und Konservierung des Serums s. dort. Für Strepto- und Pneumokokken genügt ein Zusatz von 10—15% Pferde-, Rinder- oder Hammelserum. Für Gonokokken und Meningokokken braucht man Menschenserum, von dem man 15—20% zum Agar hinzusetzt.

Blutagar. Die Herstellung von Blutagar erfolgt in derselben Weise, wie die des Ascites oder Serumagars. Zur Differenzierung der hämolysierenden von den nicht hämolysierenden Streptokokken nimmt man 8—10% Blut zum Nähragar, zur Züchtung von Anaërobiern 15—20%. Zur Feststellung der Hämolyse bei Streptokokken wird Menschenblut sowie Kaninchen-, Hammel-, Rinder- oder Pferdeblut verwendet. Am leichtesten wird Kaninchenblut hämolysiert. Wo es möglich ist, das Menschen- oder Tierblut direkt aus der Vene in dem Agar fließen zu lassen, verfährt man so, daß man ein Gefäß (Erlenmeyerkolben) mit der benötigten Menge Agar befüllt, z. B. 500 ccm, den Meniskus an der Kolbenwand markiert und 5, 10 oder mehr (im Beispiel 25, 50 ccm) abgießt. Man sterilisiert den Agar in dem so geeichten Kolben, läßt ihn auf ca. 45° abkühlen und hält ihn im Wasserbade bei dieser Temperatur. Ist die Punktion des Blutspenders gelungen, so läßt man das Blut bis zum Markenstrich des Kolbens in den Agar hineinfließen. Daß diese Prozedur unter streng aseptischen Bedingungen zu erfolgen hat, ist selbstverständlich. Nachdem man durch vorsichtiges Schwenken des Kolbens eine gute Durchmischung von Blut und Agar erreicht hat, gießt man ihn in Platten in der vorher angegebenen Weise aus, oder füllt ihn wie den Ascitesagar in Schrägröhren ab. Die Schrägröhrchen müssen gleich ausgelegt und dürfen nicht sterilisiert werden.

Wo Blutspender nicht zur Verfügung stehen, benutzt man defibriniertes Blut. (Über Gewinnung s. dort.) Zu der abgemessenen, verflüssigten, auf 50° abgekühlten Agarmenge setzt man in der Regel 10% defibriniertes Blut mit der sterilen Pipette hinzu, und verfährt dann so, wie oben angegeben.

Blutagar nach Bieling zur Züchtung von Pneumokokken. 20 ccm dest. Wasser, 40 ccm defibriniertes Blut (Rinder-, Pferde- oder Hammelblut), 60 ccm 3proz. Nähragar PH 7,5. Das Aqua dest. wird im Autoklav oder Dampftopf sterilisiert, auf etwa 55° abgekühlt mit der angegebenen Menge des Blutes gemischt und dem gelösten auf 50—60° abgekühlten Agar zugesetzt. Nach vorsichtigem Durchschütteln gießt man Platten oder füllt unter den bei Ascitesagar angegebenen Bedingungen auf Röhrchen ab. Die Röhrchen dürfen nicht sterilisiert werden.

Blutagar nach Griffith für Pneumokokken. 25 ccm defibriniertes Pferde- oder Rinderblut, 0,5 ccm Chloroform, 25 ccm inaktives Pferdeserum, 500 ccm 2,5 proz. Nähragar PH 7,5. Das defibrinierte Blut wird in einem Erlenmeyerkölbchen mit dem Chloroform solange geschüttelt bis die Masse braun erscheint. Das Serum verteilt man in Reagensröhrchen und inaktiviert es 30 Min. bei 56° im Wasserbad.

Der Agar wird verflüssigt, auf 50—60° abgekühlt und mit dem Blut und dem Serum gemischt. Das Durchschütteln erfolgt langsam, damit Schaumbildung vermieden wird, dennoch muß auf gute Durchmischung geachtet werden.

Der Nährboden wird in Platten gegossen oder wie Ascitesschräg-agar in Röhrchen abgefüllt.

Blutröstplatte nach WETHMAR. Zur Züchtung von Influenza-bazillen, Meningokokken, Gonokokken usw.

Die gewöhnliche 10proz. Blutagarplatte (Herstellung s. ,,Blut-agar"), die 20 ccm Nährboden enthalten muß, also recht dick ge-gossen ist, wird 1½ Std. in den 60°-Schrank gestellt. Sie nimmt dabei einen burgunderroten Farbton, ähnlich der Pilonplatte, an. Bei längerem Rösten wird die Platte schokoladenbraun und ist nicht mehr transparent. Obwohl hierdurch das Bakterienwachstum nicht beeinträchtigt wird, ist dieser Farbton wegen der schlechten Durchsicht von Nachteil. Nach dem Röstprozeß ist die Platte sofort gebrauchsfähig und im Eisschrank aufbewahrt einige Tage haltbar.

Für Gonokokkenkulturen ist Menschenblut zweckmäßiger. Bei der Herstellung ist darauf zu achten, daß der Nährboden 10% Blut enthält und die Platte genügend dickschichtig gegossen ist, weil zu dünne Nährbodenschichten zu schnell austrocknen und dann schlechtes Wachstum ergeben. Zum Rösten können Blutplatten, die eine Woche und länger im Eisschrank gestanden haben, ver-wandt werden.

Die Röstdauer hängt von der Temperatur des Thermostaten ab. Bei 58° dauert der Prozeß etwa $1^3/_4$ Std., bei 62° etwa $1^1/_4$ Std. Um den richtigen Zeitpunkt abzupassen, muß man die Platten be-obachten.

Taubenblutagar nach PFEIFFER für Influenzabazillen. Mit einer Rekordspritze und einer sehr dünnen Kanüle entnimmt man aus der Flügelvene einer Taube unter vorangehender gründlicher Des-infektion mit Jodtinktur und Alkohol soviel Blut wie man für die benötigte Plattenzahl braucht.

Das Blut wird zu 2—4 Tropfen pro Platte auf die gebrauchs-fertigen erstarrten Agarplatten PH 7,5 verteilt. Die Platten müssen vor der Blutentnahme bereitstehen. Gleich nach der Verteilung wird das Blut mit der sterilen Platinöse oder mit dem ausgekochten Glasspatel auf der Oberfläche der Platte verrieben. Die so be-handelte Platte ist dann zum Beimpfen fertig. Für Fortzüchtung von Reinkulturen ist es angebracht, die Platten zwecks Sterilitäts-probe 24 Std. zu bebrüten.

Üppiges Wachstum erhält man, wenn man dem Agar, der auf 50° abgekühlt ist, ca. 5% durch Gefrieren und Wiederauftauen lackfarben gemachtes Blut zusetzt und davon Platten gießt. Bei Bedarf größerer Mengen Taubenblut ist Herzpunktion in Narkose (!) unter völligem Entbluten der Taube notwendig. Von einer Taube erhält man ca. 15 ccm Blut. Zur Not kann man auch Kaninchenblut verwenden, das man in kleineren Mengen aus der Ohrarterie (in der Mitte des Löffels liegend) mit der Rekordspritze entnimmt. Vorherige gründliche Desinfektion ist selbstverständlich.

Kochblutagar nach LEVINTHAL für Influenzabazillen usw. Der gewöhnliche Nähragar PH 7,5—7,6 wird aufgelöst und durch Zusatz von Bouillon mit gleichem PH-Wert soweit verdünnt, daß die gegossene Probeplatte beim Berühren der Nährbodenschicht mit dem Finger oder der Platinöse gerade noch die notwendige Mindestfestigkeit zeigt. Hierbei verfährt man so, daß man vier Platten aufstellt und je eine mit 8, 6, 4 und 2 ccm Bouillon beschickt. Die Menge der Bouillon wird dann mit 12, 14, 16, 18 ccm auf 20 ccm mit dem fraglichen fertigen Nähragar ergänzt, indem man zu der in der Petrischale befindlichen Bouillon den heißen, flüssigen Agar gibt und durch Schwenken mischt. Nach dem Erstarren prüft man in der oben angegebenen Weise die Festigkeit und verdünnt den Agar entsprechend dem Ergebnis. Wenn z. B. die Mischung 16 ccm Agar + 4 ccm Bouillon die notwendige Festigkeit zeigt, dann wäre der Agar im Verhältnis von 4 Teilen Agar zu 1 Teil Bouillon zu mischen. Die Verdünnung des Agars ist deshalb wichtig, weil die Bakterien auf dem Levinthalagar um so besser wachsen, je geringer die Agarkonzentration ist. Gewöhnlich hält man sich Kolben mit der richtigen Agarkonzentration vorrätig, um nicht jedesmal die Arbeit des Vorversuchs zu haben.

Der in der oben angegebenen Weise vorbereitete Agar wird in einem Kolben, durch dessen Wattestopfen ein Thermometer in den Agar hineinragt, sterilisiert, dann auf etwa 75° abgekühlt und mit Blut versetzt. Man kann dazu Vollblut aus der Vene des Blutspenders direkt in den Agar fließen lassen, oder auch defibriniertes Blut nehmen. Meistens kommt defibriniertes Tierblut (Pferde-, Rinder-, Hammel- oder Schweineblut) in Frage. Während man vom Vollblut 5% nimmt, wird vom defibrinierten Blut 8—10% zugesetzt. Das Blut läßt man aus einer sterilen Vollpipette unter dauerndem Schütteln in den Agar strömen. Das Blutagargemisch wird dann im Dampftopf erhitzt. Einen Kolben von 1 l setzt man etwa 5—8 Min., einen 2-l-Kolben 12—15 Min., einen 3-l-Kolben

15—20 Min. der Dampftopftemperatur aus. Besser ist es jedoch, die Erhitzung im Wasserbad bei Siedetemperatur vorzunehmen. Weil das Blutagargemisch ein sehr schlechter Wärmeleiter ist, kann man den Kolben so nach Belieben oft durchschütteln und an dem in den Agar hineinreichenden Thermometer die Temperatur jederzeit kontrollieren. Im Wasserbade hält man den Kolben so lange, bis nach gründlichem Durchschütteln das Thermometer 83—85° anzeigt, wozu man ungefähr die oben angegebenen Zeiten braucht. Häufiges Durchschütteln des Kolbens ist angebracht, damit alle Teile möglichst gleichmäßig erwärmt werden. Ein zu starkes Erhitzen ist zu vermeiden, weil dann der Nährboden qualitativ verschlechtert wird (s. unter Levinthalbouillon). Nach dem Kochen wird der Nährboden gleich in Platten vergossen oder filtriert. Die Platten vom unfiltriertem Levinthalagar sind undurchsichtig und mit Blutkoagula gemischt. Sie eignen sich aber zur Züchtung von Keuchhustenbazillen, Anaërobiern und Influenzabazillen besser als der filtrierte Nährboden. Der Nährboden ist der Durchsichtigkeit wegen für die meisten Zwecke zu filtrieren. Hierzu sterilisiert man zusammen mit dem Agar die notwendige Anzahl von Kolben, die mit Trichtern und Filtern versehen sind, genau so, wie sie zur Filtration von Agar gebraucht werden. Die Filtration muß bei einer Temperatur von 60—70° erfolgen, und kann im Dampftopf oder Trockensterilisator vorgenommen werden, und zwar unter Temperaturkontrolle, um Überhitzung zu vermeiden.

Der filtrierte Nährboden, der sich vom gewöhnlichen Agar kaum unterscheidet, wird in Platten vergossen oder unter sterilen Bedingungen, wie Ascitesagar zu Hochschicht- oder Schrägröhrchen abgefüllt. Die Hochröhrchen, die man gelegentlich zum Plattengießen verwendet, werden durch nur 3 Min. langes Einstellen in kochendes Wasser aufgelöst. Auch die Schrägröhrchen können einmal in dieser Weise gelöst werden.

Kartoffelglyzerinextrakt-Blutagar nach BORDET **für Keuchhustenbazillen.** 500 g Kartoffelstückchen, 5 g Glyzerin, 1000 ccm Aqua dest.

Gesunde Speisekartoffeln werden in warmem Wasser durch Abbürsten gereinigt, geschält und in Stückchen geschnitten, dann in angegebenem Verhältnis mit Aqua dest. und Glyzerin versetzt, zu Brei gekocht und dieser durch ein Tuch gesiebt. Man mischt jetzt:

1 Teil Kartoffelextrakt, 2 Teile Bouillon, 1 Teil einer 0,75 proz. Kochsalzlösung und gibt dazu 3—4% Fädenagar.

Die Masse wird im Kochtopf ½ Std. bei ½ at = 106—108° im Autoklav gekocht, auf pH 7,5 eingestellt, dann in Kolben oder Röhrchen abgefüllt und im Dampftopf sterilisiert.

Zum Gebrauch nimmt man 1 Teil des gelösten auf 60° abgekühlten Agars und mischt zu gleichen Teilen mit defibriniertem Blut, gießt davon Platten in der üblichen Weise. Vor dem Beimpfen bebrütet man die Platten zwecks Sterilitätsprobe 24 Std. im Brutschrank.

Kartoffelglyzerin-Blutagar nach Bordet-Gengou für Keuchhustenbazillen. 8 g Glyzerin in 400 ccm Aqua dest., 200 g Kartoffelstückchen.

Gesunde Kartoffeln werden nach gründlicher Reinigung geschält und in Stücke geschnitten, in dem angegebenen Mengenverhältnis dem Glyzerinwasser zugesetzt und die Masse in einem Kolben bei 115° 15 Min. im Autoklav gekocht, dann filtriert.

100 ccm dieses Filtrats werden mit 300 ccm einer 0,6 proz. Kochsalzlösung und 10 g Fädenagar versetzt und die Masse etwa 20—30 Min. im Dampftopf gelöst. Das Gemisch kann nach Einstellen auf pH 7,5 unfiltriert in Röhrchen zu je 8 ccm zum Plattengießen oder zu 3—4 ccm für Schrägröhrchen abgefüllt und im Dampftopf sterilisiert werden. Zum Gebrauch wird der Agar zu gleichen Teilen mit defibriniertem Blut versetzt. Es kann Kaninchenblut sein, besser ist Menschenblut. Man verfährt dabei so, daß man die Agarröhrchen löst, sie dann auf 40° im Wasserbad abkühlt, das defibrinierte Blut auf 40° erwärmt und die beiden Komponenten miteinander mischt und erstarren läßt.

Blutwasser-Agar für Keuchhustenbazillen und Pneumokokken. Steriles defibriniertes Blut wird zu gleichen Teilen mit sterilem Aqua dest. gemischt und dieses Gemisch auf 60° erwärmt. Dazu gibt man die gleiche Menge eines 3—4 proz. Nähragars PH 7,5, der auf diese Temperatur abgekühlt ist und, auf die Gesamtmenge berechnet, 2,5% Blutglyzerolat. (Blutglyzerolat s. Blut-Kaliumtellurit-Agar nach Clauberg.) Der steril gemischte Nährboden wird in Platten vergossen oder wie Ascitesagar in Schrägröhrchen abgefüllt. Nach der Mischung darf der Nährboden nicht mehr sterilisiert werden.

Pneumokokken und Keuchhustenbazillen wachsen gut, Streptokokken und Influenzabazillen nur spärlich.

Nähragar mit vitaminösen Reizstoffen.

Neuartige Nährbodenherstellung nach LEVINTHAL[1]. 1. Man braucht dazu zunächst eine Pufferlösung, hergestellt aus 8 pro milligem secund.

Natr. phosphat(Na_2HPO_4 8g in 1000 ccm Aqua dest. gelöst) und mit $\frac{n}{1}$ HCl auf PH 5,6—6,0 angesäuert.

2. Einen Pufferagar, der so hergestellt wird, daß man zu der Lösung 1 3% Fädenagar hinzusetzt, darin 1—2 Std. quellen läßt, dann im Dampftopf löst, vom gröbsten Bodensatz dekantiert und dann die PH-Zahl evtl. durch Korrektur auf genau die der Lösung 1 bringt (1 und 2 sind vorrätig zu halten).

Bei Herstellung dieses Nährbodens ist es zweckmäßig, Agar und Bouillon auf einmal fertig zu stellen.

Als Nährsubstanz bereitet man aus gemahlenem Fleisch folgende Brühe:

a) 100g gemahlenes Fleisch, fett- und sehnenfrei, 300 ccm Aqua dest., 15 ccm $\frac{n}{1}$-Sodalösung.

Nach dem Mischen und gründlichen Durchschütteln wird der Kolben mit der Masse 1—2 Std. bei 37 oder 60° gehalten.

b) Pankreatin absolut. Merck 0,5 gelöst bei 37° in ca. 20—30 ccm Aqua dest. und mit 2,5 ccm $\frac{n}{1}$ Na_2CO_3 versetzt.

c) a und b werden in einem Kolben oder einer Flasche mit eingeschliffenem Glasstöpsel gemischt, nach Zugabe von 10 ccm Chloroform gründlich durchgeschüttelt und mit Pergamentpapier tektiert (bei größeren Mengen etwa 2—3 l genügen 20—30 ccm $CHCl_3$).

Das Gemisch wird unter häufigem intensiven Durchschütteln 24 Std. bebrütet.

d) Vorprobe:

20 ccm des gleichmäßig durchmischten Breies und 20 ccm der Lösung 1 werden in einem Kölbchen gemischt, über der Flamme aufgekocht und 1 Min. im Kochen gehalten. Dann sofort kochendheiß durch ein kleines Papierfilter unter Umständen mehrmals bis zum Klarwerden filtriert. Das Filtrat muß wasserklar sein und darf höchstens etwas opaleszent ablaufen. Nach dem Abkühlen stellt man das Filtrat auf PH 7,1 ein, merkt sich dabei gleichzeitig welche Menge n Na_2CO_3 bzw. n HCl notwendig waren, um die Zahlen bei der weiteren Verarbeitung verwenden zu können.

Die Essigsäurekochprobe muß einen starken Eiweißniederschlag des Filtrats ergeben. Nach Sedimentation muß der Niederschlag ca. ½—⅓ der Flüssigkeitshöhe ausmachen.

Schließlich kann der Rest der Vorprobe zur Ermittlung der n Na_2CO_3-Menge benutzt werden, die zur Einstellung des fertigen Nährbodens auf PH 7,5 oder 7,8 benötigt wird.

e) Die Lösung 2 (Pufferagar) wird im Dampftopf verflüssigt und auf 70—80° abgekühlt, dann mit dem gleichmäßig durchmischten Fleischbrei in

---

[1] Zentrbl. f. Bakt. Bd. 121 Orig. S. 513.

einem Kochtopf zu gleichen Teilen gemischt und über großer Flamme rasch zum Kochen gebracht, dann 1 Min. im Kochen gehalten. Von dem gewonnenen Fleischkuchen wird die flüssige Masse in einen Kolben dekantiert, der leicht getrübte Extrakt noch einmal zum Aufkochen gebracht, dann erfolgt sofortige Filtration durch sterile Papierfilter wie bei Kochblutagar nach LEVINTHAL. Die 1. Portion wird zweimal filtriert. Das Filtrat wird mit der durch die Vorprobe errechneten Sodamenge auf die erwünschte PH-Zahl gebracht, dann noch einmal aufgekocht, am besten in Einzelportionen zu ¼ l und falls geringste Opasleszenz auftritt noch einmal durch das alte Filter gegossen.

Der fertige Agar soll auch in großen Kolben absolut wasserklar sein und nur in dicker Schicht etwas gelblich erscheinen, in Reagensröhrchen völlig farblos, erst nach dem Erstarren leichte Opasleszenz zeigen.

Der fertige Nährboden kann im Wasserbade einige Minuten zwecks Nachsterilisation gekocht und in Platten vergossen werden oder er wird in hoch bzw. Schrägröhrchen abgefüllt, die an drei aufeinander folgenden Tagen je 10 Minuten im Dampftopf oder 3 Min. im siedenden Wasser sterilisiert werden.

Die Bouillonbereitung erfolgt genau so wie die des Agars, nur wird zu dem Fleischgemisch statt Lösung 2 Lösung 1 (Puffergemisch) genommen. Die zweite Filtration nach dem Alkalisieren und Aufkochen in Einzelportionen zu ¼ l, die auch so heiß wie möglich zu erfolgen hat, kann, wenn die Bouillon nicht schnell und wasserklar abläuft, durch das für den Agar (e) benutzte Filter geschehen, nachdem dieses mit kochendem Aqua dest. durchgespült ist. Nach dem Abfüllen in Kölbchen oder Röhrchen erfolgt Sterilisation an drei aufeinander folgenden Tagen im kochenden Wasser oder Dampftopf. Eine dabei evtl. auftretende Opaleszenz schwindet nach dem Abkühlen.

Durch die Na_2CO_3- und HCl-Zugabe enthält der Nährboden etwa 0,6 $^0/_{00}$ NaCl (etwa $^1/_9$—$^1/_8$ der sonst üblichen Menge) weitere NaCl-Zugabe verbessert den Nährboden nicht.

Der Nährboden enthält den V-Körper, das Hämatinderivat X höchstens in Spuren. Wo beides für eine Bakterienart notwendig ist, kann kristallinisches Hämoglobin in wässriger Lösung zugesetzt werden, eine Konzentration von 1:50 000 ist ausreichend.

Der Nährboden eignet sich zur Züchtung von anspruchsvollen Bakterien, für Pneumokokken ist ein Zusatz von 5% Blut angebracht.

Durch die tryptische Verdauung ist ein Teil der Albumine bis zu den Aminosäuren abgebaut, die Bouillon enthält daher Tryptophan und dieses kann von den Indolbildnern in Alanin und Indol gespalten werden. Die Indolprobe ist daher nach 24stündiger Bebrütung positiv. Als bestes Reagens bewährte sich:

Das Ehrlichsche Indolreagens. 4 g p-Dimethylamidobenzaldehyd, 380 ccm Alkohol 96proz., 80 ccm konz. Salzsäure.

Der Nährboden ist für viele Zwecke brauchbar, wegen der Kompliziertheit seiner Herstellung findet er aber nur für Spezialzwecke Verwendung.

Oleathämoglobinagar nach AVERY für Influenzabazillen. 1%

defibriniertes Blut, 5% einer 2proz. Natriumoleatlösung, 94% Nähragar PH 7,5.

2 g neutrales Natr. oleinicum werden in 100 ccm Aqua dest. gelöst, die Lösung wird 20 Min. bei ½ at im Autoklav sterilisiert.

Defibriniertes Kaninchen- oder Pferdeblut wird in dem angegebenen Mengenverhältnis mit der Natriumoleatlösung heiß gemischt und die Mischung dem gelösten heißen Agar zugesetzt. Die Masse wird unter Vermeidung von Schaumbildung durchgeschüttelt und in Platten gegossen.

Influenzabazillen wachsen ungehindert, während Streptokokken und Pneumokokken vollständig gehemmt werden.

Hämoglobinagar für Pneumokokken, Rotlaufbazillen usw. 10 g Hämoglobin Merck, 3,5 ccm 10proz. Kalilauge, 90 ccm Aqua dest., 700 ccm Nähragar PH 7,5.

Zunächst stellt man die Hämoglobinstammlösung her. In einem Becherglas wird Aqua dest. und Hämoglobin bis zur Lösung des letzteren verrührt, dann fügt man die Kalilauge hinzu, rührt noch einmal durch, schüttet den Inhalt des Becherglases in einen Kolben und sterilisiert 30—45 Min. im Dampftopf.

Inzwischen löst man den Agar auf und mischt 30 ccm Hämoglobinstammlösung mit 210 ccm Nähragar. Das Gemisch wird zu Platten vergossen, oder in Schrägröhrchen abgefüllt, die durch kurzes Einstellen ins Wasserbad sterilisiert werden können.

Hämoglobinstammlösung ist bei häufigem Gebrauch des Nährbodens fertig vorrätig zu halten.

Karbol-Blutagar-Platten zur Hemmung der Proteusbazillen. 4ccm einer 5proz. Karbolkochsalzlösung, 10ccm defibriniertes Blut, 100ccm Nähragar PH 7,5.

Die Karbolsäurelösung stellt man her: In 100 ccm 0,85 proz. NaCl-Lösung wird 5g kristallisierte Karbolsäure unter Erwärmen gelöst. (Die Karbolsäure wird durch Einstellen der Vorratsflasche in warmes Wasser, das man langsam weiter erhitzt, verflüssigt. Unter die Flasche ist ein Lappen oder Wattebausch zu legen, um ein Springen derselben zu vermeiden.) Der gelöste Nährgar ist auf 50—60° abzukühlen, in dem angegebenen Teilverhältnis mit der Karbolsäure und dem Blut zu mischen und dann in Platten zu vergießen.

Häufig stellt es sich heraus, daß die hemmende Wirkung der Karbolsäure zu stark oder zu schwach ist; in diesem Fall muß eine Plattenserie mit verschiedenen Phenolkonzentrationen hergestellt werden. Man gibt dann in je eine Platte 0,5, 0,6, 0,7, 0,8, 0,9 und 1,0 ccm der 5proz. Karbolsäure und dazu je 20 ccm des 10proz. Blutagars.

Methylviolett-Traubenzuckeragar zur Differenzierung von Kokken und Stäbchen. Man stellt zuerst die Methylviolettlösung her, indem man 0,2 g Methylviolett B, 2 ccm Eisessig, 1 g Traubenzucker, 50 ccm Aqua dest. mischt.

Durch kurzes Aufkochen ist die Lösung sterilisiert und lange Zeit haltbar.

100 ccm Agar PH 7,5 mit 2% Traubenzucker werden gelöst, mit 0,5 ccm der Methylviolettlösung versetzt und in Platten vergossen. Nach 24 stünd. Bebrütungsdauer der beimpften Platten sind die Stäbchen gut gewachsen, während die Kokken gehemmt werden.

Es empfiehlt sich mehrere Platten zu beimpfen.

Lackmus-Zucker-Ascitesagar nach v. LINGELSHEIM zur Differenzierung von gramnegativen Kokken. Je 1 g Maltose, Dextrose und Lävulose werden, jede Zuckerart für sich, in Kölbchen mit je 10 ccm Aqua dest. durch kurzes Aufkochen gelöst. In drei weitere Kölbchen füllt man je 10 ccm Lackmuslösung und kocht diese ebenfalls kurz auf. Dann beschickt man drei Kölbchen mit je 55 ccm 3 proz. Nähragar. Die Kölbchen mit den einzelnen Medien werden im Dampftopf sterilisiert. Die Zuckerlösung und die Lackmuslösung sterilisiert man je 15 Min., den Agar 30—45 Min. Nachdem die Kölbchen auf 50—60° abgekühlt sind, gibt man zu jedem Agarkölbchen eine der Zuckerlösungen, die Lackmuslösung und 25 ccm Ascitesflüssigkeit, gießt Platten oder füllt unter sterilen Bedingungen (wie bei „Ascitesagar") zu Schrägröhrchen ab. Um das Austrocknen der Schrägröhrchen zu verhüten, taucht man die Wattestopfen in kochendes Paraffin. durum ein und verschließt damit die Röhrchen.

Daß die Kölbchen mit den Zuckerarten entsprechend bezeichnet werden müssen und ebenso auf den Platten bzw. Röhrchen die Zuckerart bezeichnet werden muß, ist selbstverständlich.

Nach Beimpfung und 24 stündiger Bebrütung röten Meningokokken: Maltose und Dextrose; Gonokokken: Dextrose; Mikrococcus catarrhalis rötet nichts. Diplococcus pharing. sicc. rötet alle drei Zuckerarten. Micrococcus pharing. cinereum rötet keine der Zuckerarten. Micrococcus cin. flav. nicht deutlich Maltose und Dextrose.

N.B.: Die getrennte Sterilisation von Zucker-Lackmuslösung und Agar ist angebracht, weil sonst Reduktionen eintreten, die das Wachstum und den Farbumschlag hemmen. Die Menge der Lackmuslösung kann so von sonst 15 auf 10% herabgesetzt werden, was die wachstumshemmende Wirkung derselben herabsetzt.

Zitronensäure-Ascites-Agar nach Thoma für Gonokokken. Ascitesagar mit einem Asciteszusatz von 30—50% bekommt einen Zusatz von 0,4% n-Zitronensäure.

Die Zitronensäure wird 10—20 Min. im Dampftopf sterilisiert. Der Agar muß einen PH-Wert von 7,6—7,8 haben. Der Nährboden wird wie der gewöhnliche Ascitesagar in Platten vergossen oder in Schrägröhrchen abgefüllt.

Milchsäure-Ascitesagar nach Lorentz für Gonokokken. 500 g gemahlenes Pferdemuskelfleisch wird mit 500 ccm Aqua dest. übergossen und 24 Std. im Eisschrank extrahiert, dann durch ein Tuch gepreßt und dem Preßsaft pro Liter 5 g NaCl und 10 g Pepton zugegeben. Dann wird 1 Std. im Dampftopf erhitzt, filtriert und mit 10 g Nutrose und 30 g Agar-Agar versetzt. Die Masse wird 2 Std. im Dampftopf gekocht und vom Bodensatz dekantiert; die Reaktion ist schwach sauer. 3 Teile des sterilen auf 60° abgekühlten Agars werden mit einem Teil Ascitesflüssigkeit, deren Eiweißgehalt 3% betragen soll, gemischt und je 100 ccm dieser Mischung mit 2 ccm einer 1proz. sterilen Milchsäure versetzt, dann zu Platten oder in der für Ascites-Agar üblichen Weise in Schrägröhrchen abgefüllt.

Lipoidhaltiger Nährboden nach Suranyi für Gonokokken, Pneumo-, Strepto- und Meningokokken. Zuerst stellt man Eigelbwasser nach Besredka her: In 150 ccm Aqua dest. wird ein Eigelb verrührt und die Mischung durch Zusatz von $\frac{n}{10}$ NaOH auf PH 7,8 gebracht. Dann setzt man Aqua dest. bis zu einer Gesamtmenge von 350 ccm hinzu und sterilisiert 20 Min. bei 110° im Autoklav. Hiervon gibt man 1 Teil zu 2 Teilen Bouillon, oder (für feste Nährböden) 1 Teil zu 2 Teilen 4proz. Agar PH 7,8, der 2% Pepton und 1% Kochsalz enthält. Der Nährboden kann kurze Zeit im Dampftopf sterilisiert werden und zeitigt auch ohne Zusatz von menschlichem nativen Eiweiß Wachstum der genannten Bakterien.

Eiereiweißnährboden nach Lipschütz für Gonokokken. Das Weiße eines Hühnereis wird im Meßzylinder aufgefangen und mit 98 Vol-Teilen Leitungswasser verdünnt. Dann setzt man pro 100 ccm der Lösung 20 ccm einer $\frac{n}{10}$-Lauge (NaOH, KOH oder

Na$_2$CO$_3$) hinzu und läßt die Lösung in einem Kolben unter häufigem Durchschütteln 30 Min. bei Zimmertemperatur stehen. Nach Filtration durch ein Faltenfilter kann die Lösung in Erlenmeyerkölbchen zu 30—50 ccm abgefüllt und im Dampftopf oder durch mehrmaliges Aufkochen auf offener Flamme sterilisiert werden. Als flüssiger Gonokokkennährboden kann die Lösung ohne weiteres Verwendung finden. Zur Herstellung eines festen Nährbodens mischt man 1 Teil der Eiweißlösung mit 2 Teilen eines 3 proz. Nähragars mit 2% Pepton. Der Nährboden ist klar und kann im Dampftopf sterilisiert werden.

Tapiokaagar nach Pavel **für Gonokokken, Meningokokken usw.** Tapiokamehl im Verhältnis von 10 g zu 1000 ccm Fleischwasser wird mit dem letzteren durchgeschüttelt und 24 Std. stehen gelassen; dann erfolgt Zugabe von 2% Agar, 2% Pepton, 0,5% Kochsalz und das übliche Verfahren der Nähragarherstellung. Das Wachstum der Keime kann durch Zugabe von Ascitesflüssigkeit bzw. Serum verbessert werden.

Schweineserum-Nutroseagar nach v. Wassermann. 15 ccm möglichst hämoglobinfreies Schweineserum, 30—35 ccm Wasser, 2—3 ccm Glyzerin, 0,8—0,9 g Nutrose (Kaseinnatriumphosphat).

Die Masse wird in einem Kölbchen kräftig durchgeschüttelt und unter stetem Schütteln auf der Flamme zum Kochen gebracht. Beim Kochen klärt sich die trübe Flüssigkeit auf und kann nun im Dampftopf beliebig lange sterilisiert werden. Die Lösung ist unbegrenzt haltbar. Zur Herstellung von Agarnährböden mischt man die Lösung 1:1 mit 3 proz. Agar, der 2% Pepton enthält. Die Serumnutroselösung kann mit dem Agar zusammen sterilisiert werden.

Der Nährboden eignet sich für anspruchsvolle Bakterien, es wachsen auch Meningokokken, häufig auch Gonokokken darauf.

Spezialnährboden für den Ducreyschen Streptobazillus nach Lenght. 20 g fein zerkleinerte Menschenhaut, 50 ccm Aqua dest., 1 g Pepsin, 1—3 Tropfen Salzsäure.

Die Masse wird in einem Kölbchen durchgeschüttelt und bis zur völligen Verdauung (einige Stunden) bei 40—45° gehalten. Bei der Herstellung von Agarnährböden nimmt man zum Fleischwasseragar 2% des so gewonnenen Peptons, die Agarherstellung erfolgt in der üblichen Weise. Vor dem Beimpfen wird die Oberfläche des Agars mit einigen Tropfen Menschenblut bestrichen, genau wie beim Pfeifferschen Taubenblutagar.

Blutagar nach BESANÇON, GRIFFIN **und** LA SOURD. Spezialnährboden für den Ducreyschen Streptobazillus. 2 Teile des gewöhnlichen, auf 50° abgekühlten Nähragars werden mit 1 Teil Kaninchen-, Menschen- oder Hundeblut gemischt, indem man das Vollblut unmittelbar aus der Kanüle in den Nährboden fließen läßt. Der Blutagar wird dann wie üblich in Platten vergossen, oder zu Schrägröhrchen abgefüllt.

Amnionagar für Bac. abortus Bangkulturen. 100 ccm Amnionflüssigkeit (s. auch Amnionbouillon), 0,5 g Traubenzucker, 0,5 g Glyzerin, 400 ccm Nähragar PH 7,5.

Der Traubenzucker wird mit Aqua dest. durch kurzes Aufkochen gelöst, zusammen mit dem Glyzerin und der Amnionflüssigkeit dem Agar zugesetzt. Nach dem Durchmischen kann der Agar in Röhrchen abgefüllt, oder nach kurzer Sterilisation in Platten vergossen werden. Die Röhrchen können 30—45 Min. im Dampftopf sterilisiert werden.

Viktoriablaunährböden nach HAUPTMANN. Zur Elektivzüchtung von Bangbakterien aus Blut. 1 Teil Zitratblut vom Patienten, 5 Teile Leberbouillon (Tarozzibouillon ohne Leber), 0,1 Teil Viktoriablaulösung 4 R (Grübler): 0,03 g in 10 ccm sterilem Aqua dest. unter schwachem Erwärmen gelöst.

Die drei Teile werden in einem Kölbchen gemischt und in einem Spezialapparat bebrütet.

Der Apparat besteht aus einem 2 l fassenden Glasgefäß (Konservenglas mit luftdicht schließendem Schraubendeckel), der zwei Tubusse zur Aufnahme für Gummistopfen hat. Durch den einen Gummistopfen ist ein kleiner Glastrichter mit Hahn, durch den andern ein einfacher Glashahn in das Innere des Gefäßes geleitet.

Nachdem die Mischung des Blutes mit Bouillon usw. erfolgt ist, gibt man in den Apparat eine beliebige Menge Natriumbikarbonat hinein, setzt dann den Kolben dazu und bringt den Deckel an. Durch den Glastrichter läßt man 4 ccm normale Schwefelsäure zu dem $NaHCO_3$ hinzu. Durch den geöffneten zweiten Hahn entweicht die durch das sich bildende CO_2 verdrängte Luft. Nach Verschluß der Hähne erfolgt Bebrütung. Nach 3, 6, 9 und 12 Tagen erfolgt Ausstrich auf je zwei Röhrchen 3proz. Glyzerinagar. Das eine Röhrchen ist unter CO_2-Atmosphäre, das andere unter Luftzutritt zu bebrüten. Bangkolonien wachsen farblos bzw. schwachgelb,

andere Bakterien (Kokken usw.) werden durch das Viktoriablau
gehemmt.

Glyzerinagar PH 7,5. Zum gewöhnlichen Nähragar setzt man
2% Glyzerin hinzu, sterilisiert noch einmal und gießt Platten oder
man füllt den Glyzerinagar in Röhrchen ab, die dann wie die
gewöhnlichen Agarröhrchen sterilisiert werden.

Der Glyzerinzusatz begünstigt das Wachstum einiger Keimarten, z. B. Rotz, Aktinomyces usw.

Milchagar nach EIJKMAN **zur Differenzierung peptonisierender
Bakterien.** Sterile Magermilch (Sterilisation der Milch s. u. Diffe-
renzialnährböden für Streptokokken nach WIRTH) wird zu gleichen
Teilen mit verflüssigtem 3proz. Nähragar gemischt. 20 Min. im
Dampftopf nachsterilisiert und in Platten vergossen. Die Platten
sind weiß, undurchsichtig. Die Kolonien der peptonisierenden
Bakterien („Gelatineverflüssiger") wachsen mit einem hellen Hof,
ähnlich den hämolysierenden Streptokokken auf der Blutplatte.

Blutwasseroptochin-Differenzial-Agar (siehe auch Optochin-
bouillon). 0,1 g Optochinhydrochlor, 10 ccm Aqua dest.

Das Optochin wird mit dem H_2O aufgekocht, es ist nur drei
Tage haltbar.

1 ccm dieser Optochinlösung wird 150 ccm eines 2,5proz. auf
60° abgekühlten Agars von pH 7,5 zugesetzt. Den Optochinagar
mischt man mit Pferdeblutwasser, das man folgendermaßen herstellt: 60 ccm defibriniertes Pferdeblut wird mit 90 ccm sterilem
Aqua dest. verdünnt; das Gemisch wird 1 Std. bei 60° gehalten
und dann nach vorsichtiger Vereinigung mit dem Agar zu Platten
gegossen.

Dahlia-Differenzial-Agar. 90 ccm Nähragar PH 7,5, 10 ccm Serum, 1 ccm
einer 1proz. Dahlialösung.

Der Nähragar wird auf 50—60° abgekühlt, erhält den Serum-, dann den
Dahliazusatz und wird in Platten vergossen. Auf dem Nährboden werden
bestimmte Stäbchenarten gehemmt, die Kokken hierdurch indirekt gefördert.

Blutagar mit Staphylokokkenzusatz nach SAVINI. Die Abschwemmung
von 2—3 Schrägagarkulturen von Staphylococcus pyogenes aureus wird bei
60° im Wasserbad abgetötet und mit 5—8 ccm sterilen Glyzerin gemischt.
Hierzu kommen 3—4 ccm steril entnommenen Blutes, mit dem die gly-
zerinierte Staphylokokkenaufschwemmung bis zur völligen Gerinnung geschüttelt wird. Das Gemisch wird 5 Std. bei 56—58° gehalten. In dieser
Zeit wird der Wattestopfen nur locker aufgesetzt, damit ausgiebige Verdunstung eintreten kann. Die Stammlösung ist im Eisschrank längere Zeit
haltbar.

Zum Gebrauch gibt man ein Teil Stammlösung zu 9 Teilen Agar und gießt Platten oder stellt Schrägröhrchen her. Der Agar muß auf 50—60° abgekühlt sein. Es genügt unter Umständen eine Zugabe von einem Tropfen der Stammlösung zum Kondenswasser eines gewöhnlichen Schrägagar-Röhrchens.

Auch eine Zugabe von 2—3 Tropfen der Stammlösung zum Bouillon-Röhrchen schafft gute Wachstumsbedingungen.

Der Nährboden eignet sich vorwiegend zur Züchtung von Influenza-bazillen.

Hirnagar nach Pelouze und Viteri. 500 g Kalbshirn werden durch ein weitmaschiges Sieb getrieben, mit 500 ccm Aqua dest. verrieben und 24 Std. im Eisschrank aufgehoben. Die Masse wird mehrmals durch Watte filtriert. Dem trüben Filtrat setzt man 0,5% Natriumphosphat und 1% Pepton zu, sterilisiert es im Auto-klav und hebt es als Stammlösung auf.

Zur Agarherstellung verwendet man 1 Teil der Hirnstamm-lösung gemischt mit 3 Teilen Nähragar, den man aus Kalbfleisch-abkochung (s. Fleischsaft) unter Zusatz von 1% Pepton, 0,5% NaCl und 2,5% Fadenagar in der üblichen Weise herstellt. Der Nähr-boden wird auf PH 7,8 eingestellt. Durch die Sterilisation geht die PH-Zahl meistens auf 7,6 zurück.

Der Nährboden ist in erster Linie für Gonokokkenkulturen ge-eignet. Für die Erstzüchtung ist ein Zusatz von 10—20% Ascites-flüssigkeit empfehlenswert.

d) Agarnährböden zur Züchtung von Spirochäten.

Serumagar nach Mühlens zur Züchtung der Spirochäta pallida. 2 Teile Nähragar PH 7,0—7,1 werden mit einem Teil inaktiviertem, sterilem, klarem Pferdeserum gemischt und in hoher Schicht in Reagensröhrchen abgefüllt. Die Röhrchen werden bei 45° gehalten, nach dem Beimpfen rasch abgekühlt und dann bebrütet.

Ascitesagar nach Noguchi. 2 Teile Nähragar PH 7,2—7,4, 1 Teil gallefreie Ascitesflüssigkeit.

Der Nährboden wird in Röhrchen zu etwa 15 ccm abgefüllt, jedem Röhrchen wird ein Stückchen Kaninchenniere oder -hoden zugegeben. Da der Nährboden nach dem Abfüllen nicht mehr sterilisiert werden darf, ist steriles Arbeiten Vorbedingung.

Die Beimpfung erfolgt in den auf 40—42° abgekühlten Nähr-boden, der dann rasch zum Erstarren gebracht und mit sterilem Paraffinum liquidum überschichtet wird.

Der Nährboden eignet sich zur Züchtung der Spirochäte pallida, obermeieri, gallinarum und icterogenes.

Pferdeplasmaagar nach Fukushima zur Züchtung der Spirochäte icterogenes. 0,1 g Kalziumchlorid, 0,1 g Zitronensäure, 0,5 ccm einer 1 proz. NaOH-Lösung, 100 ccm Leitungswasser.

Die Lösung wird 1 Std. im Dampftopf sterilisiert und ihr 0,3 g Saccharose in wenig Aqua dest. unter Aufkochen gelöst, zugesetzt.

Zu 3 Teilen dieser Lösung setzt man 1 Teil Pferdeplasma. Diese Mischung wird 1 Std. bei 56° gehalten und auf Reagensröhrchen verteilt. In jedes Röhrchen gibt man 1 Tropfen normales Meerschweinchenblut und läßt sie 24 Std. stehen.

Am nächsten Tage stellt man eine 3 proz. wäßrige Agarlösung (ohne Bouillon und ohne Pepton) her, mischt die in den Röhrchen abgestandene Flüssigkeit im Verhältnis von 1:5 bis 1:4 mit dem Agar und stellt Platten her.

e) Agarnährböden für Anaërobier.

Plattenverfahren nach Fortner. 35—50 ccm Vollblut, 450 ccm Nähragar PH 7,5.

Man löst den Nähragar auf und sterilisiert gleichzeitig einen hohen Meßzylinder. Nachdem der Agar auf 50—60° abgekühlt ist, stellt man ihn ins Wasserbad von dieser Temperatur, entnimmt durch Punktion der Halsvene beim Schaf, oder durch Herzpunktion beim Kaninchen (Narkose!) Blut und läßt dieses in den Meßzylinder einfließen. Dann gießt man den Agar an der Innenwand des Zylinders im kräftigen Strahl dazu. Dabei vermischt sich der Agar mit dem Blut zu einer homogenen gußfertigen Flüssigkeit. Luftblasenbildung ist zu vermeiden. Der Blutagar wird sogleich zu Platten vergossen.

Falsch wäre es, das Blut in ein Gefäß aufzufangen und dann auf den Agar zu gießen, weil dann die Durchmischung schwieriger ist.

Bei einiger Übung kann man das Blut sofort aus der Punktionskanüle an der Innenwand des Agarkolbens in diesen einfließen lassen. Die Durchmischung erfolgt dann durch mehrmaliges Hin- und Herneigen des Mischgefäßes, das vorher zwecks Dosierung des Blutes durch einen Strich zu eichen ist, z.B. so, daß man einen 500 ccm-Erlenmeyerkolben mit 500 ccm Wasser befüllt, den Meniskus anzeichnet, nach dem Entleeren des Kolbens 450 ccm Agar hineingibt, sterilisiert und nach dem Abkühlen bis zur Marke Blut einfließen läßt.

Wesentlich ist es, daß die gegossenen Platten vor dem Beimpfen erst 24 Std. bei 37° gehalten werden. Etwaige Kolonien von Luft-keimen u. dgl. werden vor dem Beimpfen herausgeschnitten.

Aus der Nährbodenschicht wird dann mit einem sterilen Messer oder mit der Drahtschlinge ein durch das Zentrum der Platte ver-laufender etwa 5 mm breiter Streifen herausgeschnitten, die Platte somit in zwei Teile geteilt. Die eine Hälfte wird mit einem fakul-tativen Anaërobier als Sauerstoffzehrer beimpft; als solcher eignet sich sehr gut das bact. prodigiosum (dick aufgetragen). Die zweite Hälfte beimpft man mit dem zu kultuvierenden Anaërobier. Die Petrischale wird mit der offenen Seite auf eine Glasplatte gelegt und mit Plastilin abgedichtet.

Für dieses Verfahren wählt man flache, nicht über 1 cm tiefe Petrischalen.

Wo man mit dem Blutagar sparen muß, kann man für die Hälfte, die mit dem Sauerstoffzehrer beimpft wird, einfachen Agar ver-wenden; es werden hierfür durch eine Glaswand geteilte Petri-schalen geliefert. Wo diese nicht vorhanden sind, gießt man die Platten in der üblichen Weise mit Agar, nach dem Erstarren wird die eine Hälfte mit einem sterilen Messer herausgeschnitten. Dieser Agar kann nach Sterilisation wieder Verwendung finden. Die leer gewordene Hälfte wird dann mit Blutagar ausgegossen. Nach dem Erstarren behandelt man die Platte so wie oben angegeben.

Nach einem anderen Verfahren gießt man eine gleiche Anzahl von Blutplatten und Agarplatten. Nach 24 Std. Vorbebrüten wer-den die Agarplatten mit dem Sauerstoffzehrer, die Blutagarplatten mit dem Anaërobier beimpft. Dann setzt man die offene Seite der Blutplatte auf die der Agarplatte und dichtet mit einem Plastilin-ring ab. In gleicher Anordnung kann in die leere untere Schale Pyrogallol-Kalilauge oder Pyrogallol-Sodalösung als Sauerstoff-zehrer gegeben werden.

Menschenblut-Traubenzuckeragar nach Zeiszler. Zu 80 ccm Nähragar PH 7,5 gibt man 2% Traubenzucker, indem man diesen mit einer kleinen Menge Aqua dest. aufkocht, dem Agar hinzusetzt und nach kurzer Nachsterilisation auf 50—60° abkühlt. Dem ab-gekühlten Agar setzt man 20 ccm Menschenblut hinzu. (Es kann Vollblut oder auch defibriniertes Blut sein.) Nach Durchmischung vergießt man die Masse in Platten.

Die Zeißler-Platten müssen vor der Beimpfung 2—3 Tage bei Zimmertemperatur gehalten werden, nach Einstellen der Platten in den Kulturapparat wird dieser durch eine Ölpumpe ausgepumpt. Auch das Vakuum der Wasserstrahlpumpe ist ausreichend, wenn kurz vor dem Verschließen eine frisch hergestellte Mischung von Pyrogallussäure und Kalilauge in den Apparat gegeben werden. Pro 100 ccm Luftraum braucht man 0,5 g Pyrogallussäure und 6 g KOH, die man in Form einer 30proz. Lösung hinzusetzt. Stets ist das Vakuum mit einem Manometer zu messen.

Es ist angebracht in den Apparat eine Petrischale mit Wasser hineinzustellen, weil sonst die Kalilauge dem Nährboden zuviel Wasser entzieht.

Sauerstoffindikator. Um die Sauerstoffverhältnisse im Anaërobenapparat zu kontrollieren, kann man sich folgenden Indikator herstellen: 4,2 ccm einer 10proz. Traubenzuckerlösung in Aqua dest., 0,1 ccm Normalnatronlauge, 0,1 ccm einer Lösung von 0,05 g Methylenblau Höchst in 30 ccm Aqua dest.

Traubenzucker und Methylenblau werden unter leichter Erwärmung gelöst. Nach dem Erkalten wird gemischt und in die Mischung hydrophile Gaze eingetaucht, die in den Luftraum des Anaërobenapparates gelegt wird. In sauerstofffreier Atmosphäre wird die Gaze weiß, sie bläut wieder, wenn Sauerstoff hinzutritt.

Platten von unfiltriertem Levinthalagar. Für das Fortner-Verfahren eignen sich auch Platten aus unfiltriertem Levinthalagar. Herstellung s. dort. Die Platten werden nach 24stünd. Vorbebrütung in der gleichen Weise wie die Fortnerplatten behandelt.

Nährboden für anaërobe Stichkulturen zur Fortzüchtung von Anaërobiern. Fleischdekoktagar aus 500 g fett- und sehnenfreiem Rind- oder besser Kalbfleisch (s. Herstellung von Fleischsaft) mit 1% Pepton, 0,5% NaCl, 1% Agar in der üblichen Weise gekocht, filtriert und auf PH 7,5 eingestellt) wird auf Röhrchen in hoher Schicht abgefüllt und 1 Std. im Dampftopf sterilisiert. Vor dem Gebrauch werden die Röhrchen zur Austreibung von aufgenommenem O_2 im Wasserbad verflüssigt und in kaltem Wasser zum Erstarren gebracht. Die Beimpfung erfolgt durch tiefen Einstich in den Agar bis zum Boden des Röhrchens. Nach dem Einstich kann Paraffinum liquidum oder Vaselineüberschichtung erfolgen.

Hirnagar für anaërobe Stichkulturen. 500 g Rinderhirn, 500 ccm Wasser, 10 g Agar, 10 g Pepton.

Das Hirn wird von den Häuten befreit, durch den Fleischwolf getrieben und nach Zusatz von Wasser, Agar und Pepton gekocht und in der für Nähragar üblichen Weise filtriert. Nach Einstellung auf PH 7,2 kann der Nährboden als Hochschichtagar in Röhrchen abgefüllt und 1 Std. im Dampftopf sterilisiert werden.

Nach längerem Aufbewahren ist auch dieser Nährboden vor Gebrauch im Wasserbad aufzulösen und dann rasch abzukühlen. Nach Beimpfung kann Vaseline- oder Paraffinölabdichtung erfolgen.

Reduzierende Zusätze zu den Agarnährböden für anaërobe Kulturen. Zur Bindung von Sauerstoffspuren kann man dem Nähragar 1—2% Traubenzucker zusetzen. Für Stichkulturen ist der Traubenzucker jedoch insofern störend, als er von manchen Stämmen vergoren wird. Durch die Gase bilden sich im Agar entweder größere Risse oder der Agar wird in einzelnen Stücken aus den Röhrchen herausgetrieben.

Von anderen Sauerstoff-„Akzeptoren" können hinzugesetzt werden:

0,1% Indigodisulfonsaures Natrium; es färbt den Nährboden blau, wird beim Wachstum von Bakterien meistens durch Reduktion entfärbt, oder 0,3—0,5% ameisensaures Natrium.

Die Salze werden in Aqua dest. heiß gelöst und vor dem Abfüllen mit dem Agar gemischt.

Leberagar nach Huddleson. 500 g Rindsleber, 10 g Pepton, 5 g NaCl, 25 g Fadenagar, 100 g Traubenzucker, 10 g Glyzerin.

500 g Rinderleber, frei von Fett, werden klein geschnitten, mit 1 l Leitungswasser unter häufigem Rühren 2 Stdt. im Dampftopf erhitzt, dann abfiltriert. Das Filtrat wird mit Wasser auf 1 l aufgefüllt, das Pepton, Kochsalz und der Agar zugegeben. Nach 1½—2stünd. Erhitzung im Dampftopf wird filtriert und auf PH 7,2 eingestellt. Dann gibt man Traubenzucker und Glyzerin, in wenig Aqua dest. unter Aufkochen gelöst, hinzu und füllt den Nährboden in Kolben oder Röhrchen ab, die wie üblich im Dampftopf sterilisiert werden.

Für anaërobe *Stich*kulturen ist der Nährboden wegen des Traubenzuckergehaltes und der dadurch bedingten Gasbildung wenig geeignet. Wo er dazu verwendet wird, ist eine Agarkonzentration von 1% günstiger als eine solche von 2—2,5%

Der Nährboden wird häufig für Abortus-Bangkulturen gebraucht.

f) Agarnährböden für Diphtheriebakterien.

Blutglyzerolat-Kaliumtelluritagar nach CLAUBERG. 1. Blutglyzerolat: In einer Literflasche mit eingeschliffenem Glasstöpsel werden 300 ccm Glyzerin pur. sterilisiert. Nach dem Abkühlen setzt man 600 ccm steriles defibriniertes Hammel- oder Rinderblut hinzu. Die Mischung bleibt mindestens sechs Wochen im Eisschrank stehen bis sie gebrauchsfertig ist.

2. Kaliumtelluritlösung: K_2TeO_3 von der Fa. Dr. Th. Schuchardt, Görlitz, wird im Verhältnis 1 g zu 100 ccm Aqua dest. gelöst. Man verfährt dabei so, daß man das H_2O aufkocht, auf ca. 50° abkühlt und dann das Salz hinzusetzt. Höhere als die angegebene Temperatur ist zu vermeiden.

Die Lösung kann zwecks Sterilisation durch ein Seitz- oder Berkefeldfilter getrieben werden, ist aber meistens ohne weiteres steril.

3. Nähragar: 1 kg gemahlenes Rind- oder Pferdefleisch wird unter Zusatz von Soda bis zur deutlich alkalischen Reaktion langsam bis zum Kochen erwärmt, dann 1 Std. im Dampftopf weiter erhitzt und abfiltriert. Das Filtrat wird mit 3,5—4% Agar, 1% Pepton, 0,5% Kochsalz versetzt, in der üblichen Weise gekocht, filtriert und auf PH 7,5 eingestellt. Dann ist in Kolben bis zu 1 l Inhalt abzufüllen und zu sterilisieren.

4. Blutwasser: 2 Teile Aqua dest. mit 1 Teil defibriniertem Rinder- oder Hammelblut. Das Aqua dest. wird in einem Kolben im Dampftopf sterilisiert, auf 50—60° abgekühlt, dann mit dem Blut vermischt. Die Mischung hält sich im Eisschrank etwa acht Tage.

Zur Herstellung des Nährbodens werden zunächst gleiche Teile von Lösung 3 und 4 gemischt: der 4proz. Agar (Lösung 3) wird aufgelöst und nach Abkühlung auf 50° mit Lösung 4 (Blutwasser), die auf 50° erwärmt ist, gemischt. Auf 100 ccm dieser Mischung gibt man 2,5 ccm von Lösung 1 (Blutglycerolat) und 4 ccm von Lösung 2 (K_2TeO_3). Nach gutem Durchschütteln wird der Nährboden in Platten vergossen.

Um Luftblasen an der Oberfläche der Platten zu vermeiden, gießt man den leicht schäumenden Nährboden mit Hilfe eines Abfülltrichters in die Platten, wobei zu vermeiden ist, daß Nährboden auf den Rand der Platte kommt, da diese sonst mit dem Deckel verklebt.

Die Diphtheriebazillen wachsen auf diesem Nährboden in
großen flachen, leicht mit der Öse verschmierbaren Kolonien, die
einen mausgrauen Farbton aufweisen und zum Zentrum hin dunkler
erscheinen. Die Pseudodiphtheriebazillen dagegen wachsen in
kleineren glänzenden Kolonien, die entweder hellbläulich oder
schwärzlichbraun erscheinen; in der Mehrzahl lassen sie sich zu-
sammenschieben (ähnlich wie Micrococcus catarrhalis).

Viele Kokkenarten werden auf diesem Nährboden gehemmt.

Claubergnährboden mit Serumzusatz nach HETTCHE. Die Herstellung ist die gleiche wie bei CLAUBERG angegeben, mit dem
Unterschied, daß das Blutwasser sich zusammensetzt aus: 400 ccm
sterilem Aqua dest. von 50° zu 300 ccm defibriniertem Blut; nach
einigen Minuten werden 300 ccm Pferdeserum (durch Chloroform
steril gehalten) zugesetzt. Vor dem Mischen mit dem Agar muß
dieses Blutwasserserum auf 50° erwärmt werden, da sonst der Agar
erstarrt.

Der Nährboden ergibt 1. schnelleres Wachstum, so daß die
Koloniengröße um 50% größer ist, 2. mikroskopisch typischere
Diphtheriebazillenformen.

Indikatortellurplatte nach CLAUBERG. I. 6 ccm wässrige 2proz.
Lösung von Wasserblau 6 B extra P (Grübler-Hollborn), 2 ccm
wässrige 2proz. Stammlösung von Metachromgelb II RD (Grübler-
Hollborn), 1,5 g Dextrose, 1,25 ccm 1proz. Zystinlösung, 0,15 g
Natriumazetat. II. 15 ccm defibriniertes Blut, 30 ccm steriles dest.
Wasser, dazu 2,5 ccm Blutglyzerolat und 4 ccm 1proz. Kalium-
telluritlösung (s. Original-Clauberg). III. 50 ccm 4proz. Fleisch-
wasseragar mit 0,2% Dinatriumphosphat.

Zur Herstellung von I. werden Dextrose und Natriumazetat in
einer kleinen Menge Aqua dest. aufgekocht, dann gibt man die
Zystinlösung hinzu; diese stellt man her, indem man 1 g wasserfreie Soda in ca. 30 ccm Aqua dest. aufkocht, darin 1 g Zystin
auflöst und die Lösung mit Aqua dest. auf 100 ccm auffüllt. Ist
die Dextrose usw. Lösung auf 48° abgekühlt, setzt man die Farben
hinzu. Von Metachromgelb stellt man sich eine gesättigte wässrige
Lösung (Stammlösung) her, die man 2 zu 100 (2proz.) mit Aqua
dest. verdünnt. Das Ganze hält man bei 48°. II. und III. werden
ebenfalls auf 48° temperiert, und die drei Bestandteile in Kolben
von mindestens doppeltem Volumen gründlich gemischt und in
Platten vergossen.

Diphtheriebakterien wachsen unter Bildung eines intensiv blauen Hofes, Pseudodiphtherie läßt den Nährboden unverändert oder färbt schwach gelb.

Bluttellur-Agarplatte nach GUNDEL und TIETZ. Zur makroskopischen Diagnostik und Typendifferenzierung der Diphtheriebakterien. I. 0,5 g Natriumkarbonat unter Kochen in 5 ccm Aqua dest. lösen, dann 0,5 g Zystin zusetzen und nach dem Lösen mit Aqua dest. auf 50 ccm auffüllen. II. Bluttellurgemisch: 50 ccm steriles defibriniertes Hammelblut, dazu 1 ccm 1proz. aufgekochte Kaliumtelluritlösung. III. 260 ccm 2,5—3proz. Nähragar.

Lösung I ist vier Wochen, das Blutgemisch zwei Wochen haltbar.

Zur Herstellung des Nährbodens werden 260 ccm Agar mit 1 ccm Lösung I versetzt, kurz nachsterilisiert und nach Abkühlen auf 50° mit II gemischt. Die Platten müssen sehr dünn gegossen werden: 6 ccm für eine Petrischale.

Die Betrachtung der Kolonieformen hat unter Verwendung des Plattenmikroskops zu erfolgen.

Der Typ I Gundel (Gravis) wächst ziemlich üppig in Form trockener, stark granulierter, flacher Kolonien mit unscharfem Rand.

Der Typ II (Mitis) wächst weniger üppig in glänzenden, tropfenförmigen Kolonien.

Der Typ III (Intermediate) wächst sehr spärlich in Form kleiner trockener, zerfaserter Kolonien.

Tellurit-Eigelbnährböden nach PERGOLA. 3proz. gewöhnlicher Agar wird verflüssigt zu gleichen Teilen mit sterilem Normalserum vom Pferd, Rind oder Schaf gemischt und pro 100 ccm dieser Mischung ein Eigelb und 2 ccm einer 1proz. Kaliumtelluritlösung zugesetzt. Die Masse wird in Platten gegossen.

Vor dem Mischen muß das Serum auf ca. 50° vorgewärmt und der Agar auf diese Temperatur abgekühlt werden.

Telluragar nach GILBERT, RUTH und HUMPHREYS. Zu einem Liter eines 1,5proz. Agars, der aus Rindfleischwasser unter den üblichen Bedingungen hergestellt ist, werden nach dem Abkühlen auf 50°, 50 ccm steriles Pferdeserum, 10 ccm einer 20proz. Glukose (Traubenzucker)-Lösung, 10 ccm einer 1proz. Kaliumtelluritlösung zugegeben und die Masse in Platten vergossen. Diphtheriebakterien bilden weiße Kolonien mit grauem Zentrum, Staphylokokken und Streptokokken schwarze Kolonien.

Alkalialbuminatagar nach DEYKE. 20 g fettfreies, zerkleinertes Pferdefleisch werden mit 250 ccm einer 3proz. Natronlauge im Mörser verrieben und im Erlenmeyerkolben bei 37° in den Brutschrank gestellt. Nach vollkommener Lösung (etwa 20—30 Std.) wird die Lösung filtriert, mit Salzsäure gegen Lackmus neutralisiert auf 3 l verdünnt, nach Zusatz von 7,5 g NaCl und 150 g Glyzerin mit Agar in der üblichen Weise zu Nährböden verarbeitet.

g) Agarnährböden für pathogene Darmbakterien.

α) Agarnährböden für Choleravibrionen.

Stark alkalischer Agar. Gewöhnlicher Nähragar wird auf PH 8,2—8,4 eingestellt und zu Platten vergossen oder in der üblichen Weise zu Schrägröhrchen abgefüllt, die wie üblich sterilisiert und schräg gelegt werden.

Hämoglobin-Agar nach Esch. 5 g Hämoglobin Merck, 15 ccm Normalkalilauge oder Natronlauge, 15 ccm Aqua dest., 200 ccm Nähragar PH 7,1—7,2.

Hämoglobin, n-Lauge und Aqua dest. verreibt man in einem Mörser bis das Hämoglobin gelöst ist, dann füllt man die Lösung in einen Kolben um und sterilisiert 1 Std. im Dampftopf. Gleichzeitig löst man Nähragar auf, stellt auf die PH-Zahl ein und mischt 15 Teile der heißen, sterilen alkalischen Hämoglobinlösung mit 85 Teilen des sterilen heißen Agars. Die Masse kann gleich in Platten vergossen werden, die nach dem Trocknen gebrauchsfertig sind.

Blutalkali-Agar nach Dieudonné. 3 Teile Blutalkali, 7 Teile Nähragar PH 7,1—7,2.

Defibriniertes Rinderblut wird zu gleichen Teilen mit Normalkalilauge in einem Kolben gemischt und nach guten Durchschütteln ¾ Std. im Dampftopf sterilisiert. Bei Mengen von mehr als 1 l kann die Sterilisation bis zu 1 Std. ausgedehnt werden, es bildet sich dabei Methämoglobin.

3 Teile Blutalkali und 7 Teile heißer 3proz. Nähragar werden miteinander gemischt, die sterile Masse wird zu Platten vergossen. Die Platten müssen vor dem Gebrauch mindestens 24 Std. im Brutschrank stehen, weil sich in den ersten Bebrütungsstunden Ammoniak entwickelt, das das Wachstum der Vibrionen hemmt.

Damit das gasförmige Ammoniak besser entweichen kann, klemmt man zwischen Ober- und Unterschale ein Stückchen Fließpapier ein.

Das Blutalkali kann in einer Flasche mit eingeschliffenem Glasstöpsel, steril im Eisschrank aufgehoben, bis zu mehreren Monaten gehalten werden.

Nach VAN LOGHEM und NIEUWENHUIJSE kann man das Blutalkali in einer Flasche mit sterilem Paraffin. liquidum überschichten. 7—14 Tage nach der Überschichtung liefert das Blutalkali in dem vorher angegebenen Verhältnis mit Agar gemischt, sofort brauchbare Platten.

Das nach diesem Verfahren hergestellte Blutalkali ist bis zu 12 Monaten haltbar. Die Brauchbarkeit der Dieudonnéplatte wird in der Weise geprüft, daß man sie zur Hälfte mit Choleravibironen und zur Hälfte mit Bact. Coli beimpft. Nach 24stünd. Bebrütung müssen Choleravibrionen gut gewachsen, Colibaz. gehemmt sein.

Blutalkaliagar nach PILON. 3 Teile Blutalkali, 7 Teile Agar.

Aus kristallisierter Soda (Natr. carbonicum crystallisatum pur.) und Aqua dest. stellt man eine 12proz. Lösung her. Die Sodalösung wird mit defibriniertem Blut (am besten eignet sich Schweineblut), zu gleichen Teilen gemischt, die Mischung bleibt 1—2 Tage (nicht länger als 3 Tage) stehen und wird dann 1¼ Std. im Dampftopf sterilisiert. Eine mehr als 3 Tage alte Blutsodamischung wird beim Sterilisieren fest.

Die sterilisierte Blutsodamischung wird im Verhältnis von 3 zu 7 Teilen Agar heiß gemischt und dann in Platten ausgegossen. Die Platten sind nach halbstündigem Trocknen sogleich verwendungsfähig. Das Blutsodagemisch kann in einer mit einem zugeschliffenen Glasstöpsel versehenen Flasche sterilisiert aufgehoben werden und ist lange Zeit haltbar. Vor dem Zusatz zum Agar erwärmt man die Flasche etwa 15 Minuten im Dampftopf.

Hämoglobinextrakt-Alkali-Soda-Agar nach BAERTHLEIN und GILDEMEISTER. 3,5 g Hämoglobinextrakt Pfeuffer-München, 10 ccm 0,85 proz. NaCl-Lösung, 13,5 ccm 5,5 proz. Lösung von wasserfreier Soda, 2 ccm 10 proz. Kalilauge, 80 ccm 3 proz. Agar PH 7,1.

Der Hämoglobinextrakt wird mit der phys. Kochsalzlösung aufgelöst und mit der gleichen Menge der 5,5 proz. Sodalösung und 2 ccm Kalilauge vermischt. Das Ganze wird 15 Min. im Dampftopf sterilisiert. Nachdem die Lösung auf unter 50° abgekühlt ist, wird sie mit 80—90° heißem Agar gemischt und sogleich zu Platten vergossen. Niederschläge, die sich evtl. dabei bilden, sind belanglos.

Nachdem die Platten etwa 30 Min. vorgetrocknet sind, können sie gleich in Gebrauch genommen werden.

Rohrzucker-Malachitgrünlösung nach HESSE. a) Herstellung des Agars: 35 g Agar werden in 1 l Wasser über Nacht eingeweicht. Dann setzt man hinzu: 10 g Fleischextrakt, 10 g Pepton Witte, 5 g NaCl und kocht in einem 2 l-Kolben 4—5 Std. im Dampftopf. Statt der sonst üblichen Filtration stellt man den Kolben im Dampftopf schräg und läßt absetzen. Dann dekantiert man den noch heißen Agar in Kölbchen. Zu je 100 ccm des heißen Nähragars setzt man hinzu: 4 ccm einer 10 proz. Sodalösung (hergestellt aus wasserfreier Soda), sterilisiert 15 Min. im Dampftopf nach und gibt 5 ccm einer sterilen 20 proz. Rohrzuckerlösung (Saccharose), 5 ccm einer 20 proz. Dextrinlösung und 0,4 ccm einer gesättigten alkoholischen Malachitgrünlösung (Höchst. kristall. extra) zu. Der Nährboden wird schließlich mit 1,5—2 ccm einer 10 proz. frisch hergestellten Natriumsulfitlösung entfärbt. Vor dem Beimpfen werden die Platten getrocknet.

Rohrzucker-Fuchsinlösung nach ARONSON. Zur Herstellung dieses Nährbodens braucht man: 1. 3,5 proz. Agar, der aus Liebigs Fleischextrakt hergestellt wird. Die Agarfäden werden über Nacht in Wasser (35 g pro Liter) eingeweicht, am folgenden Tage setzt man 1% Liebigs Fleischextrakt, 1% Pepton, 0,5% Kochsalz zu und erhitzt 4—5 Std. im Dampftopf. Der Kolben wird schräg gestellt, damit die nicht gelösten Teile sedimentieren. Den klaren Teil des Agars dekantiert man in einen sterilen Meßzylinder und füllt zu 200—250 ccm in sterile Erlenmeyerkölbchen ab.

2. 10 proz. Lösung von wasserfreier Soda.

3. 20 proz. Lösung von Rohrzucker (Saccharose).

4. 20 proz. Lösung von Dextrin (ist stets trübe).

Die drei Lösungen werden 30 Min. im Dampftopf sterilisiert.

5. Gesättigte alkoholische Fuchsinlösung (s. gesättigte Lösungen unter Farben).

6. Frisch hergestellte 10 proz. Natriumsulfitlösung, die durch kurzes Aufkochen sterilisiert wird.

Die Zusammensetzung erfolgt so, daß man zu 100 ccm des heißen Agars 6 ccm der 10 proz. Sodalösung und den Agar 15 Min. bei 100° hält. Dann erfolgt die Zugabe von 5 ccm der 20 proz. Rohrzuckerlösung, 5 ccm der 20 proz. Dextrinlösung 0,4 ccm der ges. alkohol. Fuchsinlösung und 2 ccm Natriumsulfitlösung.

Das heiße Kölbchen wird nach dem Mischen schräg gestellt; es setzt sich viel Sediment ab. Die überstehende gelblich-braune Flüssigkeit wird vorsichtig zu Platten vergossen, die nach dem Trocknen gebrauchsfähig sind und kühl und dunkel aufbewahrt sich einige Tage halten.

Die Choleravibrionen spalten fast alle Zuckerarten, besonders dann, wenn sie frisch aus dem Stuhl gezüchtet werden. Bis zu einem gewissen Grade werden auch Stärke und Dextrin angegriffen. Die meisten Koliarten spalten den Rohrzucker nicht, daher sind rote Kolonien auf einer solchen Platte als choleraverdächtig anzusehen. Doch gibt es viele Koliarten, die auch die Aronsonplatte röten. Die Rötung erfolgt nach denselben Gesetzen wie bei der Endoplatte.

β) Agarnährböden für die Bakterien der Typhus-Ruhrgruppe.

Allgemeines. Die pathogenen Darmbakterien, mit Ausnahme der Shiga-Kruse-Ruhr, stellen an den Nährboden keine besonderen Ansprüche, sie wachsen gut auf dem gewöhnlichen Nähragar. Beim Herauszüchten aus dem Stuhl, Harn, Blut, gelegentlich aus Lebensmitteln u.a.m. werden sie häufig von Begleitbakterien teils überwuchert, teils ist die Diagnostizierung durch das enge Nebeneinanderwachsen der Kolonien, die dann in Formbildung und Farbe indifferent sind, erschwert oder gar unmöglich. Daher wird das Ausgangsmaterial von vornherein auf Differenzialnährböden ausgestrichen, die hauptsächlich Zusätze von Sacchariden und Indikatoren enthalten. Diese zeigen die Vergärung des Zuckers durch Farbumschlag an und lassen so Rückschlüsse auf die Art des Bakteriums nach Form und Farbe der Kolonien zu.

Neben Zuckerarten verwendet man auch Elektivmittel, die das Wachstum der pathogenen Bakterienarten fördern und das der Konkurrenten hemmen. Als solche finden u. a. Malachitgrün Brillantgrün und Coffein Verwendung.

Lackmusmilchzuckeragar nach v. Drigalski-Conradi. Dieser Nährboden ist ursprünglich von Wurtz angegeben. Er enthält Milchzucker, der von Kolibazillen unter Säurebildung gespalten wird und als Indikator Lackmuslösung. Die Koli-Kolonien wachsen auf dem Nährboden rot; die Kolonien der Ty- und Ruhrgruppe, die den Milchzucker nicht angreifen, wachsen in der Farbe des Nährbodens, also blau.

Der gewöhnliche Nähragar mit einer Agarkonzentration von 2,5—3% wird mit 1% Nutrose (Kaseinnatriumphosphat) versetzt. Die Nutrose wird in einer Reibschale mit etwas Aqua dest. verrieben und dem Agar zugegeben, der dann im Dampftopf nachsterilisiert und noch einmal in der üblichen Weise filtriert wird. Der Agar wird auf PH 7,5 eingestellt und nachsterilisiert. Dann gibt man pro Liter 15 g Milchzucker zu, den man in 130—150 ccm Lackmuslösung nach Kubel-Tiemann aufkocht und 10 Min. im Dampftopf nachsterilisiert. Bei Zugabe dieser Lackmusmilchzuckerlösung beobachtet man den Farbenumschlag: der Nährboden muß im warmen Zustande ins Blauviolette umschlagen. Erscheint der Schaum rötlich, dann setzt man mit einer Pipette soviel sterile 10proz. Sodalösung hinzu bis der blauviolette Farbton erreicht ist. Zu 1 l des Nähragars setzt man dann noch 10 ccm einer frisch hergestellten durch Aufkochen sterilisierten Lösung von 0,1 g Kristallviolett B (I. G.-Farbenindustrie) in 100 ccm Aqua dest. hinzu.

Nach Mischung wird der Nährboden in sterile Kölbchen zu 200—300 ccm abgefüllt und 15 Min. im Dampftopf nachsterilisiert. Die Sterilisationsdauer darf nicht länger ausgedehnt werden, weil sich sonst Milchzucker und Lackmuslösung verändern. Das Kristallviolett hemmt das Bact. Proteus und bis zu einem gewissen Grade auch das Bact. coli. Die hemmende Wirkung erstreckt sich leider auch auf die Ruhrbakterien. Die Kristallviolettlösung darf im Nährboden, der für Ruhrbaakterien bestimmt ist, nicht enthalten sein.

Der modifizierte Drigalski-Conradiagar. Zum fertigen 3proz. Nähragar setzt man 15—20% des Kleinschen Serum-Alkali-Albuminats hinzu, stellt die PH-Zahl auf 7,5—7,6 ein und gibt 1,5% (pro Liter also 15 g) in etwas Aqua dest. aufgekochten Milchzucker hinzu. Der Albuminatmilchzuckeragar wird dann in Kölbchen von 100—500 ccm abgefüllt, je nach Größe der Kölbchen 30 bis 45 Min. im Dampftopf sterilisiert und zum Gebrauch aufgehoben. Vor dem Vergießen zu Platten löst man den Nährboden im Dampftopf auf und sterilisiert gleichzeitig in einem kleinen Kölbchen auf die Agarmenge berechnet 10% Lackmuslösung. Nachdem Agar und Lackmuslösung etwas abgekühlt sind, werden beide miteinander gemischt; falls der Nährboden nicht für Ruhrkulturen bestimmt ist, kann noch Zusatz von Kristallviolett erfolgen. Dann kann wie üblich in Platten gegossen werden.

Das Kleinsche Serum-Alkali-Albuminat ist ein guter Ersatz für die recht teure Nutrose. Der Vorteil der modifizierten Herstellung ist der, daß der Agar nach dem Zusatz des Alkali-Albuminats nicht filtriert zu werden braucht. (Der Nutroseagar filtriert sehr schwer.) Ferner tritt bei der getrennten Sterilisation von Milchzuckeragar und Lackmuslösung keine Reduktion ein. Es genügt daher ein Zusatz von 10% Lackmus (statt sonst 13—15%!), wodurch andererseits die wachstumshemmende Wirkung der Lackmuslösung geringer ist.

Die Kölbchen mit dem Milchzucker-Albuminatagar dürfen nur so hoch befüllt werden, daß nach Zusatz der Lackmuslösung ein Durchschütteln noch möglich ist. Auch ein evtl. Zusatz von Sodalösung kann unter sterilen Bedingungen vor dem Vergießen erfolgen.

Milchzucker-Fuchsinagar nach Endo. 1 l Nähragar PH 7,4—7,6 10 g Milchzucker chem. rein, aufgekocht in etwas Aqua dest., 3,5—4 ccm alkoholische gesättigte Fuchsinlösung, 2,5 g Natriumsulfit, gelöst in 25 ccm Aqua dest.

Zu dem heißen Nähragar setzt man die durch Aufkochen sterilisierte Milchzuckerlösung hinzu und färbt den Nährboden mit der alkoholischen gesättigten Fuchsinlösung, die man in der Weise herstellt, daß man in einer Flasche Diamantfuchsin mit 96 proz. Äthylalkohol übergießt und das Gefäß unter häufigem Schütteln 2—3 Std. bei 60° hält, dann abkühlen läßt. Nach dem Abkühlen muß ein ungelöster Rest des Fuchsins auf dem Boden der Flasche zurückbleiben. Fuchsin wird im Verhältnis von 6 g in 100 ccm Alkohol gelöst. Vor der Zugabe muß die Fuchsinlösung filtriert werden. Man hält die fertige Lösung vorrätig. Der dunkelrote Milchzuckerfuchsinagar wird durch Zugabe der Natriumsulfitlösung entfärbt und erscheint blaßrosa, wird er in der üblichen Weise in Platten gegossen, so verblassen diese nach dem Abkühlen ganz und sind in der Farbe dem gewöhnlichen Agar fast gleich. Die Natriumsulfitlösung wird bei der Herstellung erwärmt, ein Aufkochen ist möglichst zu vermeiden, weil hierbei Oxydation eintreten kann und die entfärbende Wirkung herabgesetzt wird. Aus dem gleichen Grunde ist die Lösung jedesmal frisch herzustellen. Der Nährboden wird nach gutem Durchschütteln in Kolben abgefüllt, deren Größe sich nach der Zahl der zu gießenden Platten richtet, und kann bis zu 1 Std. im Dampftopf sterilisiert werden. Mehrmalige längere Sterilisation ist jedoch zu vermeiden, weil dann der Nährboden spontan rötet. Der im Kolben aufbewahrte Nährboden ist dunkel aufbewahrt einige Wochen haltbar.

Das Prinzip des Endonährbodens (Endo war ein japanischer Bakteriologe, der in Deutschland studierte) ist folgendes: Das Fuchsin wird durch schweflige Säure unter Änderung seiner Konstitution in eine farblose Verbindung übergeführt: Fuchsinschweflige Säure.

Dies ist ein in der Chemie häufig angewandtes Reagens auf Aldehyde. Durch die Fermente des Bact. coli wird nun der Milchzucker des Endonährbodens gespalten und es treten neben Säuren die Aldehyde auf, welche mit fuchsinschwefliger Säure eine Verbindung eingehen, die rot gefärbt ist. Die Kolikolonie ist deshalb nach 15stünd. Bebrütung rot gefärbt, wird später dunkelrot und schließlich fuchsinglänzend. Da die Aldehyde diffundieren, ist auch der Nährboden rot gefärbt. Die Endoplatte kann daher auch dem Aldehydnachweis (z. B. Formalin!) dienen.

Die pathogenen Darmbakterien der Ty- und Ruhrgruppe wachsen in der Farbe des Nährbodens. Zur Hemmung des Bact. Proteus kann dem Endoagar nach KLEINSORGEN und JUSATZ 3% sterile Rindergalle zugesetzt werden. Der Nährboden muß nach dem Zusatz auf die ursprüngliche PH-Zahl (etwa 8,1—8,2) eingestellt werden. Zur Hemmung des Bact. coli kann nach GAETHGENS ein Zusatz von 0,33% Coffein erfolgen. Das Coffein wird in Aqua dest. aufgelöst, darf aber nicht über 80° erhitzt werden. Eine Sterilisation der Lösung ist durch Filtration (Seitz- oder Berkefeldfilter) möglich.

Aus Platten, die von Proteus überzogen sind, kann man die pathogenen Keime einfach dadurch isolieren, daß man die verdächtigen Kolonien auf gewöhnliche Agarplatten mit einem Zusatz von 4% Galle überimpft. Auf dem Galleagar wächst der Proteus in Kolonieform (BAHRMANN).

Kasein-Laktose-Saccharoseagar (modifizierter Drigalski-Agar). 10 g Laktose, 10 g Saccharose, 1 g Natriumthiosulfat, 40 ccm 0,2proz. wäßrige Bromthymolblaulösung, 5 ccm 0,1proz. wäßrige Kristallviolettlösung, 1 l Kaseinagar.

Laktose, Saccharose und Natriumthiosulfat werden in der Bromthymolblaulösung (Stammlösung aus 475 ccm Aqua dest., 25 ccm $\frac{n}{10}$ NaOH, 1 g Bromthymolblau) 5 Min. gekocht. Dann setzt man die Mischung dem sterilen Kaseinagar zu und gießt eine Probeplatte. Die Farbe des flüssigen Agars muß schwach blau, die des festen Agars deutlich blau sein; der Farbton ist durch NaOH zu korrigieren. Alsdann gibt man das Kristallviolett hinzu und gießt die Platten.

Kasein-Endoagar. Die Darstellung erfolgt wie unter „Endoagar" angegeben. Die Kolonien von Typhus und Paratyphus sind nicht so charakteristisch wie auf dem Fleischwasser-Endoagar, sind aber bei einiger Übung erkennbar.

Neutralrotagar zum Stich. 1 l 1proz. Nähragar PH 7,2—7,4, 3 g Traubenzucker in etwas Aqua dest. aufgekocht, 10 ccm wäßrig gesättigte Neutralrotlösung.

Man verdünnt den heißen Agar mit heißer Bouillon soweit, daß die Konzentration des Agars nur noch 1% beträgt. Dann gibt man die Traubenzucker- und Neutralrotlösung hinzu, schüttelt kräftig durch und füllt den Nährboden zu ca. 8 ccm in Reagensröhrchen ab, die 30—45 Min. im Dampftopf sterilisiert werden.

Die Neutralrotlösung stellt man her, indem man dem durch Aufkochen entkeimten Aqua dest. soviel Neutralrot hinzusetzt, daß ein ungelöster Teil als Bodensatz zurückbleibt. Die gesättigte Lösung ist lange haltbar.

Der Nährboden dient zur Differenzierung zwischen Ty- und Paratyphus. Die Gasbildner sprengen die Agarsäule des Stichkulturröhrchens. Die Säurebildung wird durch Farbumschlag ins Gelbe angezeigt. Kurz vor dem Beimpfen löst man den Nährboden auf und läßt ihn wieder erstarren.

Traubenzuckeragar zum Stich (zum Nachweis von Gasbildung). Der gewöhnliche Nähragar PH 7,4—7,5 wird durch Bouillonzusatz auf eine Agarkonzentration von 1—1,5% verdünnt und erhält einen Zusatz von 2% in Aqua dest. durch Aufkochen gelösten Traubenzuckers. Der Traubenzuckeragar wird wie der Neutralrotagar in Röhrchen abgefüllt und sterilisiert. Die Stichkultur dient hauptsächlich zum Nachweis der Gasbildung.

Die Röhrchen müssen kurz vor dem Beimpfen aufgelöst und erstarrt sein.

Bleiazetatagar zum Stich. 250 ccm Nähragar PH 7,5, 5 ccm einer 5proz. wäßrigen Bleiazetatlösung.

In einem 150 ccm Erlenmeyerkolben kocht man 100 ccm Aqua dest. 3—5 mal zwecks Sterilisation kurz auf, schüttet in das heiße H_2O die abgewogene Menge Bleiazetat hinzu, schüttelt bis zur Lösung, kocht dann noch einmal kurz auf und vermischt in dem angegebenen Verhältnis Bleiazetatlösung und heißen Nähragar. Nach gutem Durchmischen füllt man den Nährboden unter sterilen Bedingungen wie Ascitesagar zu ca. 7—8 ccm in Röhrchen ab, der abgefüllte Nährboden darf nicht mehr sterilisiert werden.

Die Beimpfung erfolgt durch Einstich der Bakterienkultur.

Mannit-Maltose-Saccharose-Agar für Ruhrkulturen. 100 bis 130 ccm Lackmuslösung, 15 g Mannit gelöst in etwas Aqua dest., 1000 ccm Nähragar PH 7,3—7,4.

Mannit wird in etwas Aqua dest. durch kurzes Aufkochen gelöst und die Lösung 15—20 Min. im Dampftopf sterilisiert. In einem zweiten Kölbchen wird die Lackmuslösung 20—30 Min. sterilisiert. Inzwischen wird der Nähragar vorbereitet, indem man ihn auflöst, auf die PH-Zahl einstellt und nachsterilisiert. Zu dem sterilen heißen Nähragar setzt man die Mannit- und die Lackmuslösung hinzu und vergießt den Nährboden in Platten.

Falls Shiga-Kruse-Dysenterie nicht gut wächst, kann man dem Nähragar 15—20% des Kleinschen Serum-Alkali-Albuminats zusetzen (s. Modifikation des Drigalski-Agars).

Will man den Nährboden vorrätig halten, so verfährt man am besten so, daß man die sterile Mannitlösung dem sterilen Agar hinzusetzt, die Masse in sterile Kolben abfüllt und 30 Min. im Dampftopf nachsterilisiert. Zum Gebrauch sterilisiert man die Lackmuslösung für sich, löst den Agar auf und vermischt mit der Lackmuslösung. Der Kolben mit dem Mannitagar, dessen Menge bekannt sein muß, darf dann nur so hoch gefüllt sein, daß nach Zugabe der Lackmuslösung ein Durchschütteln möglich ist.

Dasselbe Verfahren gilt auch für Maltose- bzw. Saccharoseagar. Es ist selbstverständlich, daß nicht alle drei Zuckerarten dem Nährboden zusammen zugesetzt werden.

Brillantgrünpikrinsäure-Agar nach Conradi. (Elektivnährboden für Typhus- und Paratyphusbazillen.) 1 l Nähragar PH 7,0—7,1, 6,5 ccm einer wäßrigen Brillantgrünlösung 0,1:100, 6,5 ccm einer wäßrigen 1proz. Pikrinsäurelösung.

0,1 g Pikrinsäure wird in 10 ccm kochendem Aqua dest. gelöst, in derselben Weise löst man 0,1 Brillantgrün in 100 ccm Aqua dest. Die Lösungen müssen jedesmal frisch bereitet werden, ebenso muß der Agar genau eingestellt sein, weil sonst die colihemmende Wirkung versagt. Zu dem heißen Agar werden die beiden heißen, frisch hergestellten Lösungen hinzugesetzt. Nach gutem Durchmischen wird der Nährboden in Platten vergossen.

Brillantgrün kristallisiert extra rein bezieht man von der I. G.-Farbenindustrie, Pikrinsäure von Grübler, Leipzig.

Der Nährboden elektiviert Paratyphusbazillen und hemmt das Bact. coli. Als Elektivnährboden für Typhus versagt er oft.

Malachitgrünagar. (Elektivnährboden für Paratyphus — bedingt auch für Typhusbakterien.) 1 g Malachitgrün krist. extra rein (Höchster Farbwerke) wird in einer Flasche mit eingeschliffenem Glasstöpsel oder Gummistopfen mit 100 ccm 96 proz. Alkohol übergossen, der Meniskus wird markiert, das Gefäß zwecks Lösung für 2—3 Stunden in den 60°-Thermostaten gestellt und mehrmals umgeschüttelt. Nach dem Abkühlen wird die evtl. verdunstete Menge mit Alkohol aufgefüllt.

Das Malachitgrün kann auch in Form einer wäßrigen Lösung hergestellt werden, die aber nur 8—10 Tage haltbar ist. Die alkoholische Lösung bleibt dagegen fest verschlossen praktisch unverändert.

Dem gewöhnlichen 2,5proz. Agar setzt man 1% Nutrose oder 15—20% Serumalkalialbuminat hinzu und stellt ihn dann auf PH 7,2 ein. Für Paratyphusbakterien ist der Nutrose oder Albuminatzusatz nicht unbedingt notwendig. Doch wachsen diese nach dem Zusatz weit üppiger. Typhusbakterien kommen ohne den genannten Zusatz nur sehr langsam zur Entwicklung. Die Nutrose wird in einer Reibschale mit warmem Wasser verrieben, dann dem Agar zugesetzt, der hierauf durch Leinwand- oder Papierfilter filtriert wird. Die Filtration geht bei Nutrosezusatz sehr langsam vor sich, weshalb Zusatz von Serumalkalialbuminat vorzuziehen ist. Die genaue Einstellung auf PH 7,2 ist wichtig. Der Agar wird in Kolben, deren Größe sich nach der Zahl der auf einmal zu gießenden Platten richtet, in abgemessenen Mengen abgefüllt und im Dampftopf in der üblichen Weise sterilisiert. Da der Agar jedesmal verschieden ausfällt, ist es angebracht, auf einmal eine größere Menge herzustellen und in einer Versuchsreihe mit verschieden großen Dosen der Malachitgrünlösung auszuwerten.

Man verdünnt dazu für Typhusbakterien 1 ccm der Malachitgrünlösung mit der gleichen Menge Alkohol bzw. H_2O wenn es sich um wäßrige Lösung handelt und gibt davon 0,05; 0,1; 0,2; 0,3; 0,4; 0,5 und 0,6 ccm in je eine Petrischale und in jede der Petrischalen je 20 ccm des heißen Agars. Man erhält dann Malachitgrünkonzentrationen von 1:80000; 1:40000; 1:20000; 1:13333; 1:10000; 1:8000 und 1:6666. Der heiße Agar muß sofort nach Zugabe durch Schwenken der Platte mit der Malachitgrünlösung gemischt werden. Die Platten werden dann entsprechend signiert und nach dem Erstarren und Vortrocknen mit je zwei frischen Typhus- und zwei Kolistämmen beimpft. Die Empfindlichkeit der Typhus- und der Kolistämme gegen das Malachitgrün ist verschieden, daher wählt man für den Versuch Stämme von geringer und mittlerer Empfindlichkeit aus. Nach 24stünd. Bebrütungsdauer prüft man die Platten. Diejenigen Konzentrationen bei der Typhus am besten entwickelt und Coli am meisten gehemmt ist, benutzt man als Gebrauchsdosis für den hergestellten Agarvorrat. Wenn z. B. auf der Platte mit 0,2 (1:20000) das Wachstum zufriedenstellend ist, dann gibt man zum Gebrauch 0,5 ccm der 1proz. Malachitgrünlösung zu 100 ccm Agar. Gewöhnlich braucht man 5 ccm der 1proz. Malachitgrünlösung auf 1 l Agar. Paratyphusbakterien vertragen etwa 30 mal soviel Malachitgrün wie die Typhusbakterien; es besteht also die Möglichkeit, durch hohe Malachitgrünkonzentration Bact. coli vollständig zu hemmen, während Paratyphus dann noch gut wächst. Wo es darauf ankommt, Paratyphus aus Lebensmitteln usw. zu isolieren, stellt man sich eine 2proz. alkoholische Malachitgrünlösung her und setzt folgende Versuchsreihe an: 0,1, 0,2, 0,3, 0,4, 0,5 u. 0,6 ccm der 2proz. Malachitgrünlösung werden in je eine Petrischale pipettiert und in der oben angegebenen Weise mit je 20ccm Agar gemischt. Es entstehen dann Malachitgrünkonzentrationen von 1 : 10000; 1 : 5000; 1 : 3333; 1 : 2500; 1 : 2000; 1 : 1666. Die so gewonnenen Platten werden mit Bact. Coli und Paratyphus B beimpft und 24 Std. bebrütet. Ist z. B. auf der Platte mit 0,5ccm Malachitgrünzusatz der Paratyphus gut gewachsen und der Coli gehemmt, dann ist die Gebrauchsdosis der 2proz. Malachitgrünlösung 2,5 zu 100ccm Agar. Der Agarkolben muß vor der Malachitgrünzugabe auf ca. 60° abgekühlt sein. Wo Malachitgrünagar nur selten gebraucht wird, hält man Agarröhrchen zu 20ccm abgefüllt vorrätig, die bei Bedarf gelöst und mit der Malachitgrünlösung in Platten gegossen werden. Die Malachitgrünplatte, die mit dem zu untersuchenden Material beimpft ist, wird nach dem Bebrüten mit ca. 3ccm Kochsalzlösung übergossen und bleibt einige Sekunden stehen. Typhus- und Paratyphusbakterien lösen sich schnell vom Nährboden ab. Die NaCl-Lösung wird auf Endo- oder Drigalskiagar abgeimpft.

Säurefuchsin-Malachitgrünagar. 1 l Nähragar PH 7,0—7,1, 50 ccm 3proz. Säurefuchsinlösung, 10 ccm wäßrige Malachitgrünlösung 1:10 000, 14 g Milchzucker, aufgekocht in etwas Aqua dest.

Vorrätig zu halten sind die Säurefuchsin- und die Malachitgrünlösungen. 3 g Säurefuchsin S (Grübler, Leipzig) werden in 100 ccm Aqua dest. aufgelöst. Die Lösung ist lange haltbar. Die Malachitgrünlösung wird durch Auflösung von 0,1 g Malachitgrün krist. extra rein (Höchst) in 100 ccm Aqua dest. hergestellt. Vor der Zugabe verdünnt man 1 ccm dieser Malachitgrünlösung mit 9 ccm Aqua dest. Die wäßrige Malachitgrünlösung ist nur 8 bis 10 Tage haltbar.

Der heiße Agar wird mit den beiden Farblösungen und der Milchzuckerlösung versetzt, ½ Std. im Dampftopf nachsterilisiert und zu Platten vergossen. Der Nährboden ist nicht lichtempfindlich und für die Typhus- und Ruhrdiagnose brauchbar. Die pathogenen Darmbakterien entfärben den Nährboden.

Wasserblau-Metachomgelbagar nach Gassner. 1 l Nähragar PH 7,1—7,2, 63 ccm einer 3proz. wäßrigen Metachromgelblösung, 88 ccm einer 1proz. wäßrigen Wasserblaulösung, 50 g Milchzucker, in der Wasserblaulösung 10 Min. gekocht. Metachromgelb II R D (Grübler, Leipzig) wird nach Auflösung 2 Min. gekocht. Wasserblau 6 B extra P und Milchzucker werden in Aqua dest. 10 Min. gekocht.

Die beiden Farben müssen getrennt gekocht werden, weil sonst Ausflockungen eintreten und die Nährbodenqualität leidet. Die einzelnen Bestandteile werden in heißem Zustand miteinander gemischt und der Nährboden sogleich in Platten gegossen. Die Platten sind grün. Bact. coli wächst in tiefblauen Kolonien, sie erscheinen in der Durchsicht blauschwarz, in der Aufsicht blaugrün. Die Kolonien der Typhus- und Ruhrbakterien hellen den Nährboden gelblich auf und erscheinen gelblich glasig. Der Farbumschlag ist sehr deutlich auch bei enganeinander stehenden Kolonien.

Chinablau-Malachitgrünagar nach Bitter. 1 l Nähragar PH 7,0 bis 7,2, 20 g Milchzucker aufgekocht in etwas Aqua dest., 4 ccm einer wäßrigen, gesättigten Chinablaulösung, 25 ccm einer 0,1 proz. wäßrigen Malachitgrünlösung. (Chinablau und Malachitgrün krist. extra rein, Höchst.) Das Chinablau sättigt das Aqua dest. erst bei etwa 12 proz. Konzentration. Die beiden Farblösungen sind vorrätig zu halten.

Dem heißen Agar setzt man die Milchzuckerlösung und die beiden Farblösungen hinzu. Der Nährboden wird darauf 10 bis 15 Min. im Dampftopf nachsterilisiert und in Platten vergossen. Die Platten dürfen nicht zu dick sein, weil sonst die Beurteilung erschwert wird. Das Bact. coli wächst auf dem Nährboden in blauen, Ty. und Paraty. in farblosen durchscheinenden Kolonien.

Chinagrünagar nach Werbitzky. 1 l Nähragar PH 7,4, 14 bis 15 ccm einer 0,2 proz. wäßrigen Chinagrünlösung.

Den fertigen Nähragar hält man in Kolben zu entsprechenden Mengen vorrätig. Zum Plattengießen löst man den Agar auf, kühlt ihn auf 60—65° ab und gibt die Chinagrünlösung hinzu. (Chinagrün der I. G. Farbenindustrie.) Die Platten werden wie die Malachitgrünplatten angewandt.

Rhamnoseagar zur Beobachtung von Schleimwallbildung. 1 g Rhamnose (Isodulcit) in etwas Aqua dest. aufgekocht, 100 ccm Nähragar PH 7,5.

Dem verflüssigten Nähragar wird die Rhamnoselösung zugesetzt, es kann kurze Nachsterilisation im Dampftopf erfolgen. Der Nährboden wird in Platten vergossen und dient zur Beobachtung der Schleimwallbildung bei verschiedenen Arten der pathogenen Darmbakterien.

Karotinagar. Mohrrüben werden nach gründlichem Abbürsten in heißem Wasser geputzt, dann zerrieben. Der Saft wird durch ein Seihtuch abgepreßt, 30 Min. im Dampftopf sterilisiert, dann filtriert und im Verhältnis von 5 zu 100 ccm Agar PH 7,5 gemischt. Nach Sterilisation wird der Nährboden in Platten vergossen. Auf dem etwas bräunlichen Nährboden ist die Schleimwallbildung um die Kolonien sehr gut zu beobachten.

h) Agarnährboden zur Bestimmung der Keimzahl im Trinkwasser und in der Milch.

Heyden-Nährstoff-Gelatine-Agar nach PRALL **für Wasserunter-suchung.** 7,5 g Fädenagar, 5 g Heydennährstoff, 1000 ccm Aqua dest., 50 g Blattgelatine.

Agar und Wasser werden im Autoklav bei 0,5 at ½ Std. ge-kocht. Nach dem Abkühlen der Masse wird die Gelatine hinzu-gesetzt. Der Heydennährstoff (reine aus Hühnereiweiß hergestellte Albumose) wird in 20—30 ccm Wasser gequirlt, der Masse hinzu-gefügt und mit dieser unter dauerndem Rühren aufgekocht, dann ca. 45 Min. im Dampftopf sterilisiert und wie die Nährgelatine filtriert. Die PH-Zahl wird auf 7,0—7,2 eingestellt und der Nähr-boden in hoher Schicht in Röhrchen oder Kolben abgefüllt, die im Dampftopf 30—45 Min. nachsterilisiert werden.

Zur Bestimmung der Keimzahl im Trinkwasser wird der auf 40° abgekühlte Nährboden mit bestimmten Mengen des zu unter-suchenden Wassers in Platten gegossen.

Lab-Lemko-Pepton-Gelatine-Agar nach PRALL. 10 g Lab-Lemko (Liebigs Fleischextrakt), 10 g Pepton, 1,5—2 g Fädenagar, 5 g Kochsalz, 1,5—2 g Soda, 1000 ccm Aqua dest., 100 g Blatt-gelatine.

Lab-Lemko, Pepton, Agar, Kochsalz und Soda werden im Auto-klav ½ Std. bei ½ at gekocht. Der etwas abgekühlten Masse wird die Gelatine zugesetzt, der Nährboden wird noch einmal auf-gekocht, wie die Nährgelatine geklärt und filtriert. Die PH-Zahl wird auf 7,0—7,2 eingestellt und der Nährboden wie die Gelatine weiter verarbeitet.

Heyden-Agar nach W. Hesse und Niederer. 10 g Nährstoff Heyden, 10 g Agar, 1 l Aqua dest.

Der Agar wird mit dem Aqua dest. im Autoklav gekocht (30 Min. bei 0,5 at). Der Heydennährstoff wird in 50 ccm Aqua dest. in einem Becherglase angefeuchtet, gequirlt und der heißen Agarlösung hinzugesetzt. Die Masse wird unter ständigem Rühren aufgekocht und dann filtriert. Der fertige Nährboden wird in Röhrchen abgefüllt und sterilisiert. Eine PH-Bestimmung ist nicht notwendig. Die Anwendung erfolgt in der für die Keimzahl-Bestimmung im Wasser üblichen Art.

Aesculingallensalzagar nach VANDERLECK zur Isolierung von Bact. Coli aus Milch und Wasser. 20 g Pepton Witte, 5 g Taurocholsaures

Natrium, 1 g Aesculin, 1 g Ferrum citricum, 10—15 g Fädenagar, 1000 ccm Aqua dest.

Pepton, die Salze und der Agar werden mit dem H_2O 30 Min. bei 105° im Autoklav gekocht, dann im Dampftopf filtriert, in Röhrchen oder Kölbchen abgefüllt und im Dampftopf sterilisiert.

Agar zur Bestimmung der Keimzahl im Trinkwasser und in der Milch (amerikanische Standardmethode). 150 g Fädenagar werden 3—4 Std. in Aqua dest. eingeweicht, durch ein Sieb abfiltriert und noch 1—2mal mit Aqua dest. gewaschen. Man bringt die Agarfäden wieder auf ein Sieb und läßt sie abtropfen. Inzwischen wird ein leerer Kochtopf abgewogen, mit 4000 ccm Aqua dest., 30 g Lab-Lemko (Liebigs Fleischextrakt) und 50 g Trockenpepton beschickt und aufgekocht, nach 5 Min. langem Kochen stellt man die Lösung auf PH 6,4—6,6 ein und filtriert sie klar. Dem Agar wird jetzt Fleischextraktlösung hinzugesetzt und das Gesamtgewicht des Topfinhalts durch Zusatz von Aqua dest. auf 10 230 g gebracht, dann aufgekocht und 15—20 Min. unter Rühren im Kochen gehalten.

Nach Beendigung der Kochprozedur wird das verdampfte Wasser durch heißes Aqua dest. auf die ursprüngliche Gewichtszahl ergänzt (10 230) und die PH-Zahl nachkontrolliert, nötigenfalls korrigiert. Der Nährboden wird dann im Autoklav in der üblichen Weise filtriert und falls er nicht die notwendige Klarheit zeigt auf 55° abgekühlt und wie die Gelatine mit Eiereiweiß geklärt. Der fertige Nährboden muß einen PH-Wert von 6,4—6,6 haben. Man füllt ihn in Röhrchen oder Kolben ab und sterilisiert in der üblichen Weise im Dampftopf.

i) Agarnährböden für Tuberkelbazillen.

α) Eiweiß- bzw. albumosehaltige Nährböden.

Vorbemerkung: Tuberkelbazillen werden auf festen Nährböden hauptsächlich in Form von Schrägkulturen angelegt. Das natürliche Kondenswasser reicht gewöhnlich für die lange Kulturdauer nicht aus. Es ist daher angebracht, vor dem Beimpfen ca. $\frac{3}{4}$ ccm Glyzerinbouillon oder ähnliches in jedes Röhrchen unter sterilen Bedingungen hineinzubringen.

Auch hat es sich bewährt, die Röhrchen während der Bebrütung in eine feuchte Kammer (Zinkkasten nach KOLLATH) zu stellen.

Glyzerinagar. Der gewöhnliche 2proz. Nähragar erhält einen 5proz. Zusatz von Glycerin pur. Nach Einstellung auf PH 6,3—6,4 für humane, bzw. 6,7—7,0 für bovine Stämme wird der Nährboden zu Schrägröhrchen abgefüllt und sterilisiert. Nach dem Erstarren in Schräglage ist er gebrauchsfertig.

Eigelbagar nach Dorset. Nähragar mit einer PH-Zahl von 7,2 wird zu ca. 6—7ccm in Röhrchen abgefüllt und in der üblichen Weise im Dampftopf sterilisiert; dann ist er im Wasserbad auf 60° abzukühlen und bei dieser Temperatur zu halten. Inzwischen werden ganz frische Hühnereier mit heißem Wasser, Seife und Bürste gereinigt, abgetrocknet, einzeln in Spiritus getan und auf der Asbestplatte abgeflammt. Man desinfiziert sich die Hände, knickt die Eierschale zwischen den beiden Polen mit einem sterilen Messer, trennt Eierklar und Eigelb und gibt mit einer sterilen Pipette, deren Spitze etwas erweitert ist, zu jedem Agarröhrchen je ein Kubikzentimeter hinzu. Durch geschicktes Neigen wird der Agar mit dem Eigelb vermischt. Die Röhrchen werden dann sofort zum Erstarren schräg gelegt. Eine Nachsterilisation ist nicht zulässig. Zur Sterilitätsprobe stellt man die erstarrten Röhrchen einige Tage in den Brutschrank.

Heydenagar nach Hesse. 5 g Nährstoff Heyden, 5 g Kochsalz, 20 g Glyzerin, 10 g Agar, 1000 ccm Aqua dest., 5 ccm Normalsodalösung.

Der Fädenagar wird zusammen mit dem NaCl, Glyzerin und der Sodalösung in der üblichen Weise gekocht und filtriert. Inzwischen feuchtet man den Nährstoff Heyden in einem Becherglas mit 20—25 ccm sterilem, kaltem Aqua dest. an und quirlt bis zur Auflösung. Die Lösung wird dem heißen Agar zugesetzt unter Rühren mit diesem ¾ Std. gekocht und dann filtriert. Der Nährboden wird auf PH 6,5 eingestellt, in Röhrchen für Schrägkulturen abgefüllt und 30 Min. im Dampftopf sterilisiert.

Hirnagar nach Ficker. Rinderhirn, so frisch wie möglich, wird von den Häuten befreit, gemahlen und nach Zusatz der gleichen Menge dest. Wassers unter Rühren 15 Min. gekocht. Die Hirnmasse wird durch ein Tuch gepreßt und zu gleichen Teilen mit gewöhnlichem 2,5proz. Nähragar gemischt. Der Agarhirnmasse setzt man 3% Glyzerin hinzu, füllt unter dauerndem Umrühren in Röhrchen für Schrägkulturen ab und sterilisiert die Röhrchen 30—45 Min. im Autoklav. Die Röhrchen werden dann in der üblichen Weise schräg gelegt. Die Hirnkolatur ist sauer, eine Einstellung auf eine bestimmte PH-Zahl ist nicht erforderlich.

β) Eiweiß- bzw. albumosefreie Agarnährböden.

Kuß-Agar. 1. 7g Zitronensäure krist. chem. rein, 7 ccm Normal-Schwefelsäure, 7,5g Kal. carbonat chem. rein, 500 ccm Aqua dest.

Die drei Chemikalien werden dem dest. Wasser zugegeben und mit diesem aufgekocht. Inzwischen wiegt man folgende Salze ab:

2. 4g Calciumglycerophosphat, 1,5 g Magnesiumglycerophat, 0,4g Ferrum citricum reduct. pur., 12g Asparagin pur. cryst., 50 ccm Glycerin pur.

Die *Salze* werden zusammen in einen leeren Kolben gegeben und mit der Lösung 1 übergossen. (Löst man die Salze einzeln auf, dann flocken die Phosphate aus.) Dann fügt man das *Glyzerin* hinzu und kocht bis zur Lösung der Salze.

3. 15—18g Agar werden in 500 ccm Aqua dest. 30 Min. im Autoklav gekocht, dann werden beide Lösungen vereinigt, die Masse wird im Dampftopf filtriert, auf PH 6,3—6,4 eingestellt (für bovine Stämme kann die PH-Zahl 6,7—7,0 betragen) und in Röhrchen für Schrägkulturen abgefüllt. Die Röhrchen werden 30—40 Min. im Dampftopf sterilisiert und schräg gelegt.

LOCKEMANN Agar. 3g Natr. Monophosphat, 0,6g Magnesiumsulfat, 2,5 g Magnesiumcitrat, 5 g Asparagin, 4 g Kaliummonophosphat, 20g Glyzerin, 500 ccm Aqua dest.

Die Salze werden in 500 ccm Aqua dest. gegeben und mit ihm aufgekocht. 15—18g Agar werden in 500 ccm Aqua dest. 30 Min. im Autoklav gekocht, die beiden Lösungen vereinigt und im Dampftopf filtriert. Die PH-Zahl wird auf 6,4 für humane oder 6,8 für bovine Stämme eingestellt, dann der Nährboden in Röhrchen für Schrägkulturen abgefüllt und 45 Min. im Dampftopf sterilisiert. Die sterilisierten Röhrchen werden schräg gelegt und sind nach dem Erstarren gebrauchsfertig.

j) Agarnährböden für pathogene Pilze.

Maltose- oder Glukose-Pepton-Agar für Pilze nach SABOURAUD (Milieu d'épreuve). 30g Pepton Witte, 120g Maltose oder Glukose, 54g Agar, 3000 ccm Leitungswasser.

Der Agar wird in angewärmtem Leitungswasser gut durchgeknetet und bleibt am besten über Nacht zum Aufweichen stehen.

Dann gibt man Pepton und das Saccharid zu, kocht unter dauerndem Rühren auf und solange nach, bis der Agar gelöst ist (etwa 10—15 Min). Inzwischen werden im Autoklav Filterkolben und Filter wie zur Agarfiltration aufgestellt, die Filter mit dem Agar beschickt und der Autoklav langsam auf 110° erhitzt. Diese Temperatur darf nicht überschritten werden, weil sonst der Zucker leicht verändert werden kann. Nach etwa 5 Min. wird die Beheizung des Autoklaven abgedrosselt und dieser etwa 30 Min. sich selbst überlassen. Nach dieser Zeit ist der Nährboden filtriert. Die syrupähnliche, etwas bräunliche Masse wird in sterile 300-ccm-Kölbchen oder großkalibrige Kulturröhrchen abgefüllt (in den gewöhnlichen Röhrchen können sich die riesigen Kolonien nicht typisch entwickeln) und 30 Min. im Dampftopf sterilisiert. Die Sterilisation kann auch fraktioniert an drei aufeinanderfolgenden Tagen zu je 20 Min. erfolgen. Zur Sterilitätsprobe läßt man die Röhrchen einige Tage bei Zimmertemperatur stehen. Der Nährboden bleibt natursauer.

Milieu de choix nach SABOURAUD. 10—20g Pepton, 30—40g Glukose, 15—20g Agar, 1000ccm Wasser. Herstellung wie bei Milieu d'épreuve.

Milieu de conservation nach SABOURAUD. 30g Pepton, 18g Agar, 1000ccm Wasser. Die Herstellung ist grundsätzlich dieselbe, wie die der beiden anderen Pilznährböden. Die Sterilisation kann auf einmal erfolgen, weil hier kein Zucker vorhanden ist. Bei längerem Aufenthalt auf zuckerhaltigen Nährböden tritt Formveränderung (Pleomorphie) bei den Pilzen ein, daher ist für Dauerkulturen dieser Nährboden vorgesehen.

Nährboden nach PLAUT **für Ausgangskulturen.** 10—20g Pepton, 10g Traubenzucker, 5g Glyzerin, 5g Kochsalz, 20g Agar, 1000ccm Wasser. Die Herstellung erfolgt wie beim Milieu d'épreuve nach SABOURAUD.

Modifikation des Plautschen Nährbodens nach GRÜTZ. 1. 5g Pepton Knoll unter leichtem Erwärmen mit etwas Wasser gelöst, dazu 10g Traubenzucker, 5g Glyzerin, 5g NaCl, 18g Agar, 1000ccm Wasser. Herstellung usw. wie oben.

2. 5g Pepton Knoll gelöst wie vorher, dazu 60g Nervinamalz Knoll, 5g Glyzerin, 5g NaCl, 18g Agar, 1000ccm Wasser. Herstellung im allgemeinen wie oben, der Nährboden filtriert sehr schwer und wird allgemein unfiltriert verwandt.

Deutscher Pilzbestimmungsagar nach Grütz. 5g Pepton Knoll, 80g Nervinamalz Knoll, 18g Agar. Das Pepton wird unter Erwärmen in etwas Wasser gelöst, der Agar, der in dem Wasser aufgeweicht wird, bekommt den Zusatz von Nervinamalz und der Peptonlösung. Die Masse wird im Autoklav auf 110° erhitzt, der Autoklav dann abgekühlt und der Nährboden in Kulturgefäße oder Vorratskolben abgefüllt und wie der Sabouraudnährboden sterilisiert. Eine zu lange Sterilisation ist zu vermeiden, weil sonst das Nervinamalz verändert wird.

Deutscher Fortzüchtungsnährboden nach Grütz. 30g Pepton Knoll, 18g Agar, 1000ccm Wasser. Die Herstellung ist die gleiche wie die des Milieu de conservation nach Sabouraud. Von allen den Pilznährböden können selbstverständlich auch Platten gegossen werden. Die Ausführung ist dieselbe wie beim gewöhnlichen Agar.

k) Agarnährböden für apathogene Pilze, Hefen usw.

Bierwürz-Agar für Pilze und Hefen. Die in Bierbrauereien erhältliche Bierwürze wird 1 Std. im Dampftopf gekocht und muß mindestens über Nacht abstehen. Der abgestandenen filtrierten Bierwürze setzt man 2% Agar hinzu, kocht ohne jeden weiteren Zusatz, filtriert und füllt wie üblich ab, oder stellt nach Sterilisation Platten her.

Der Nährboden wird natursauer verwandt.

Bieragar. Aus hellem oder dunklem Lagerbier wird durch Kochen die Kohlensäure ausgetrieben. Dem noch heißen Bier wird dann soviel kohlensaurer Kalk hinzugesetzt, daß die Reaktion gegen Lackmuspapier nur noch schwach sauer ist. Nach Zusatz von 1,5—2% Agar wird die Masse wie üblich gekocht und filtriert. Die Verwendung ist als Schrägagar und auch als Agarplatte üblich.

Asparaginagar nach Bredemann für Sporenträger. 6g Agar werden täglich 2 Std. acht Tage lang in fließendem Wasser gewässert, zum Schluß abgedrückt und zusammen mit 1 l Wasser, 20g Rohrzucker und 10g Asparagin gekocht und filtriert (Kochen und Filtrieren erfolgt im Dampftopf). Nach Fertigstellung des Nährbodens erfolgt ein Zusatz von: 1g Kaliumphosphat, 0,1 g Kalziumchlorid, 0,3 g Magnesiumsulfat, 0,1 g Natriumchlorid, 0,1g Eisenchlorid. Die Salze werden in dem Agar heiß gelöst.

l) Agarnährböden für Amöben.

Heuwasseragar. 20 g Wiesenheu werden mit 1000 ccm Aqua dest. aufgekocht und abfiltriert. Das Filtrat wird auf 1000 ccm ergänzt, mit 1,5—2% Agar versehen, aufgekocht, filtriert und auf PH 8,2—8,4 eingestellt. Der Nährboden wird in Schrägröhrchen abgefüllt oder in Platten vergossen.

Heudekokt-Agar nach SCHARDINGER. 30 g Heu werden in 1 l Wasser suspendiert. Nach Zusatz von 1—1,5 g gepulvertem Kalkhydrat wird die Mischung 24—36 Std. in den Brutschrank gestellt, filtriert, durch Phosphorsäure ausgefällt und alkalisiert. Nach Zusatz von 1—2 ½% Agar und Kochen in der üblichen Weise erfolgt Filtration, Abfüllen und Sterilisation. Die Beimpfung erfolgt durch Übertragen ins Kondenswasser.

Amöbenagar nach MUSGRAVE und CLEGG. 20 g Agar, 1000 ccm Aqua dest., 0,3—0,5 g Fleischextrakt, 0,3—0,5 g NaCl. Nach der üblichen Verarbeitung wird der Nährboden auf PH 8,2 eingestellt.

m) Spezialnährböden für Flagellaten.

N-N-N-Agar. 14 g Agar werden in 900 ccm Aqua dest. unter Zusatz von 6 g Kochsalz gelöst, gekocht und in der üblichen Weise filtriert. Vor dem Gebrauch löst man den Agar, kühlt ihn auf 43° ab und mischt mit defibriniertem Kaninchen- oder Hundeblut im Verhältnis von 1 Teil Blut zu 2 Teilen Agar. Das Blut muß auf diese Temperatur vorgewärmt sein. Das Blutagargemisch wird in Schrägröhrchen abgefüllt oder in Platten vergossen. Die Flagellaten gedeihen zunächst im Kondenswasser, später auch auf dem Blutagar selbst. Auch ein Zusatz von einigen Tropfen Blut zum Kondenswasser der gewöhnlichen Schrägagarröhrchen bringt Kulturen zum Wachsen.

Blutagar nach W. NÖLLER. 25 g Agar werden in 1000 ccm schwach alkalischer Pferdefleischbouillon in der üblichen Weise gekocht, dann mit 2% Traubenzucker versehen, filtriert und zu 3—5 ccm in Röhrchen abgefüllt und sterilisiert. Vor dem Gebrauch wird die notwendige Anzahl der Röhrchen aufgelöst und dem Agar so heiß wie nur möglich die gleiche bis doppelte Menge defibriniertes Pferdeblut zugegeben. Die Röhrchen werden dann in der Schräglage zum Erstarren gebracht und mit einem Gummistopfen verschlossen, indem der Wattestopfen tiefer hineingeschoben wird.

Zum Plattengießen verwendet man einen 1 proz. Agar, der unter Zusatz von 1% Traubenzucker wie oben angedeutet hergestellt wird. Der Agar wird zu etwa 15 ccm in Röhrchen abgefüllt, die vor Gebrauch mit der gleichen Menge defibriniertem Pferdeblut in Platten gegossen werden. Der Agar muß möglichst heiß, die Petrischale mindestens 2 cm hoch sein. Nach dem Erstarren wird die Platte sofort beimpft. Das Kondenswasser wird in der Deckschale in eine $2—3^0/_{00}$ Sublimatlösung aufgefangen.

VI. Nährböden aus koaguliertem Eiweiß.

1. Serumnährböden.

Löffler-Serum für Diphtheriebakterien. Über Gewinnung und Konservierung des Serums s. Gewinnung von tierischem Serum. Zur Züchtung von Diphtheriebakterien eignet sich in gleicher Weise Hammel-, Rinder- oder Pferdeserum.

Zur Herstellung des Nährbodens wird das Serum vorsichtig von dem am Boden des Gefäßes befindlichen Chloroform gegossen. 3 Teile dieses Serums werden mit 1 Teil einer 1—2 proz. Traubenzuckerbouillon gemischt und dann in Petrischalen oder in Röhrchen gegossen. Beim Abfüllen ist darauf zu achten, daß keine Blasenbildung an der Oberfläche der Röhrchen oder Platten auftritt, weil sonst der Nährboden keine glatte Oberfläche erhält. Man läßt das Serum an der inneren Wand des Röhrchens oder der Platte herunterlaufen. Bei den Röhrchen achtet man noch darauf, daß der Teil des Röhrchens, in dem der Wattestopfen sitzt, nicht mit dem Nährboden befeuchtet wird. Die befüllten Röhrchen bzw. Platten werden dann durch Erwärmung zum Erstarren gebracht. (Eiweißgerinnung durch Wärme.) Hierzu bedient man sich des Serumerstarrungsschrankes, eines Apparates, der genau so gebaut ist wie der Brutschrank, also doppelwandig mit Wasserfüllung, jedoch Temperaturen bis zu 100° entwickeln kann. Die befüllten Serumröhrchen werden in den einzelnen Fächern des Schrankes auf Glasstäben usw. schräg gelegt. Die Platten bringt man in horizontaler Lage im Schrank zum Erstarren. Das Serum erstarrt bei einer Temperatur von 60° aufwärts. Für Löfflerserum benutzt man Temperaturen von 80—95°. Das Erstarren dauert je nach der Höhe der Temperatur 1—1½ Std. Der Nährboden ist dann fest erstarrt, wenn die Oberfläche beim Anklopfen an die Wand des Kulturgefäßes keine Erschütterung zeigt. Die erstarrten Röhrchen usw. werden aus dem Erstarrungsschrank genommen und nach dem Erkalten im Dampftopf nachsterilisiert. Diese Art der Nachsterilisation eignet sich aber nicht für jedes Serum; es kommt zuweilen vor, daß der Nährboden durch Blasenbildung unbrauchbar wird. Die sicherste Art der Nachsterilisation ist die einer nochmaligen Erwärmung für mehrere Stunden auf 90° am Tage nach dem Erstarrenlassen im Erstarrungsschrank.

Wo das Blutserum von vornherein durch hitzeresistente Keime verunreinigt ist, kann man sichere Sterilisation nur durch Filtration (Seitzfilter) erreichen. Weniger resistente Keime werden in einigen Wochen durch das dem Serum zugesetzte Chloroform abgetötet.

Ist das Serum nicht ganz frei von Hämoglobin, so bekommt der Nährboden eine bräunliche unansehnliche Farbe. Das Wachstum wird dadurch nicht beeinträchtigt. Die Bouillon kann zur Not auch ohne Traubenzucker Verwendung finden; sie darf aber nicht zu alkalisch sein, weil dann der Nährboden weich und braun wird und sich zur Züchtung wenig eignet. Zum Erstarren des Serums sind noch andere Apparate als der genannte gebräuchlich, das Prinzip ist jedoch immer dasselbe. Behelfsmäßig kann man Löfflerserum auch im Trockensterilisierschrank zum Erstarren bringen; man muß dann aber vor dem Einstellen des Serums die Beheizung regulieren und während des Erstarrens beobachten. Eine Zugabe von 0,125 g Cystin auf 1000 ccm Löfflerserum verbessert das Wachstum der Diphtheriebakterien.

Rinderserumtellurplatte nach CONRADI **und** TROCH. Man stellt eine Bouillon aus 10 g Lab Lemko, 20 g Pepton, 5 g Kochsalz, 6 g Calcium bimalicum und 1000 ccm Wasser her. Die Lösung wird 30 Min. im Dampftopf erhitzt, filtriert und dem sauer reagierenden Filtrat 1% Traubenzucker hinzugesetzt. Zu 1 Teil der Bouillon gibt man 3 Teile frisches Rinderserum und pro 100 ccm des Gemisches 2 ccm einer 1 proz. Kaliumtelluritlösung (Herstellung s. bei Claubergnährboden). Dann wird in Petrischalen verteilt, die 15 Min. bei 85° zwecks Erstarrung gehalten werden. Die Deckel der Platten werden mit Fließpapier ausgelegt. Die viertelstündige Erwärmung kann wiederholt erfolgen.

Diphtheriebakterien wachsen in schwarzen Kolonien. Die Platte ergänzt das Löfflerserum.

Serumlackmusplatte nach COSTA, TROISIER **und** DAUVERGNE. 100 ccm Pferdeserum, 10 ccm 30 proz. Traubenzuckerlösung, 1,5 ccm sterile Lackmuslösung, 3 ccm 1 proz. Schwefelsäure. Die einzelnen Bestandteile werden gemischt, der Nährboden wie das Löfflerserum in Platten gegossen und zum Erstarren gebracht. Diphtheriebakterien wachsen mit rotem Zentrum und blaßrotem Rande, Pseudodiphtheriebakterien in grauweisen Kolonien.

Rhodankaliumnährboden nach Rankin. 5 Teile Hammelserum, 1 Teil Bouillon, dazu 0,5% Traubenzucker, 1% Rhodankalium und 2% einer wäßrigen 0,5 proz. Neutralrotlösung. Der Nährboden wird wie das Löfflerserum zum Erstarren gebracht. Diphtheriebakterien färben den Nährboden rot.

Neutralrot-Rinderserum für Meningokokken. 3 Teile Rinderserum, 1 Teil Bouillon, dazu 1% Traubenzucker und 1% einer 0,5 proz. wäßrigen Neutralrotlösung. Der Nährboden wird wie das Löfflerserum zum Erstarren gebracht. Meningokokken wachsen in roten Kolonien.

Glyzerinserum nach Koch für Tbc.-Kulturen. 3 Teile steriles Rinder- oder Hammelserum, 1 Teil Bouillon werden mit einem Zusatz von 3% Glyzerin versehen. Der Nährboden wird wie das Löfflerserum zum Erstarren gebracht. Die Temperatur soll dabei besonders am ersten Tage 75° nicht übersteigen, weil der Nährboden dann seine Durchsichtigkeit verliert. Der Nährboden wird an drei aufeinanderfolgenden Tagen 1—2 Std. nachsterilisiert.

2. Eiernährböden für Tbc.-Kulturen.

Eiernährboden nach Lubenau für Tbc.-Kulturen. 1 Teil Eigelb (1 Eigelb beträgt ca. 18 ccm), 1 Teil 4 proz. Glyzerinbouillon.

Die Eierschale wird mit heißem Wasser, Seife und Bürste gründlich gereinigt, dann abgetrocknet, in Alkohol gelegt, aus diesem mit einem Löffel herausgenommen und auf der Asbestplatte abgeflammt. Mit desinfizierten Händen trennt man nach dem Knicken der Schale das Eierklar vom Dotter und fängt den letzteren in einem sterilen Meßzylinder auf. Nach dem Bestimmen der Menge läßt man das Eigelb in ein steriles Gefäß mit Glasperlen einfließen, schüttelt kräftig durch, gibt die Bouillon dazu, schüttelt noch einmal durch, filtriert dann durch sterile Gaze und füllt unter sterilen Bedingungen wie Ascites- oder Serumschrägagar ab. Die befüllten Röhrchen werden im Serumerstarrungsschrank bei 85 bis 87° zum Erstarren gebracht und am nächsten Tage 2 Std. bei derselben Temperatur nachsterilisiert.

Zu beachten ist, daß die Eier ganz frisch sein müssen, daß ferner alle Gefäße, Meßzylinder, Filter usw., die mit der Nährbodenmasse in Berührung kommen, vorher sterilisiert worden sind.

Um die Tbc.-Kulturen bei der nötigen Feuchtigkeit zu erhalten, gibt man nach dem Sterilisieren zu jedem Röhrchen etwa 0,5 bis 0,7 ccm 4 proz. Glyzerinbouillon hinzu.

Eiernährboden nach LUBENAU, modifiziert nach LEVINTHAL. 1 Teil Eigelb, 1 Teil frisches Blutserum mit 4% Glyzerin.

Der Nährboden wird genau so hergestellt wie unter LUBENAU angegeben. Nur nimmt man statt der 4% Glyzerinbouillon reines Rinderserum, dem man 4% Glyzerin hinzufügt.

Hämatin-Eiernährboden nach HOHN. 150 ccm Eimasse (Eiweiß und Dotter), 50 ccm 5 proz. Glyzerinbouillon, 6 ccm Hämoglobinlösung.

Herstellung der Glyzerinbouillon: 10 g Fleischextrakt, 10 g Pepton, 5 g Kochsalz, 1000 ccm Wasser, 50 ccm Glyzerin. Die Herstellung erfolgt in der üblichen Weise. Die PH-Zahl wird nicht bestimmt. Die Bouillon bleibt natursauer. Einen Teil der Bouillon läßt man ohne Glyzerin, davon gibt man in die Röhrchen als Kondenswasser.

Herstellung der Hämoglobinlösung: Man zentrifugiert steriles, defibriniertes Blut, gießt das Serum fort und füllt zu dem Erythrozytensatz die gleiche Menge steriles Aqua dest., schüttelt durch und legt eine Sterilitätsprobe an. Das Blutwassergemisch bleibt bis zum nächsten Tage im Eisschrank. Ist die Hämoglobinlösung steril, dann kann die Zusammensetzung des Nährbodens erfolgen.

Die Eierschalen werden wie unter Lubenau angegeben gereinigt, desinfiziert und die Eimasse in einem sterilen Meßzylinder abgemessen. Die Glyzerinbouillon und die Hämoglobinlösung wird zugesetzt und die Masse entweder mit einem sterilen Glasstabe glatt gerührt oder in ein steriles Gefäß mit Glasperlen getan und in derselben Weise wie das zu defibrinierende Blut geschlagen, dann durch sterile Gaze filtriert und wie der Lubenausche Nährboden zu 6—7 ccm in sterile Röhrchen abgefüllt. Die Röhrchen werden im Serumerstarrungsapparat durch allmähliche Erwärmung bis auf 85—87° gebracht, nicht höher. Bei dieser Temperatur bleiben sie 15 Min. Dabei erstarrt der Nährboden und aus der Hämoglobinlösung bildet sich das Hämatin. Die Tbc.-Kulturen heben sich von dem bräunlichen Nährboden besonders deutlich ab.

Die Röhrchen werden unter sterilen Kautelen mit je ca. 0,8 ccm steriler, natursaurer Bouillon (ohne Glyzerinzusatz) beschickt, die die Kulturen feucht erhält. Um ein Austrocknen zu vermeiden, zieht man die Wattestopfen der Röhrchen einzeln ab, taucht sie in siedendes Ceresin oder Paraffin. dur. und bringt sie in die Röhrchenmündung, wo sie dann einen luftdichten Verschluß bilden. Nach der üblichen Sterilitätsprobe sind die Röhrchen gebrauchsfertig. Im Kühlraum aufgehoben sind sie mehrere Wochen lang haltbar.

Amino-Eiernährböden nach HOHN für Tuberkelbazillenkulturen. I. Synthetische Flüssigkeit nach LOCKEMANN (Ersatz für Glyzerinbouillon).

$$1,5 \text{ g } Na_2HPO_4 \text{ (Sörensen),}$$
$$2 \quad \text{ g } KH_2PO_4 \text{ (Sörensen),}$$
$$0,3 \text{ g Magnesiumsulfat,} \quad \Big\} \text{ Kahlbaum,}$$
$$1,25\text{g Magnesiumzitrat,}$$
$$2 \quad \text{ g Alanin,}$$

3g Asparagin, 500 ccm Aqua dest.

Die Substanzen werden in der angegebenen Reihenfolge dem H_2O hinzugesetzt. Die Erwärmung soll nicht über 80° erfolgen. Das Zufügen der nächsten Substanz soll erst dann erfolgen, wenn die vorherige bereits gelöst ist. Zum Schluß setzt man 60 ccm Glyzerin hinzu und läßt die Lösung auf 20° abkühlen. Die fertige Lösung wird in 100 ccm Kölbchen zu je 50 ccm abgefüllt und zweimal je 35 Min. im Dampftopf sterilisiert. Nach dem Abtrocknen der Dampffeuchte überbindet man die Wattestopfen der Kölbchen mit Pergamentpapier und bewahrt sie kühl auf.

II. Zu 50 ccm der Flüssigkeit setzt man 5 ccm 0,7 proz. Malachitgrünlösung (I. G. Farben, Standardpräparat) und mischt sie mit 165 ccm Volleimasse (Eierklar und Eigelb). Die Eier werden mit heißem Wasser abgeseift, mit Spiritus abgeflammt und der Inhalt nach dem Knicken der Schale in einem sterilen Zylinder aufgefangen. Das Durchmischen erfolgt entweder durch tüchtiges Schlagen mit einem sterilen Glasstab oder durch Schütteln in einem Gefäß mit Glasperlen. Nachdem die Masse durch sterile Gaze filtriert ist, erfolgt Abfüllen und Erstarrenlassen bei höchstens 83°. Nach dem Erkalten der Schrägröhrchen, beschickt man sie mit ca. ¾ ccm steriler natursaurer Bouillon und zeresiniert die Zellstoffstopfen.

Eier-Kartoffelmehl-Glyzerin-Nährboden nach Löwenstein. 1g Monokaliumphosphat, 1g zitronensaures Natrium, 1g Magnesiumsulfat, 3g Asparagin, 60g Glyzerin.

Die Salze und das Glyzerin werden in 1 l Aqua dest. heiß gelöst. Die Lösung wird 20—30 Min. im Dampftopf sterilisiert. In dringenden Fällen kann sie durch 5 Min. langes Kochen sterilisiert werden. Zu je 150 ccm der Lösung fügt man 6g Kartoffelmehl und 12g Glyzerin hinzu. Das Kartoffelmehl wird am besten in der Reibschale mit der Lösung angerieben und in einem Kölbchen unter dauerndem Schütteln gekocht. Dann hält man den Kolben unter häufigem Schütteln bis zur Dextrinbildung (etwa 1 Std.) bei 56° und fügt vier Ganzeier und ein Dotter hinzu. Die Eierschalen werden wie bei dem Lubenauschen und Hohnschen Nährboden desinfiziert. Die Eiermasse wird mit der Stärkesalzlösung in ein steriles Gefäß mit Glasperlen gebracht, bekommt einen Zusatz von 5 ccm einer 2 proz. sterilen Malachitgrünlösung (extra rein, Höchst) oder ebensoviel einer gleich starken Kongorotlösung. Die Masse wird mit den Glasperlen kräftig geschlagen, durch sterile Gaze filtriert und in sterile Röhrchen zu 6—7 ccm abgefüllt, die im Serumschrank schräg gelegt zum Erstarren gebracht und an zwei aufeinanderfolgenden Tagen je 2 Std. bei 80—85° pasteurisiert werden. Nach Beendigung der Sterilisation kann den Röhrchen je 0,8 ccm von der übriggebliebenen Salzglyzerinlösung unter sterilen Bedingungen hinzugesetzt werden. Die Wattestopfen können wie beim Hohnschen Nährboden zeresiniert werden.

Kartoffel-Milch-Eier-Nährboden nach PETRAGNANI. 150 ccm Milch (am besten Naturmilch von Bosch & Comp., Waren-Mecklenburg) werden mit der sterilen Pipette so aufgezogen, daß die Sahne im Gefäß zurückbleibt, dann werden 6 g Kartoffelmehl, 1 g Pepton und eine eigroße, in Stücke geschnittene Kartoffel hinzugesetzt. Die Kartoffel wird unter heißem Wasser tüchtig gebürstet, dann geschält. Das Ganze wird 10 Min. lang unter ständigem Schütteln im kochenden Wasserbad gehalten, es muß Verkleisterung eingetreten sein. Dann läßt man die Masse eine weitere Stunde im Wasserbad stehen. Nach Abkühlen auf 50° setzt man vier ganze Eier, ein Eigelb, 12 g Glyzerin und 10 ccm einer 2 proz. Lösung von Malachitgrün (extra rein, Höchst) hinzu. Die Masse wird wie der Löwensteinsche Nährboden geschüttelt, durch sterile Gaze filtriert und in Röhrchen abgefüllt. Die Röhrchen werden im Serumschrank schräg gelegt, durch langsam ansteigende Wärme am 1. Tage auf 80° gebracht, bleiben 20 Min. bei dieser Temperatur, dann werden sie zum Abkühlen gebracht und am 2. und 3. Tage je 15 Min. bei 75° gehalten. Als Kondenswasser kann man Glyzerinbouillon nachfüllen. Ebenso können die Wattestopfen zeresiniert werden.

Eiernährboden für Aktinomyzeten nach K. FELLINGER[1]. Aktinomyzeten wachsen gut auf dem Löwensteinschen Eiernährboden, wenn dieser ohne den Zusatz von Malachitgrün hergestellt ist. Congorot wird von dem Pilz gut vertragen.

____

[1] Zbl. Bakt. Orig. Bd. 122, S. 361.

Der Autor verbessert den Nährboden noch durch einen Zusatz von Saponin und Nervinamalz.

Die Herstellung ist folgendermaßen: Lösung A. 10g Saponinum alb. (Merck), 50g Nervinamalz (Knoll), 200ccm Aqua dest. Das Saponin wird in dem Aqua dest. kurz aufgekocht, dann wird der Lösung das Nervinamalz hinzugesetzt. Lösung B. 1g Monokaliumphosphat, einfach sauer, 1g Natriumzitrat, 1g Magnesiumsulfat, 5g Asparagin, 50g Glyzerin, ad 1000ccm Aqua dest.

Die Salze und das Glyzerin werden in einem Kolben mit 900ccm Aqua dest. durch Aufkochen gelöst und die Lösung auf 1000ccm mit H_2O aufgefüllt, dann werden beide Lösungen gemischt. Auf je 150ccm der Mischung nimmt man 6g Kartoffelmehl, das man zunächst mit einer kleinen Menge der Lösung im Mörser anreibt, dann in einem mit sterilen Glasperlen versehenen Kolben mit der vorgesehenen Menge der Lösung mischt und 15 Min. unter dauerndem Schütteln kocht. Nach dem Kochen hält man die Masse 1 Std. bei 56° im Wasserbad und gibt pro 150ccm fünf Ganzeier hinzu. (Über die Technik s. unter „Eiernährböden für Tbc. nach LÖWENSTEIN".)

Nachdem die Eimasse mit der Lösung gemischt ist, setzt man dem Ganzen auf jede ursprüngliche 150ccm Einheit 4ccm einer 2proz. wäßrigen Congorotlösung hinzu.

Die Masse wird in sterile Röhrchen abgefüllt, die an zwei Tagen je 2 Std. bei 85—90° in Schräglage im Serumerstarrungsapparat sterilisiert werden.

VII. Kartoffelnährböden.

Allgemeines über Kartoffelnährböden. Auf Kartoffelnährböden wachsen verschiedene Bakterienarten in besonders typischen Kolonieformen. Manche Farbbildner entwickeln sich auf der Kartoffel besonders gut. Tuberkelbazillen wachsen bei Zusatz von Glyzerin zur Kartoffel ausgezeichnet. Daher wird die Kartoffel häufig als Nährboden zur Differenzialdiagnose verwendet. Man verwendet sie hauptsächlich als Platte oder als schräg halbierten Zylinder, ähnlich dem Agarschrägröhrchen. Für Nährböden eignen sich hauptsächlich die sog. Salatkartoffeln, die beim Kochen nicht platzen und im gekochten Zustande zerschnitten, keine mehlige, sondern eine feste, glänzende Schnittfläche geben. Vor allen Dingen muß die Kartoffel gesund sein.

Die Vorbereitung beginnt damit, daß man die Kartoffel mit einer harten Bürste (Kartoffelbürste) unter der Wasserleitung, am besten unter warmem Wasser, gründlich reinigt, dann werden die Augen, sowie alle schadhaften Stellen ausgeschnitten. Die so gereinigten Kartoffeln können in eine Säure-Sublimatlösung (1g Sublimat, 5ccm Salzsäure, 1000ccm Wasser) für ½—1 Std. gelegt werden. Nach dem Herausnehmen spült man sie gründlich unter der Wasserleitung und verarbeitet zu den jeweils notwendigen Nährböden. Bei Nährböden, die nach der Zubereitung im Autoklav sterilisiert werden dürfen, ist eine Sublimatvorbehandlung der Kartoffel meistens nicht notwendig. Es genügt sorgfältiges Reinigen unter fließendem Wasser.

Die Kartoffelplatte nach v. Esmarch. Große Kartoffeln werden in der oben angegebenen Weise gereinigt, dann geschält und in ca. 1cm dicke Scheiben geschnitten, die in sterile Petrischalen, bzw. in Kartoffelschalen gelegt und entweder 1 Std. im Dampftopf oder 20 Min. im Autoklav bei 110° sterilisiert werden.

Schräg halbierte Kartoffelzylinder nach Globig. Die von der anhaftenden Erde usw. durch Abbürsten unter heißem Wasser gründlich gereinigten Kartoffeln werden mit einem Korkbohrer der Länge nach durchbohrt. Der Korkbohrer muß im Durchmesser etwas kleiner sein, als der innere Durchmesser der Reagensröhrchen ist. Der Kartoffelzylinder wird aus dem Bohrer gestoßen, schräg halbiert und die beiden Keile je in ein Reagensröhrchen und zwar mit der Basis nach dem Boden des Röhrchens gebracht. Die so beschickten Röhrchen gleichen den Schrägagarröhrchen. Die fertiggestellten Röhrchen werden entweder 1 Std. im Dampftopf, besser aber 20 Min. im Autoklav sterilisiert.

Kartoffelnährböden für Tbc. Für Tbc.-Kulturen werden die Kartoffeln, wie oben angegeben, vorbereitet. Zu den Scheiben in die Petrischale, bzw. in die Kartoffelschale gibt man 1—2ccm einer 4—5proz. wäßrigen Glyzerinverdünnung. In die Kartoffelröhrchen bringt man vor dem Einführen des Kartoffelzylinders ein Stückchen Glasstab von ca. 1cm Länge, dann gibt man ca. 1ccm Glyzerinwasser hinein und sterilisiert die Röhrchen wie oben angegeben. Die Reaktion der Kartoffel ist im allgemeinen sauer; soll sie alkalisch sein, so legt man die Scheiben bzw. Schrägzylinder für 10—15 Min. in eine 1proz. Na_2CO_3-Lösung. Ebenso kann man die Kartoffel durch Einlegen in 1proz. Essigsäure ansäuern.

VIII. Bedienungsvorschriften für Sterilisatoren.

Der Heißluft- oder Trockensterilisator. Der Heißluftsterilisator dient zur Entkeimung der trocknen, also leeren Glassachen. Er besteht aus einem doppelwandigen Schrank aus Kupfer- oder Stahlblech. Um Wärme zu ersparen sind die Schränke meistens nach außen durch Asbest isoliert. Unten sind zwischen dem äußeren und inneren Boden die Gasbrenner und Luftzuführungsrohre, an den Zündstellen die Sparflammenbrenner eingebaut (Abb. 22, rechts).

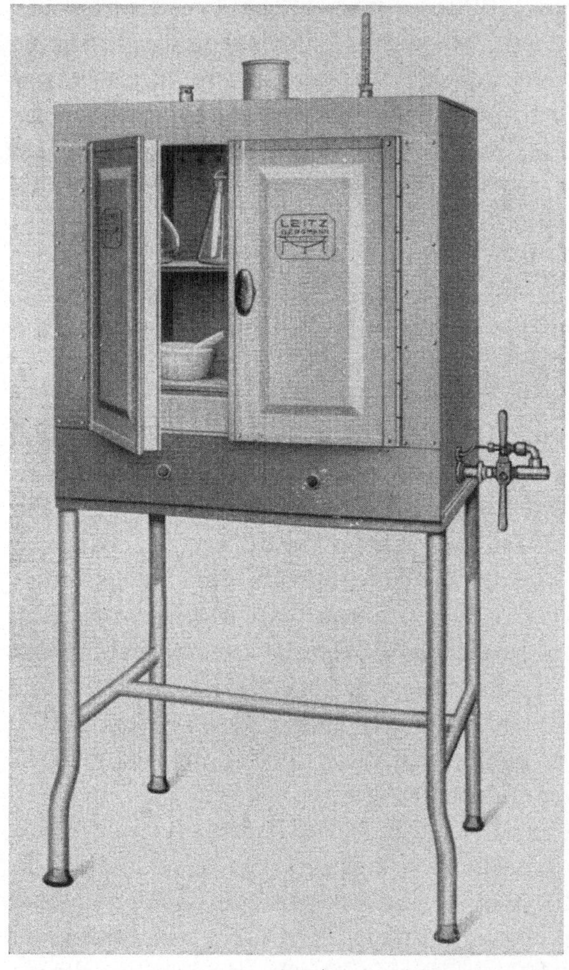

Abb. 22.

Vor Inbetriebnahme des Sterilisators öffnet man den Hahn zu den Zündstellen der Sparflammenbrenner und entzündet das Gas. Erst wenn die Stichflammen der Sparbrenner entzündet sind, öffnet man den Gashahn zu den Heizbrennern. An dem Gaszuführungsrohr zu den Brennern ist an leicht zugänglicher Stelle eine Luftzufuhrregulierung eingebaut. Durch entsprechende Einstellung der Hülse kann man die Luftzufuhr verstärken oder drosseln. Die Luftzufuhr ist dann richtig eingestellt, wenn die Flamme blau und mit leichtem Geräusch brennt. Schlägt die Flamme zurück, was man am Rückschlagknall und dem deutlichen Rauschen erkennt, so wird das Gas zu den Heizbrennern abgedreht, die Luftzufuhr etwas gedrosselt und die Beheizung wieder entzündet.

Die Temperatur, bei der Glassachen, Röhrchen, Petrischalen, Flaschen u. ä. sterilisiert werden, soll 150—160° betragen. Die Sterilisationsdauer richtet sich nach dem Material, im allgemeinen sterilisiert man 1—1¾ Std. Dickwandige Flaschen sind vor dem Sterilisieren in Papier einzuwickeln, weil sie sonst leicht springen. Mit Watte verschlossene Gefäße dürfen mit den Wattestopfen den Wänden nicht zu nahe kommen, weil sie sich dann leicht entzünden. Passiert es einmal, daß ein Korb mit gestopften Röhrchen anbrennt, dann stellt man ihn am besten in den Dampftopf oder Autoklav. Die Dämpfe der genannten Apparate ersticken die brennende Watte recht schnell. Zur Not kann man die schwelende Watte auch mit einem feuchten Tuch ersticken, dabei passiert es aber sehr oft, daß die Mündungen der Glassachen springen. Bei einiger Übung kann man den Sterilisator so regulieren, daß die Temperatur in einem Bereich von 5° stundenlang konstant bleibt.

Der Dampftopf nach Koch. Der Apparat (s. Abb. 23) besteht aus einem einwandigen vertikalen Zylinder, der am unteren Ende oft kegelförmig erweitert ist und auf einem Gestell ruht, in dem der Gasbrenner montiert ist. Der kegelförmig erweiterte Teil des Apparates stellt den Wasserbehälter dar, welcher durch einen Niveauhahn, der mit der Wasserleitung in Verbindung steht, auf konstanter Höhe gehalten wird, oder wo ein Niveauhahn fehlt, durch einfaches Auffüllen bis zur Marke am Wasserstandglas mit Wasser beschickt wird. Über dem Wasser befindet sich eine Siebeinlage, auf die das zu sterilisierende Material gestellt wird. Oben ist der Dampftopf durch einen gewölbten Deckel, der einen Tubus zur Aufnahme eines Thermometers trägt, abgeschlossen. Um Wärmeverluste zu vermeiden sind die Wände von außen mit einer Isolierschicht überzogen.

Durch eine Gasflamme wird das Wasser im unteren Teil des Apparates zum Sieden gebracht; der Wasserdampf durchströmt den Topf und entweicht an den Rändern des Deckels, der mit dem Kessel selbst nicht verschraubt ist. Im Kochschen Dampftopf erreicht man Siedetemperatur. Das Material wird in strömendem Dampf bei rd. 100° C sterilisiert.

Die Bedienung des Apparates ist sehr einfach: Der Apparat wird bis zur Marke am Wasserstandglas mit Wasser befüllt, der

Gasbrenner angezündet und das zu sterilisierende Material auf die Siebeinlage gestellt. Strömt der Wasserdampf aus dem oberen Teil des Sterilisators und zeigt das Thermometer 100°, dann wird der Beginn der Sterilisation vermerkt. Die Gaszufuhr wird gedrosselt, aber nur soviel, daß die Temperatur nicht sinkt. Nach Beendigung der Sterilisation wird die Gaszufuhr abgedrosselt, das Material aus dem Apparat genommen und kurze Zeit gelüftet, um die Dampffeuchte zu entfernen. Die Sterilisationsdauer ist bei den einzelnen Nährböden angegeben. Bei längerem Gebrauch bildet sich am Boden des Apparates eine Kesselsteinschicht, diese Schicht kann so stark werden, daß das Aufkochen des Wassers merklich verzögert wird. Man entfernt die Schicht durch Behandlung mit Salzsäure, die man 1:1 mit Wasser verdünnt. Nach tüchtigem Nachspülen mit Wasser gibt man, um Säurereste zu neutralisieren, dem ersten Füllwasser etwas Soda hinzu.

Abb. 23.

Der Autoklav. Abb. 24. Der Autoklav besteht aus einem doppelwandigen zylindrischen, vertikalen Kessel, der oben durch einen Scharnierdeckel, der mit Gummidichtung und Schraubenverschluß versehen ist, hermetisch abgeschlossen werden kann. Die äußere Wand bildet den Mantel des Apparates, an ihr sind unten die Füße angenietet, an denen der Gasbrenner befestigt ist. Der obere Teil bildet einen flachen Rand, der in die innere Wand übergeht, welche den eigentlichen Kessel bildet. In dem unteren Teil des Kessels befindet sich ein Siebeinsatz, auf den das zu sterilisierende Material gestellt wird. Unter den Siebeinsatz wird das zur Erzeugung des Dampfes notwendige Wasser hineingegossen. Unterhalb des oberen Randes ist im äußeren Mantel eine Reihe von Bohrungen ange-

bracht, die dem Abzug der Ver-
brennungsgase dienen, also wär-
metechnische Bedeutung haben.
Unmittelbar über dem Boden des
Kessels ist eine Bohrung angebracht, in die ein Hahn (Abb.
24, *a*) eingeschraubt ist, der durch
den äußeren Mantel hindurchgeht
und zum Ablassen des Wassers
dient. Etwa in halber Höhe des
Kessels befindet sich eine zweite
Bohrung mit einem ebenfalls
durch den äußeren Mantel reichen-
den rechtwinkligen nach oben gebogenen Rohr als Fassung für
ein Thermometer (*b* der Abb.). Bei
älteren Apparaten ist das Thermometer vielfach auch im Deckel
des Apparates montiert. Im
oberen Teil des Kessels ist eine
weitere Bohrung angebracht,
durch die ein Rohr zum Mano-

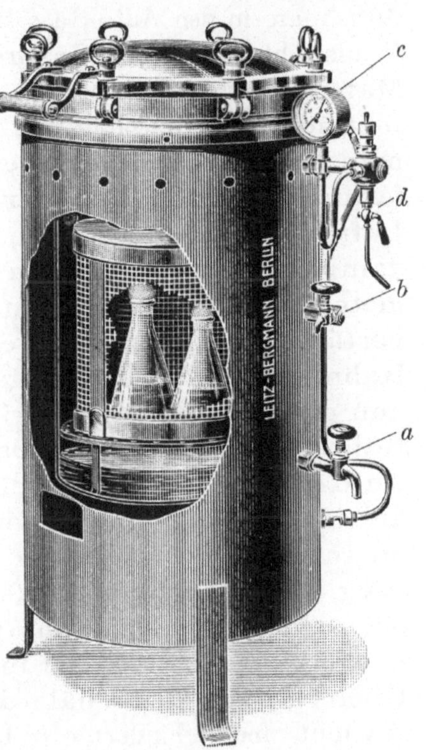

Abb. 24.

meter (Druckmesser) und zum Sicherheitsventil und Lufthahn führt. Gewöhnlich sind die Autoklave für Nährbodenküchen für einen Überdruck von 2,5 at vorgesehen (1 at ist der Druck von 1 kg auf 1 qcm bei einem Barometerstande von 760 mm). Am gas-beheizten Autoklav ist das Manometer (*c* der Abb.) meistens mit einem Thermoregulator versehen. Es sind dann zwei Zeiger an dem Manometer angebracht. Durch eine Drehvorrichtung an der Rück-seite des Manometers stellt man den roten Zeiger auf die gewünschte Atmosphärenzahl ein. Erreicht bei der Inbetriebnahme des Auto-klaven der Überdruck die gewünschte Atmosphärenzahl, dann tritt eine automatische Drosselung der Gaszufuhr ein, es brennt nur die Sparflamme und der Überdruck kann nicht mehr steigen. Die Gasleitung ist dann so gelegt, daß der Zustrom zunächst zum Manometer und von da zum Brenner geführt wird. Wo keine automatische Gasregulierung vorhanden ist, muß der Autoklav während der Sterilisationsdauer überwacht werden und die Regulierung mit der Hand erfolgen. Die Bedienung erfolgt in der Weise, daß man in den Autoklav bis etwa 2 cm unter die Siebscheibe Wasser hineinfüllt, den Gasbrenner anzündet, das zu sterilisierende Material auf die Siebscheibe stellt, den Deckel schließt und verschraubt. Das Anziehen der Schrauben erfolgt paarweise, indem man immer die gegenüberliegende Schraube der zuerst angezogenen festdreht. Der Lufthahn (d der Abb.) wird zuerst geöffnet, damit die Luft, die einen viel größeren Ausdehnungsfaktor als der Wasserdampf hat, entweichen kann. (Die Luft würde sonst das Manometer vorzeitig zum Steigen bringen und falsche Temperaturen vortäuschen.) Ist die Luft verdrängt, strömt der Dampf aus dem Hahn, dann wird der Hahn geschlossen, der Zeiger steigt und von nun an rechnet man die Sterilisationsdauer, die bei den einzelnen Nährböden neben der Atmosphärenzahl angegeben ist. Da der Autoklav hermetisch abgeschlossen ist, und der Dampf, der durch die Gasflamme entwickelt wird, nicht entweichen kann, entsteht im Innern des Apparates ein Überdruck unter gleichzeitigem Anstieg der Temperatur über $100+°C$. Die Temperatur wird um so höher, je höher die Atmosphärenzahl ist. Die Wärme teilt sich dem zu sterilisierenden Material mit, die um das Material herrschende Überdruckatmosphäre hält dem Inhalt der Gefäße das Gleichgewicht und verhindert ein Überlaufen. Der Autoklav ist somit das einzige Gerät, in dem eine Sterilisation von wäßrigen Lösungen bei Temperaturen von über 100° möglich ist, man nennt es auch Sterilisation unter gespanntem Dampf. Nach Ablauf der Sterilisationszeit wird der Gashahn geschlossen. Das Manometer sinkt allmählich mit dem Abfallen der Temperatur. *Auf keinen Fall darf der Deckel gleich geöffnet werden*, weil dann 1. der Überdruck, der solange das Überlaufen der Nährböden usw., verhindert hat, fortfiele und diese sich in den Autoklav ergießen würden; 2. weil der gespannte Dampf bei seinem plötzlichen Entweichen Verbrühungen hervorrufen würde. Das Öffnen des Autoklaven darf erst dann erfolgen, wenn das Manometer auf den Nullpunkt gesunken ist. Höchstens kann der Lufthahn ein wenig geöffnet werden, dabei darf der Dampf nur in geringem Strom entweichen. Ist das Manometer auf den Nullpunkt gesunken, dann dreht man die Verschraubung auf, *indem man von der Scharnierseite beginnt.* Das sterilisierte Material wird dem Inneren entnommen und nachdem die Wattestopfen die Dampffeuchte verloren haben, in die Behälter eingeräumt.

Es gibt Autoklaven verschiedener Konstruktion, solche, die die Wasserfüllung zwischen den Wänden haben, ferner solche, die an Dampfhochdruckleitungen angeschlossen sind. Die Bedienung ist im Prinzip dieselbe. Einzelne zu beschreiben verbietet hier der Raum.

Das Wasserbad. Das Wasserbad besteht aus einem doppelwandigen runden oder viereckigen Kessel aus Kupferblech. Der Raum zwischen den beiden Wänden, die oben überbrückt sind, ist mit Wasser befüllt. In der Überbrückung sind Öffnungen zur Einführung des Thermoregulators und des Thermometers angebracht. Das Wasser wird elektrisch oder durch Gasflammen erwärmt, seine Höhe ist am Wasserstandglas ablesbar. Zur Befüllung des inneren Raumes, des eigentlichen Wasserbades, ist ein Niveauhahn vorgesehen, der mit der Wasserleitung verbunden werden kann, und den Wasserspiegel auf die eingestellte Höhe konstant hält. Wo der Wasseranschluß fehlt, muß von Zeit zu Zeit vorgewärmtes Wasser nachgefüllt werden. Vor Inbetriebnahme überzeugt man sich von der Höhe des Wasserstandes zwischen den beiden Wänden, nötigenfalls korrigiert man den Wasserstand. Dann stellt man die Beheizung an, füllt das Wasserbad mit vorgewärmtem Wasser auf, reguliert den Thermoregulator auf die gewünschte Temperatur durch Höher- bzw. Tieferstellen des Regulatorröhrchens ein. Die Temperatur des Wasserbades liegt gewöhnlich 1—2° tiefer als die Temperatur des Wassers zwischen den Badwänden. Das in Röhrchen, Kölbchen u. dgl. abgefüllte Material wird in die dafür vorgesehenen Einsätze gebracht und mit diesen in das Wasserbad gestellt. In den Einsatz bringt man ein Thermometer zusammen mit dem zu erwärmenden Material. Ist die erwünschte Temperatur im Wasserbade erreicht, merkt man sich die Uhrzeit, bei der das Material aus dem Wasserbade zu entfernen ist. Nach einer allgemein gültigen Regel muß das Wasser im Bade mindestens so hoch stehen, daß es das Niveau der Flüssigkeit in den Gefäßen um eine

Kleinigkeit überragt. Nach Ablauf der Erhitzungszeit nimmt man die Einsätze aus dem Wasserbad heraus, läßt die Gefäße abtropfen und stellt die Beheizung ab.

Nach längerer Benutzung setzt sich auch im Wasserbad Kesselstein an. Wenn die Schicht auf die Beheizung ungünstig einwirkt, erfolgt die Entfernung durch verdünnte Salzsäure wie beim Dampftopf. Zur Not kann jeder gewöhnliche Topf als Wasserbad improvisiert werden. Man muß dann allerdings die Temperatur ständig kontrollieren und den Brenner entsprechend regulieren. Wo ein Bad mit höheren Temperaturen notwendig ist, kann man gesättigte Viehsalzlösung in einem Emailletopf erhitzen. Diese Lösung hat ihren Siedepunkt bei 106°. Für noch höhere Temperaturen benutzt man Öl- oder Glyzerinbäder, bei Benutzung von Ölbädern ist Vorsicht wegen der Feuersgefahr zu üben. Eine Flasche mit Tetrachlorkohlenstoff müßte stets zur Hand sein.

IX. Regenerierung der Nährböden.

In normalen Zeiten werden die gebrauchten Nährböden einfach beseitigt und für neue Kulturen neue Nährböden verwandt. Die Kriegszeit und die ersten Jahre nach dem Kriege, in denen einerseits der Verbrauch der Nährböden ins Riesenhafte gestiegen war, andererseits die Beschaffung von Rohagar auf unüberwindliche Schwierigkeiten stieß, machten es notwendig, aus den gebrauchten neue, gebrauchsfähige Nährböden zu regenerieren. Bei der Regenerierung muß man beachten, daß die auf dem Nährboden gewachsene Kultur entfernt und deren Stoffwechselprodukte elemeniert werden. Ferner müssen die verloren gegangenen Nährstoffe: Eiweißstoffe, Kohlehydrate und Salze ersetzt werden. Handelt es sich um Spezialnährböden mit Sacchariden und Indikatoren, so müssen diese soweit entfernt werden, daß etwaige Reste derselben oder deren Umsetzungsprodukte weder das Wachstum der Keime auf dem regenerierten Nährboden noch die Diagnose stören. Zu berücksichtigen ist auch, daß die Erstarrungsfähigkeit des Agars noch groß genug ist. Die zu regenerierenden Nährböden müssen von vornherein nach ihrer Art getrennt behandelt werden.

Regenerierung von Agarnährböden. Man berechnet die ursprüngliche Menge der angesammelten zu regenerierenden Agarmasse, die infolge Austrocknens einen Teil ihres Wassergehalts verloren hat nach der Zahl der Agarplatten oder Röhrchen, z. B. entsprechen 50—60 Agarplatten von 9 cm Durchmesser 1 l frisch hergestellten Agars. Der Nährboden wird aus den Platten ausgeschabt und in einen offenen Topf getan. Durch Abwiegen bestimmt man die Menge und ergänzt sie durch Aqua dest. auf die ursprüngliche. Die Masse wird im Autoklav 30 Min. gekocht, erhält dann einen Zusatz von 20 g Tierkohle pro Liter und wird weitere 20—30 Min. im Dampftopf gekocht und heiß filtriert. Die Tierkohle adsorbiert die Bakterien und bewirkt eine teilweise Klärung. Das Filtrat erhält einen Zusatz von 6—7g Pepton und ebensoviel Liebigs Fleischextrakt pro Liter, wird noch einmal kurz aufgekocht, auf die notwendige PH-Zahl gebracht und falls notwendig mit Hühnereiweiß oder Serum geklärt (s. Klärung von Nährböden). Der Agar wird dann wie der gewöhnliche Frischagar weiterbehandelt und in Kulturgefäße abgefüllt. Statt der Pepton- und Fleischextraktzugabe kann eine Zugabe von Hottingerbrühe oder Bouillon im Verhältnis von 1:2 Agar erfolgen. Es ist dann ein Eindampfen der Masse auf die ursprünglich berechnete Agarmenge s. oben, notwendig. Das Eindampfen erfolgt am besten in einem Bade von gesättigter Viehsalzlösung (s. unter Wasserbäder).

Regenerierung von Endoagar nach STÖSZNER. 1 kg gebrauchter Endoagar wird ½ Std. mit 50g Tierkohle gekocht und nach dem Abkühlen auf 40—50° mit ca. 50 ccm defibriniertem Rinderblut versetzt und gut durchgemischt, dann weitere 40 Min. gekocht, filtriert und bekommt einen Zusatz von 300 ccm Bouillon aus Fleischextrakt oder Hottingerbrühe. Bei evtl. Verarbeitung zu Endoagar setzt man zu 1000 ccm Nährboden hinzu, 4g in Aqua dest. aufgekochten Milchzucker, 4 ccm alkoholisch konz. Fuchsinlösung und entfärbt mit 10 proz. Natriumsulfitlösung bis zum schwach-rosa Schimmer. Über Herstellung von Endoagar s. dort.

Regenerierung von Drigalski-Conradiagar. Die Regenerierung erfolgt in derselben Weise wie die des gewöhnlichen Agars. Der regenerierte Agar wird auf PH 7,6 eingestellt und bekommt die Zusätze wie sie unter v. Drigalski-Conradiagar angegeben sind.

X. Trockennährböden und fertige Nährböden.

Die Trockennährböden und fertigen Nährbödenkonserven sind in ihrer Leistungsfähigkeit den frischen im Laboratorium hergestellten Nährböden nicht ebenbürtig. Dennoch ist es für kleine Laboratorien, in denen die Möglichkeit der Selbstherstellung nicht gegeben ist, von großem Vorteil, die fertigen Nährböden zu beziehen.

Trockennährböden Merck.

Standard I Nährbouillon. 25g des Pulvers werden in 1 l Aqua dest. heiß gelöst, evtl. filtriert, der PH-Wert wird geprüft und evtl. korrigiert. Dann füllt man den Nährboden in Kulturgefäße ab und sterilisiert wie üblich. Der Nährboden hat die Qualität der gewöhnlichen Nährbouillon. Für sehr anspruchsvolle Keime empfiehlt es sich, einen Zusatz von Serum oder Ascitesflüssigkeit zu geben.

Standard II Nährbouillon Merck. 15g des Pulvers in 1 l Aqua dest. wie Standard I behandelt, gibt eine Nährlösung für weniger anspruchsvolle Keime, insbesondere für Darmbakterien.

Standard I Nähragar Merck. 45g des Pulvers, dazu 1 l Aqua dest., werden im Dampftopf gekocht, der PH-Wert wird auf die notwendige Zahl eingestellt und der Nährboden evtl. filtriert. Der sterilisierte Nährboden wird dann in Kulturgefäße gebracht. Für besonders anspruchsvolle Bakterien setzt man dem Nährboden Serum oder Ascitesflüssigkeit hinzu (s. Serum, bzw. Ascitesagar).

Standard II Nähragar Merck. 35g des Pulvers und 1 l Aqua dest., wie Standard I behandelt, ergeben einen Nähragar für wenig anspruchsvolle Mikrobenarten. Die Fa. Merck-Darmstadt bringt außerdem noch verschiedene Nährböden in Tablettenform in den Handel.

Trockennährboden nach DOERR. Dem fertigen Agar-, Endo-, Dieudonné-usw. Nährböden wird durch Eindampfen im Vakuum das Wasser entzogen und die Masse pulverisiert. Das Pulver gibt mit der 15fachen Menge kochendem Aqua dest. gelöst den gebrauchsfertigen Nährboden.

Diese Trockennährböden sind durch Braun-Leipzig und Siebert-Wien zu beziehen.

Fertige Nährböden in Büchsen konserviert nach UHLENHUT und MESSERSCHMIDT. Die Nährböden sind von der Fa. Ungemach A.G. in Schiltig i. E. beziehbar. Die Nährbodenbüchsen werden ½ Std. im Dampftopf gekocht, dann mit dem sterilen Büchsenöffner aufgeschnitten und unmittelbar in Platten oder andere Kulturgefäße vergossen.

Gebrauchsfertige Nährböden für Fleischbeschau. Die Fa. Bengen & Co., G.m.b.H. Hannover liefert folgende Nährböden: Nährbouillon, Traubenzuckerbouillon, Nähragar für Schrägkulturen, Nähragar für Platten, Dreifarbennährböden nach GASSNER, v. Drigalskiagar. Ferner v. Drigalskitabletten mit Kristallviolett, Endotabletten, Bromthymolblautabletten und Kongorottabletten.

B. Färbetechnik.

I. Farblösungen.

Zum Färben von Mikroben benutzt man hauptsächlich basische Anilinfarben. Die häufigste Verwendung finden: Fuchsin, Gentianaviolett, Methylenblau, Kristallviolett, Chrysoidin, Bismarckbraun, Eosin usw. Mit Ausnahme der sog. säurefesten Bakterien färben sich fast alle Mikrobenarten mit verdünnten wäßrigen Farblösungen. Zur Herstellung dieser Lösungen, die nach Fertigstellung nur beschränkte Zeit haltbar sind, bedient man sich der konzentrierten oder Stammlösungen als Ausgangslösung. Die Stammlösungen können wäßrige und alkoholische sein.

Herstellung von konzentrierten oder Stammlösungen. Zur Herstellung gesättigter Lösungen gibt man in eine Flasche mit eingeschliffenem Glasstöpsel zunächst das Lösungsmittel (meist Alkohol oder Aqua dest.) und dann soviel Farbe in Substanz hinein, daß ein ungelöster Rest zurückbleibt. Um eine sichere Sättigung der Lösung zu erreichen, erwärmt man den Alkohol im Wasserbad auf 70—75° und gibt dann die Farbsubstanz hinzu. Unter häufigem Umschütteln oder Durchrühren mit einem Glasstab beläßt man die Flasche einige Stunden im 60°-Schrank. In der Lösung, die dann für Zimmertemperatur übersättigt ist, kristallisiert der Überschuß beim Abkühlen aus und sinkt zu Boden. Bei wäßrigen Stammlösungen kann man ebenso verfahren. Die gesättigte Lösung wird mit Aqua dest. auf die notwendige Verdünnung gebracht und in bestimmten Fällen mit Konservierungsmitteln versehen. Vor dem Verdünnen muß die Stammlösung filtriert oder besser vorsichtig abgegossen werden. Die untenstehende Löslichkeitstabelle gibt eine Übersicht über die Mengen der Farben an, die sich in Alkohol, bzw. in Wasser lösen. Die Stammlösungen müssen vorrätig gehalten werden.

(*Löslichkeitstabelle für Farbstoffe nach Spengler s. nächste Seite.*)

Löfflers Methylenblau. 30 ccm ges. alkohol. Methylenblaulösung, 100 ccm Aqua dest., 1 ccm einer 1 proz. Kalilauge.

Nach der Mischung erfolgt Filtration, die Farbe ist lange haltbar. Nach längerem Stehen wird die Farbe etwas rotstichig, als solche wird sie für bestimmte Zwecke bevorzugt.

Wäßrige Methylenblaulösung. 10 ccm wäßrig gesättigte Methylenblaulösung aufgefüllt auf 100 ccm mit Aqua dest. Diese Lösung findet hauptsächlich als Kontrastfarbe bei der Ziehlschen Tbc.-Färbung Verwendung.

Mansons Methylenblau. 5 g Borax, 2 g Methylenblau (med. pur., Höchst), 100 ccm Aqua dest.

Das Aqua dest. wird aufgekocht und Borax darin zur Lösung gebracht. Dann wird das Methylenblau der heißen Lösung zugegeben. Die Lösung wird zum Gebrauch bis auf das 10fache mit Aqua dest. verdünnt. Die Farblösung wird häufig zur Darstellung von Spirochäten, außer Spir. pallida verwandt.

Bismarckbraun (Vesuvin). 1 g Bismarckbraun, 10 ccm 96 proz. Alkohol, 100 ccm Aqua dest.

Aqua dest. wird aufgekocht, die Farbsubstanz darin gelöst. Nach dem Abkühlen erfolgt die Alkoholzugabe, dann Filtration. Die Lösung färbt das Gewebe gut, die Bakterien schlecht.

Löslichkeitstabelle für Farbstoffe nach Spengler

zur Herstellung ges. Lösungen

In 100 ccm 90%igem Alkohol (A) Alkohol, (W) Wasser,
sind g des Farbstoffes gelöst.

	g in 100 ccm Alk.	H₂O		g in 100 ccm Alk.	H₂O
Acid. carminic.	5	2	Methylblau	0,1	4,0
Alizarin sicc.	0,5	10,0	Methylosin	1,0	2,0
Alizarinblau S n. Ehrlich	0,5	2,0	Methylenblau	2,0	4,0
Alizarinsulfosaures Natr.	1,5	3,0	Methylengrün	1,0	2,0
Anilinblau, spritlösl.	2,5	—	Methylenviolett	—	2,0
Anilinblau, wasserlösl.	—	5,0	Methylgrün	0,5	2,0
Aurantia	2,0	2,0	Methylorange	—	1,0
Azocarmin G sicc.	0,5	4,0	Methylviolett	2,0	4,0
Azur I	—	1,0	Mucicarmin sicc.	1,5	—
„ II	—	2,0	Neutralrot	1,0	2,0
„ II-Eosin	0,5	—	Nigrosin	—	2,0
Bismarckbraun	1,0	4,0	Nigrosin spritlösl.	2,0	—
Brillantblau	0,5	3,0	Nilblausulfat	1,0	10,0
Brillantgrün	1,0	2,0	Orange G	1,0	2,0
Brillantschwarz	0,5	2,0	Orcein pur.	1,0	—
Brillantcresylblau	1,0	2,0	Orseillin B B	0,5	2,0
Carmin rubr. opt.	4,0	6,0	Phloxinrot	—	10,0
Chromogen n. Weigert	2,0	10,0	Pikrinsäure	8,0	2,0
Chrysoidin	1,0	2,0	Ponceau R R	0,5	2,0
Cresylechtviolett	1,0	2,0	Pyronin	1,0	3,0
Diamantfuchsin	6,0	1,0	Pyrolblau (Isaminblau)	0,5	2,0
Eosin extra	1,0	20,0	Rongalit	—	10,0
Eosin gelbl. wasserl.	1,0	20,0	Rosolsäure	4,0	—
Eosin rein, spritlösl.	2,0	—	Rubin S	1,0	20,0
Eosin-Methylenblau	0,25	—	Safranin pur. (Phenolsaf,	—	4,0
Fluorescin n. Kühne	2,0	0,5	Safranin spirituslösl.	3,0	—
Fluorescin-Kalium	1,0	2,0	Säurefuchsin	0,25	40,0
Fuchsin	5,0	1,0	Scharlach R	2,0	6,0
Fuchsin S (Säurefuchsin)	0,25	40,0	Sudan II	1,0	2,0
Gentianaviolett	4,0	2,0	Sudan III	3,0	—
Hämatein puriss.	2,0	0,1	Thionin pur. n. Ehrlich	1,0	2,0
Hämatoxylin pur krist.	20,0	1,0	Toluidinblau	1,0	4,0
Kongorot	1,0	2,0	Tropaeolin	1,0	2,0
Kristallviolett	10,0	2,0	Trypanblau	0,5	2,0
Lichtgrün	5,0	2,0	Trypanrot	0,5	2,0
Magdalarot	1,0	10,0	Vesuvin nach Koch	1,0	2,0
Magentarot	4,0	1,0	Wasserblau	0,5	4,0
Malachitgrün	2,0	3,0			

Farblösungen für Diphtheriebakterien. a) Doppelfärbung nach NEISSER.

Neisser A: 1g Methylenblau (Höchst), 20 ccm 96 proz. Alkohol, 50 ccm Eisessig, 1000 ccm Aqua dest. Das Methylenblau wird mit dem Aqua dest. aufgekocht, nach dem Abkühlen werden Eisessig und Alkohol hinzugesetzt.

Neisser B: 1g Kristallviolett, 10 ccm Alkohol, 300 ccm Aqua dest. Das Kristallviolett wird mit dem Aqua dest. aufgekocht, nach dem Abkühlen setzt man den Alkohol hinzu.

Neisser I: Zum Gebrauch mischt man 2 Teile Neisser A mit einem Teil Neisser B und filtriert. Das Farbgemisch ist nur einige Tage haltbar.

Neisser II: 2g Chrysoidin, 300 ccm Aqua dest. Das Chrysoidin wird in dem Aqua dest. aufgekocht und die Lösung filtriert.

b) Farblösung nach Roux. A: 1g Dahliaviolett, 10 ccm 96 proz. Alkohol, 100 ccm Aqua dest.; B: 1g Methylgrün, 10 ccm Alkohol, 100 ccm Aqua dest. Die Herstellung erfolgt wie bei den Neisserlösungen. Zum Gebrauch mischt man A und B zu gleichen Teilen.

c) Ljubinsky-Farben. I: 0,25g Pyoktanin (Merck), 5 ccm Essigsäure, 100 ccm Aqua dest.; II: 1g Vesuvin, 100 ccm Aqua dest. Die Herstellung der Farben erfolgt wie üblich. Mit I wird vorgefärbt, II dient zum Nachfärben.

Karbolfuchsin nach ZIEHL-NEELSEN. 9 Teile einer 5 proz. wäßrigen Karbolsäurelösung, 1 Teil einer gesättigten alkoholischen Fuchsinlösung.

Man löst kristallisierte Karbolsäure auf, indem man die Flasche in einem Wasserbad mit lauwarmem Wasser auf eine Schicht Watte oder Drahtgaze stellt und das Wasserbad bis zur Lösung des Karbols erwärmt. Um 1 l Karbolfuchsin herzustellen mischt man 45 ccm Karbolsäure mit 855 ccm heißem Aqua dest. Die Karbolsäure muß in dem Wasser vollständig gelöst sein. Zu dem abgekühlten klaren Karbolwasser gibt man 100 ccm der gesättigten alkoholischen Fuchsinlösung (s. ges. Lösungen), schüttelt durch und filtriert. Die Lösung ist lange haltbar.

Karbolgentianaviolettlösung. 9 Teile einer 1 proz. wäßrigen Karbolsäurelösung, 1 Teil einer ges. alkohol. Gentianaviolettlösung.

Die Herstellung ist dieselbe wie die des Karbolfuchsins, nur nimmt man auf 1 l 9 ccm Karbolsäure, 891 ccm Aqua dest. und dazu 100 ccm der ges. alkohol. Gentianaviolettlösung.

Karbolmethylviolettlösung. 9 Teile einer 1—2,5proz. wäßrigen Karbolsäurelösung, 1 Teil einer alkohol. ges. Methylviolettlösung.

Die Herstellung ist ebenso wie die des Karbolfuchsins. Als Farbsubstanz verwendet man Methylviolett 6B oder BM Grübler. Für die Gramfärbung eignet sich Methylviolett sehr gut, weil es keine Niederschläge gibt. Die Farblösung kann durch Zusatz von 1 Teil alkohol. ges. Methylenblaulösung auf 10 Teile der fertigen Farblösung verstärkt werden.

Karbolmethylenblau nach Kühne. 1,5g Methylenblau, 10ccm Alkohol, 100ccm 5proz. Karbolwasser.

Die Herstellung erfolgt in derselben Weise wie bei den Neisser-Lösungen.

Anilinwasser-Gentianaviolett. 5ccm Anilinöl werden mit 100cm Aqua dest. 5 Min. kräftig geschüttelt; dann durch ein mit Aqua dest. angefeuchtetes Papierfilter geschickt. Zu 90ccm des klaren Filtrats setzt man 10ccm der alkohol. ges. Gentianaviolettlösung,

Anilinwasser-Fuchsin. Die Herstellung erfolgt in derselben Weise wie die des Anilingentianavioletts, nur nimmt man hierzu ges. alkohol. Fuchsinlösung.

Anilinwasser-Methylviolett. Die Herstellung erfolgt in der oben angegebenen Weise. Dem Anilinwasser setzt man zu 9 Teilen 1 Teil ges. alkohol. Methylviolett (6B)-Lösung hinzu. Die Anilinwasserfarben sind nur einige Tage haltbar.

Kresylechtviolett nach Homberger. Die Farbe wird in einer Konzentration von 1:10000 für Gonokokkenfärbung angewandt. (Gonokokken violett, Kerne schwach blau.)

Karbolthioninlösung. 10ccm ges. wäßrige Thioninlösung, 2ccm Karbolsäure, 88ccm Aqua dest.

Herstellung wie Karbolfuchsin.

II. Färbemethoden.

Gonokokkenfärbung nach Kindborg. 1 Min. Karbolthionin, Wasserspülung, Abtupfen mit Fließpapier, Aufträufeln alkalischer Pikrinsäurelösung (ges. wäßrige Pikrins. zu gleichen Teilen mit 0,1proz. Kalilauge), Entfernen der Pikrinsäure durch ganz kurzes Übergießen mit Alkohol, Wasserspülung, trocknen.

Gonokokken färben sich dunkelbraun, andere Bakterien und Zellkerne rot.

Gonokokkenfärbung nach Pick-Jacobson. 10 Sek. färben mit einer Mischung von 20 ccm Aqua dest. mit 15 Tropfen Karbolfuchsin und 8 Tropfen konzentr. Methylenblaulösung, Wasserspülung, trocknen. Gonokokken erscheinen dunkelblau bis schwarz, Kerne hellblau, Protoplasma rötlich.

Färbung des Streptobazillus ulceris mollis Unna. Mit 1 proz. Pyroninlösung bis zur Dampfbildung erhitzen, 5 Min. belassen rasch abspülen, kalt nachfärben mit Unna-Pappenheim-Lösung (Grübler). Die Streptobazillen erscheinen rot, die Kerne schwach violett.

Tuberkelbazillenfärbung nach Konrich. 2 Min. mit heißem Karbolfuchsin färben, kräftig mit Wasser nachspülen. Entfärben mit 10—20 proz. Natriumsulfitlösung (möglichst frische Lösung verwenden), nachspülen mit Wasser und gegenfärben mit Malachitgrünlösung, 5 ccm ges. wäßrige Malachitgrünlösung auf 100 ccm Aqua dest.

Tuberkelbazillenfärbung nach Schulte-Tigges. Vorfärben und Entfärben wie bei der Konrich-Methode. Zur Gegenfärbung wird konz. wäßrige Pikrinsäure 5—10 Sek. auf die Präparate gebracht.

Tuberkelbazillenfärbung nach Spengler. Vorfärben mit heißer Karbolfuchsinlösung, abgießen und aufhellen mit Pikrinsäurealkohol (ges. wäßrige Pikrinsäure + Alkohol zu gleichen Teilen), 2—3 Sek., abgießen, entfärben mit 15 proz. Salpetersäure, dann bis zur leichten Gelbfärbung wieder Pikrinsäurealkohol, Wasserspülung und trocknen.

Tuberkelbazillenfärbung nach Ziehl-Neelsen. Karbolfuchsin 3—5 Min. unter Erwärmung bis Dämpfe aufsteigen, Wasserspülung, entfärben mit Salzsäurealkohol: 100 ccm 96 proz. Alkohol, 3 ccm chem. reine (25 proz.) Salzsäure DAB VI. Nach Wasserspülung erfolgt Kontrastfärbung mit wäßrigem Methylenblau, Wasserspülung, abtrocknen.

Darstellung der granulierten Formen der Tbc.-Bazillen nach Much. Färben unter Aufkochen mit Karbolmethylviolett (10 ccm ges. alkohol. Methylviolett BN-Lösung zu 90 ccm 2 proz. wäßriger Karbolsäurelösung, vor Gebrauch filtrieren), statt des Aufkochens kann die Färbung 24 Std. bei 37°, oder 48 Std. bei Zimmertemperatur erfolgen. Das vorgefärbte Präparat 5 Min. mit Lugolscher Lösung beizen, dann 1 Min. mit 5 proz. Salpetersäure, darauf mit 3 proz. Salzsäure entfärben, zum Schluß mit Azeton-Alkohol zu gleichen Teilen differenzieren. Die Entfärbung kann auch 2 Min. in Jodkaliumwasserstoffsuperoxyd erfolgen (Jodkali 5%, 2 proz. Wasserstoffsuperoxyd 100 ccm), darauf abwaschen in absolut. Alkohol. Die Körner erscheinen bläulichschwarz. Ist das Vorfärben unter Aufkochen vorgenommen worden, dann können entstandene Niederschläge leicht Granula vortäuschen.

Die Granula kann man auch sehr gut darstellen, indem man das nach Ziehl gefärbte Präparat nach dem Entfärben mindestens 2 Min. in Wasser legt.

Unterscheidung zwischen Tuberkel- und Leprabazillen nach Baumgarten. 5—7 Min. kalt Vorfärben mit einer Lösung aus 5 Tropfen ges. alkohol. Fuchsinlösung und 5 ccm Aqua dest. 15 Sek. Entfärben mit einer Mischung von 1 Teil Salpetersäure zu 9 Teilen Alkohol, nach Wasserspülung Nachfärben mit dünner Methylenblaulösung. Die Leprabazillen sind gefärbt, die Tbc.-Bazillen nicht. Die Methode ist nicht absolut zuverlässig.

Geißelfärbung nach Löffler. Löffler-Beize: 10 ccm einer 20 proz. Tanninlösung, 5 ccm einer kalt ges. wäßrigen Lösung von Ferrosulfat (Eisenvitriol) oder Ferr. oxydul ammon. Hierzu 1 ccm einer wäßrigen oder alkohol. ges. Fuchsin oder Methylviolettlösung. Die einzelnen Lösungen werden zusammengetan. Die Beize ist lange haltbar. Nach leichter Fixation des Präparats wird die Beize aufgetropft und bleibt 1 Min. auf dem Präparat, leichte Erwärmung verstärkt die Einwirkung. Es erfolgt sorgfältiges Auswaschen unter dünnem Wasserstrahl. Der Wasserrest wird vom Rande her mit Fließpapier aufgesogen, indem man das Wasser nach dem Fließpapier anbläst. Dann wird mit frischem Anilinwasser-Fuchsin oder Karbolfuchsin unter leichtem Erwärmen 3—4 Min. nachgefärbt und gut mit Wasser nachgewaschen.

Geißelfärbung nach A. Peppler. 1. Peppler-Beize. 20 g Tannin werden unter gelinder Erwärmung in 80 ccm Aqua dest. gelöst und auf 20° abgekühlt. Hierzu gibt man 15 ccm einer 2,5 proz. wäßrigen Lösung von schwefelsäurefreier Chromsäure in kleinen Portionen unter dauerndem Schütteln hinzu und läßt die Mischung 4—6 Tage bei Zimmertemperatur möglichst nicht unter 18° stehen. Die Lösung wird dann durch doppeltes Faltenfilter filtriert, ohne dabei stärker abgekühlt zu werden. Die braune klare Flüssigkeit setzt bei längerem Stehen etwas Bodensatz ab, wird dadurch aber nicht minderwertiger. Die Aufbewahrung erfolgt bei Zimmertemperatur, bei niedrigen Temperaturen setzt die Beize stärker ab und verliert ihre Wirkung, kann jedoch durch Erwärmung auf 20° wieder hergestellt werden. Vor Gebrauch muß die Lösung filtriert werden.

2. Farblösung. 1 Teil einer 5proz. alkohol. Gentianaviolettlösung (s. ges. Lösung). 9 Teile 2,5 proz. Karbolwasser. Nach der Mischung bleibt die Farbe einige Tage stehen und wird dann filtriert. Die Färbung erfolgt in der Weise, daß das Präparat nach vorsichtigem Fixieren 1—5 Min. mit der Beize behandelt wird. Die Beize wird dann sorgfältig mit kräftigem Wasserstrahl abgespült, das Spülwasser läßt man ablaufen, trocknet nicht ab und färbt 2 Min. mit der Gentianaviolettlösung. Nach Wasserspülung und Abtrocknen ist das Präparat fertig. Das Gelingen der Geißelfärbung hängt in erster Linie ab von dem Bakterienstamm, von dem Kulturmedium und der absoluten Sauberkeit (fettfreie Objektträger) der Glassachen.

Kapselfärbung nach JOHNE. Das fixierte Präparat wird mit einer 2proz. wäßrigen Gentianaviolettlösung unter leichtem Erwärmen ½ Min. gefärbt, dann ganz kurz in Wasser getaucht und 6—10 Sek. mit 1—2proz. Essigsäure entfärbt.

Kapselfärbung nach KLETT. Das lufttrockene Präparat wird fixiert und mit Methylenblaulösung (alkohol. ges. Methylenblaulösung 10 ccm, Aqua dest. 100 ccm) unter Erwärmen bis zum Aufkochen vorgefärbt, nach Wasserspülung wird ohne Erwärmung 5—10 Sek. mit wäßriger Fuchsinlösung nachgefärbt. Die Bakterien erscheinen blau, bei genügender Einwirkung des Fuchsins erscheinen die Kapseln rosa.

Sporenfärbung. Die Bakteriensporen können nach jeder Tuberkelbazillenfärbemethode dargestellt werden.

Gramfärbung. Lugolsche Lösung. 1g Jod, 2g Jodkali, 300 ccm Aqua dest. Jod und Jodkali verreibt man im Mörser, zur schnelleren Auflösung erhitzt man einen Teil des Aqua dest., verreibt mit diesem, füllt dann auf die Gesamtmenge auf und filtriert. Die Lugolsche Lösung muß lichtgeschützt (in einer braunen Flasche) und möglichst kühl aufbewahrt werden. Durch Licht- und Wärmeeinwirkung bildet sich Jodsäure, die die Lösung unbrauchbar macht; häufiges Nachkontrollieren mit Lackmuspapier und bei saurer Reaktion Neutralisation mit Natriumbikarbonat ist notwendig.

Die Gramfärbung erfolgt in der Weise, daß das fixierte Präparat mit Karbolgentianaviolett oder Methylviolett 2—3 Min. kalt vorgefärbt wird, dann wird ohne Wasserspülung die Farbe vom Präparat entfernt und dieses 1—2 Min. mit Lugolscher Lösung gebeizt. Nach dem Ablaufenlassen der Lugolschen Lösung entfärbt man mit 96proz. Alkohol bis sich keine Farbwolken mehr vom Präparat lösen, dann erfolgt Wasserspülung und 10—20 Sek. langes Nachfärben mit wäßriger Fuchsin- oder Eosinlösung, schließlich Wasserspülung. Statt der Karbolgentianaviolettlösung, die häufig Niederschläge gibt, kann man Karbolmethylviolett verwenden.

Beizen. Lugolsche Lösung s. unter Gramfärbung.

Ginssche Lösung. 100 ccm Lugolsche Lösung, 1 g Milchsäure.

Tanninbeize. 20 ccm einer 20proz. Tanninlösung, 10 ccm einer kalt ges. Ferrosulfatlösung, 2 ccm einer alkohol. Fuchsinlösung.

Beize zur Spirochätenfärbung nach FONTANE. 1 ccm Karbolsäure, 100 ccm einer 5proz. Tanninlösung.

Silberlösung für Spirochäten nach FONTANE. Zu einer 1,5proz. Silbernitratlösung setzt man vorsichtig soviel 10proz. Ammoniaklösung hinzu, bis der entstehende Niederschlag sich wieder löst. Dann wird tropfenweise soviel Silbernitrat hinzugefügt bis der Niederschlag wiederkehrt und bleibt.

Farbstifte nach FRIEDBERGER. Für einfache Bakterienfärbung eignen sich gut die von FRIEDBERGER angegebenen Farbstifte, die immer gebrauchsfertig und unbeschränkt haltbar sind. Das fixierte Präparat wird mit Wasser bedeckt, es genügt dann ein einmaliges Eintauchen und Anrühren um eine Färbung der Bakterien zu erzielen. Zu beziehen von Paul Altmann, Berlin NW.

Farbstofftabletten. Für kleinere Laboratorien eignen sich sehr gut die Farbstofftabletten, die in dem entsprechenden Lösungsmittel gelöst, sofort brauchbare Farbe liefern. Eine anerkannt zuverlässige Firma für Bezug von Farbstoffen ist die Firma Dr. G. Grübler (Dr. Karl Hollborn), Leipzig.

Fertige Spezialfarben. Für Spezialzwecke, Färbung von Spirochäten, Malariaplasmodien, Granula, Blutausstrichen usw. benutzt man fertige Farblösungen, die für die Selbstherstellung zu kompliziert sind und auch zuviel Zeit kosten. Die gebräuchlichsten sind: Giemsa-Farbe, Leishman-Farbe, Polychromsaures Methylenblau nach Unna, Azurblaulösung für die Giemsa Romanowsky-Färbung,

Ehrlichs Triazidlösung usw. Die Lösungen sind von Grübler, Leipzig zu beziehen; lichtgeschützt aufgehoben sind sie lange Zeit haltbar. Zum Gebrauch verdünnt man die Lösung nach Vorschrift (meistens 1 : 10 bis 1 : 20) mit neutralem Aqua dest. Da das gewöhnliche destillierte Wasser Kohlensäure aufnimmt und daher sauer reagiert, kocht man es auf, dadurch wird die Kohlensäure ausgetrieben. Ferner kann ein Zusatz von 1 proz. Soda oder Natriumbikarbonatlösung von 1—2 Tropfen auf 1 l erfolgen. Die Färbung erfolgt so, daß man in eine Petrischale oder ähnliches zwei Glasstäbchen legt, verdünnte Farblösung hinzufügt, in das Farbbad auf die Glasstäbchen das Präparat legt und die vorgeschriebene Zeit darin beläßt. Im allgemeinen gilt die Regel, daß schwache Farbkonzentrationen bei langer Einwirkung bessere Bilder geben, als starke Konzentrationen bei kurzer Einwirkung. Da die Lösungen auf Säure, bzw. Basen entsprechend reagieren, müssen auch die für die Färbung gebrauchten Glassachen sorgfältigst vorbehandelt werden. Nach gründlicher Säuberung empfiehlt sich ein Auskochen in Aqua dest. Auf Einzelheiten einzugehen verbietet hier der Raum.

C. Praktische Winke.

Berechnung von Verdünnungen. Aus einer 25 proz. Lösung sollen 500 ccm einer 15 proz. hergestellt werden. Das Verhältnis ist: Sollwert zu Istwert $= x$ zur Menge $s : i = x : m$ $15 : 25 = x : 500$;

$$x = \frac{15 \cdot 500}{25} = 300;$$ $x =$ die Menge von i, die mit Aqua dest. usw. auf 500 ccm aufzufüllen ist. Es wären also 300 ccm der 25 proz. Lösung auf 500 ccm aufzufüllen.

Beispiel. Es sollen 200 ccm Nähragar mit 0,1 % Karbolsäure versetzt werden. Die Karbolsäurelösung, die dazu verwendet werden soll, sei 5 proz. Wieviel von dieser Lösung und wieviel Nähragar wären zu mischen? Unter Zugrundelegung des obigen Beispiels wäre $s = 0,1$; $i = 5,0$; $m = 200$; also $0,1 : 5,0 = x : 200$;

$$x = \frac{0,1 \cdot 200}{5,0} = 4,0.$$ Demnach wären 4 ccm der 5 proz. Karbolsäure auf 200 ccm mit Nähragar aufzufüllen.

Hat man aus einer stark- und einer schwachkonzentrierten Lösung eine dritte von mittlerer Konzentration durch Mischen der beiden Lösungen, etwa aus einer 5 proz. und einer 2 proz. eine 3 proz. herzustellen, dann berechnet man die Anteile der beiden Lösungen nach folgender Formel:

$$\begin{array}{ccc} 5 & \searrow \quad \swarrow & 2 \\ \downarrow & 3 & \downarrow \\ & \swarrow \quad \searrow & \\ \overline{1} & & \overline{2} \end{array}$$

die 3proz. wäre aus 1 Teil der 5proz. und 2 Teilen der 2proz. zu mischen.

Beispiel zur Berechnung der Konzentrationsprozente.

8 ccm einer absolut. (100proz.) Lösung wären mit 42 ccm H_2O od. dgl. gemischt; wieviel prozentig ist die Lösung jetzt? 100mal absolut a durch verdünnte Lösung $(v+a)$ oder $\dfrac{100 \cdot a}{(v+a)}$, also $\dfrac{100 \cdot 8}{42+8}$ oder $\dfrac{100 \cdot 8}{50} = 16$. Demnach ist die Lösung 16proz.

Es wären 35 ccm Bouillon mit 5 ccm Serum gemischt. Wieviel Prozent macht das Serum aus? Nach dem obigen Beispiel wäre in diesem Falle $a=5$; $v=35$ $v+a=40$. Demnach $\dfrac{100 \cdot 5}{40} = 12{,}5\%$.

Normale Lösungen. Eine Normallösung enthält das Molekulargewicht in Gramm geteilt durch die Wertigkeit (Valenz) gelöst in 1 l Aqua dest. Das Molekulargewicht errechnet man durch Addition der Atomgewichte. Die Wertigkeit ergibt das Radikal (von radix = Wurzel) des Moleküls in seinem Bindungsvermögen zur Zahl der Wasserstoffatome. Bei Verbindungen, deren Radikal an Metalle usw. gebunden ist, errechnet man die Wertigkeit so, daß man sich das Metall usw. durch Wasserstoff ersetzt denkt und die Zahl der Wasserstoffatome zugrunde legt.

Bei **Normalsäuren** muß 1 l 1 g Wasserstoff (H), bei Normallaugen 17 g Hydroxyd (OH) enthalten.

Beispiele: Normal-Schwefelsäure H_2SO_4, Molekulargewicht: $H_2 = 2$; $S = 32{,}07$; $O_4 = 64$, Summe $= 98{,}07$; das Radikal SO_4 ist zweiwertig, weil es sich mit zwei Atomen H verbindet, daher braucht man 49,035 g H_2SO_4 für 1 l Schwefelsäure. Die n-Salzsäure HCl; $H = 1$; $Cl = 35{,}46$, zusammen 36,46; Cl ist einwertig, daher enthält 1 l n-Salzsäure 36,46 g HCl.

n-Phosphorsäure H_3PO_4, Molekulargewicht: $3 + 31{,}04 + 64 = 98{,}04$. Das PO_4 ist dreiwertig, demnach muß die n-Phosphorsäure $98{,}04 : 3 = 32{,}68$ g H_3PO_4 im Liter enthalten.

Normallaugen. n-Natronlauge, NaOH; $Na = 23$, $O = 16$,

$H = 1$. Das Molekulargewicht $= 40$, OH ist einwertig, demnach muß eine n-Natronlauge $40\,g$ NaOH im Liter enthalten.

Normalsodalösung: Na_2CO_3; $Na = 23 \cdot 2 = 46$; $C = 12$; $O_3 = 16 \cdot 3 = 48 \cdot$ Molekulargewicht $= 106$; da zwei Na-Atome vorhanden sind, muß eine n-Na_2CO_3-Lösung $53\,g$ Soda enthalten.

Bei den organischen Säuren ist die COOH-Gruppe für die Wertigkeit ausschlaggebend, z. B. die flüssige Essigsäure CH_3COOH ist einbasisch. Die feste Zitronensäure $(CH_2)_2COH(COOH)_3$ ist dreibasisch.

Eine Reihe von Säuren wird durch Einleiten von Gasen in Wasser erhalten. Das Wasser nimmt diese Säuren nur bis zu einer bestimmten Konzentration auf. Die rauchende Salpetersäure ist rd. 65proz., die rauchende Salzsäure 38proz. Andere Säuren, wie Phosphorsäure und Schwefelsäure, können 100proz. hergestellt werden, da sie aus Anhydriden entstehen, die begierig Wasser aufnehmen. Bei den kristallisierten Substanzen muß wiederum das Kristallwasser berücksichtigt werden. Bei der Kristallsoda macht dieses rd. 50% des Gewichts aus. Praktisch verfährt man bei der Herstellung von Normalsäuren so, daß man sie gegen genau eingestellte Normallaugen, und wiederum einzustellende Normallaugen gegen Normalsäuren titriert. Zur Titration von Säuren stellt man sich eine n-Sodalösung her, indem man $53,000\,g$ chemisch reines wasserfreies Natrium carbonat. pro analysi (Kahlbaum mit Garantieschein) in einem Meßkolben mit Aqua dest. löst und bis zum Markenstrich mit Aqua dest. auffüllt.

Für die Titration von Laugen benutzt man Oxalsäure, man löst $63,024\,g$ Oxalsäure wie die Soda auf.

Die Titration der Säure geht so vor sich, daß man 30 ccm Sodalösung in ein Erlenmeyerkölbchen gibt und einen Indikator, z. B. Phenolphthalein, Methylorange usw. je nach Art der Lösung hinzusetzt. Die zu titrierende Säure, die man nach vorheriger Berechnung verdünnt hat, läßt man aus einer Bürette in das Kölbchen zu der Sodalösung bis zum Umschlag des Indikators einfließen. Sind bis zum Umschlag weniger als 30 ccm der Säure verbraucht, ist diese zu stark und muß verdünnt werden. Sind dagegen mehr Kubikzentimeter verbraucht worden, dann ist sie zu schwach und muß verstärkt werden. Die Umrechnung erfolgt nach der Formel: $d : c = x : v$ bei notwendiger Wasserzugabe. $d =$ Differenz zwischen 30 ccm und der Anzahl der zur Sättigung verbrauchten

Kubikzentimeter Säure, c = Anzahl der zur Sättigung verbrauchten Säure, x = die zur Verdünnung benötigte Menge Wasser. v = Volumen der zu verdünnenden Säure.

Beispiel: Es seien 29,5 ccm Säurelösung zur Sättigung der 30 ccm n-Natriumkarbonatlösung verbraucht worden, und das Volumen der zu verdünnenden Säure betrage 970 ccm; dann ergibt sich nach obiger Formel folgendes Resultat: 0,5 : 29,5 = x : 970, $x = \dfrac{0,5 \cdot 970}{29,5} = 16,44$; demnach müßte die Säurelösung mit 16,44 ccm Wasser verdünnt werden.

Tritt der Fall ein, daß die Säure verstärkt werden muß, dann berechnet man die fehlende Menge nach der Formel $(v : n = x : g) - g$. v ist die Anzahl der Kubikzentimeter der einzustellenden Säurelösung, die tatsächlich zur Neutralisation verbraucht worden sind. n ist die Anzahl der Kubikzentimeter, die verbraucht worden wären, wenn die Säure normal gewesen wäre. g ist die Anzahl der Gramm bzw. Kubikzentimeter der Säure, die zur Herstellung der Normalsäure in 1 l gelöst wurden. x ergibt die Menge, die in 1 l hätte gelöst werden sollen, um die Normalkonzentration zu erreichen. $x - g$ ergibt die Menge der Säure, die zu 1 l der Säurelösung hinzugefügt werden muß.

Beispiel: Zu 30 ccm n-Sodalösung wurden 33 ccm (v) der einzustellenden Säure bis zur Neutralisation verbraucht. Wenn die Säure normal gewesen wäre, hätten 30 ccm (n) ausreichen müssen. In 1 l seien 90 ccm (g) gelöst gewesen. Nach der angeführten Formel ergibt sich dann folgende Berechnung: (33 : 30 = x : 90) — 90 oder $\dfrac{30 \cdot 90}{30} = 99 - 90 = 9$ ccm. Demnach müßte zu 1 l der Säurelösung ein Zusatz von 9 ccm Säure erfolgen.

$\frac{n}{10}$-Lösungen sind 10 fach, $\frac{n}{100}$ sind 100 fach verdünnte n-Lösungen, sie enthalten als den 10. bzw. 100. Teil des n-Gewichts pro Liter.

Molare Lösungen. Molare Lösungen enthalten das Molekulargewicht in Gramm gelöst in 1 l Wasser. Bei einwertigen Verbindungen ist eine molare = normale Lösung. Eine molare zweiwertige Verbindung ist zweifach normal usw.

Fixanalsubstanzen für Normallösungen. Da die Herstellung von Normalsäuren viel Zeit kostet, benutzt man heute in den meisten Betrieben die von der **Firma I. D. Riedel E. de Haen, A.-G. Berlin-**

Brietz, Riedelstr. 1—32 in Ampullen eingeschmolzenen Fixanal-substanzen, die mit dest. Wasser gelöst und auf 1 l aufgefüllt die fertige Normallösung abgeben. Der Fehler schwankt um etwa 2 pro mille, ist daher praktisch bedeutunglos. Von derselben Firma ist ein Zertrümmerungsapparat für die Ampullen, der für die Bereitung der Lösungen wichtig ist, ein Spezialtrichter usw. zu beziehen. Näheres ersieht man aus der den Ampullen beigegebenen Gebrauchs-anweisung.

Puffergemische. Über die Bedeutung der Pufferlösungen s. unter Salzeinfluß und Pufferung (S. 9). Die Puffer finden haupt-sächlich bei der Bestimmung der H-Ionenkonzentration als Ver-gleichslösungen Verwendung.

Das Standardazetatgemisch nach Michaelis. 50 ccm n-NaOH, 100 ccm n-Essigsäure, 350 ccm dest. Wasser, $PH = 4{,}62$—$4{,}63$. Die Lösung zeichnet sich dadurch aus, daß sie fast unbeschränkt halt-bar ist und der PH-Wert konstant bleibt.

Puffergemische nach Sörensen. Die Mengenverhältnisse von primärem und sekundärem Phosphat sind auf S. 12 zu finden.

Puffergemisch nach Kolthoff. Durch Zusammenbringen einer $0{,}1$ mol KH_2PO_4-Lösung und einer $0{,}05$ mol Boraxlösung in ver-schiedene Mengenverhältnisse kann man Pufferlösungen mit PH-Werten von $5{,}8$—$9{,}2$ herstellen.

0,1 mol KH_2PO_4 ccm	0,05 mol Borax ccm	PH	0,1 mol KH_2PO_4 ccm	0,05 mol Borax ccm	PH
9,21	0,79	5,8	5,50	4,50	7,4
8,77	1,23	6,0	5,17	4,83	7,6
8,30	1,70	6,2	4,92	5,08	7,8
7,78	2,22	6,4	4,65	5,35	8,0
7,22	2,78	6,6	4,30	5,70	8,2
6,67	3,33	6,8	3,87	6,13	8,4
6,23	3,77	7,0	3,40	6,60	8,6
5,81	4,19	7,2	2,76	7,24	8,8
			1,75	8,25	9,0
			0,50	9,50	9,2

Die Chemikalien zur Herstellung der Lösungen werden von Kahlbaum bezogen.

Konservierungsflüssigkeit für Organstücke usw. Kaiserlingsche Lösungen zur Konservierung von anatomischen Präparaten.

I. 3g Kaliumnitrat, 6g Kaliumazetat, 200 ccm Aqua dest., 40 ccm 40 proz. Formaldehyd. II. 10 g Kaliumazetat, 20 g Glyzerin, 200 ccm Aqua dest.

KAISERLINGS Lösung zur Konservierung von pathologischen Präparaten in natürlichen Farben.

I.			bezw. I a.
Formalin	500 ccm	. . . . .	200 ccm
Aqua dest.	1000 „	. . . . . .	1000 „
Kaliumnitrat	10 g	. . . . .	10 g
Kaliumazetat	30 g	. . . . .	25 g

II.
80—90 proz. Alkohol.

III.			bezw. III a.
Kaliumazetat	250 g	. . . . . .	200 g
Aqua dest.	1000 g	. . . . . .	1000 g
Glyzerin	1000 g	. . . . . .	300 g

Müllersche Flüssigkeit. 2,5 g Kaliumbichromat, 1 g Natriumsulfat, 100 ccm Aqua dest.

Formol Müller: 10 ccm Formol, 90 ccm Müllersche Flüssigkeit.

Picksche Lösung. 50 g künstl. Karlsbadersalz, 1000 ccm Aqua dest.

Lösungen zum Reinigen mit Farbstoff gefärbter Hände. 1 Teil 10 proz. Kalilauge gemischt mit 3 Teilen einer 3 proz. Wasserstoffsuperoxydlösung werden bis zum Aufschäumen erwärmt, ein Wattebausch mit der Lösung angefeuchtet und die Hände damit abgerieben.

Statt der KOH kann Salmiakgeist 1 + 3 Teile H_2O_2 verwendet werden. Die Lösung ist milder, reinigt aber auch sehr gut. Nach der Behandlung ist Einreiben der Hände mit Glyzerin oder Einfetten mit Creme angebracht.

Lösungen zum Reinigen der Hände von Farbstoffen, die NH_2 enthalten. Man stellt sich eine schwach konz. Natriumnitritlösung her, die man etwas ansäuert, taucht die gefärbten Stellen ein und wäscht mit Wasser nach. Zur Entfernung aller übrigen Farbstoffe bereitet man sich eine mit H_2SO_4 angesäuerte Kaliumpermanganatlösung. Die Hände werden eingetaucht bis die Farbe oxydiert ist, dann wäscht man die Hände nach und entfernt den Braunstein mit wäßriger schwefliger Säure, oder Oxalsäure.

Atomgewichte und Valenzen. 1935.

Symb.	Name	At.-Gew.	Val.
Ag	Silber	107,88	1
Al	Aluminium . .	26,97	3, 4
Ar	Argon	39,94	0
As	Arsen	74,96	3, 5
Au	Gold	197,2	1, 3
B	Bor	10,82	3, 4
Ba	Barium . . .	137,4	2
Be	Beryllium . . .	9,02	2
Bi	Wismut	209,0	3, 5
Br	Brom	79,92	1, 5
C	Kohlenstoff . .	12,0	2, 4
Ca	Calcium . . .	40,07	2
Cd	Cadmium . . .	112,4	2
Ce	Cerium	140,2	3
Cl	Chlor	35,46	1,4,5,7
Co	Cobalt	58,94	2, 3
Cp	Cassiopeium . .	175,0	
Cr	Chrom	52,01	2,3,4,6
Cs	Cäsium	132,9	1
Cu	Kupfer	63,57	1, 2
Dy	Dysprosium . .	162,5	
Em	Emanation . .	222	
Er	Erbium	167,7	3
Eu	Europium . . .	152,0	
F	Fluor	19,00	1
Fe	Eisen	55,84	2, 3, 4
Ga	Gallium	69,72	3
Gd	Gadolinium . .	157,3	
Ge	Germanium . .	72,60	2, 4
H	Wasserstoff . .	1,008	1
He	Helium	4,00	0
Hf	Hafnium . . .	178,6	
Hg	Quecksilber . .	200,6	1, 2
Ho	Holmium . . .	163,5	
In	Indium	114,8	3
Ir	Iridium	193,1	4
J	Jod	126,92	1,3,5,7
K	Kalium	39,10	1
Kr	Krypton	83,7	
La	Lanthan	138,9	3
Li	Lithium . . .	6,94	1
Mg	Magnesium . .	24,32	2

Symb.	Name	At.-Gew.	Val.
Mn	Mangan	54,93	2,3,4,6,7
Mo	Molybdän . . .	96,0	0
N	Stickstoff . . .	14,008	3, 5
Na	Natrium	23,00	1
Nb	Niobium	92,91	3, 5
Nd	Neodym	144,3	3
Ne	Neon	20,18	0
Ni	Nickel	58,68	2, 4
O	Sauerstoff . . .	16,00	2
Os	Osmium	191,50	4
P	Phosphor . . .	31,02	3, 5
Pb	Blei	207,2	2, 4
Pd	Palladium . . .	106,7	2, 4
Pr	Praseodym . .	140,9	3
Pt	Platin	195,2	2, 4
Ra	Radium	226,0	2
Rb	Rubidium . . .	85,5	1
Rh	Rhodium . . .	102,9	4
Ru	Ruthenium . .	101,7	4
S	Schwefel . . .	32,07	2, 4, 6
Sb	Antimon	121,76	3, 5
Sc	Scandium . . .	45,10	
Se	Selen	78,96	2, 4
Si	Silicium	28,06	4
Sm	Samarium . . .	150,4	
Sn	Zinn	118,7	2, 4
Sr	Strontium . . .	87,6	2
Ta	Tantal	181,4	
Tb	Terbium	159,2	
Te	Tellur	127,6	2, 4
Th	Thorium	232,1	4
Ti	Titan	47,9	4
Tl	Thallium	204,4	1, 3
Tu	Thulium	169,4	
U	Uran	238,2	6
V	Vanadium . . .	50,95	3, 5
W	Wolfram	184,0	6
X	Xenon	131,3	0
Y	Yttrium	89,0	3
Yb	Ytterbium . . .	173,04	
Zn	Zink	65,37	2
Zr	Zirkonium . .	91,2	4

Wertigkeiten, die am häufigsten vorkommen sind *Kursiv* gedruckt.

Kältemischungen. 1. 1 Teil Salmiak, 2 Teile Vieh- oder Kochsalzlösung, 5 Teile Eis oder Schnee erzeugt Kälte bis zu —30°. 2. Kristal. Kalziumchlorid 5 Teile, Wasser 3 Teile erzeugt bis —15° C. 3. Ammoniumnitrat, kristal. Natriumkarbonat unter Wasser zu gleichen Teilen erzeugt bis —25° C. 4. Schnee oder Eis und verdünnte Schwefelsäure zu gleichen Teilen erzeugt bis —50°C. Kohlensäureschnee + 78 proz. Alkohol erzeugt bis —53° C,

„	+ 85	„	„	„	„ —68° C,
„	+ Azeton	„	„	„ —86° C,	
„	+ Äther	„	„	„ —90° C.	

Die Mischung muß im Weinholdschen Gefäß vorgenommen werden (System der Thermosflasche).

Glaskitt und Verschlußmittel. 75 g Kolophonium, 100 g gelbes Wachs, zusammengeschmolzen und flüssig aufgetragen ergibt guten Glaskitt und luftdichtes Verschlußmittel.

Poulsens Kitt. 50 g Canadabalsam, 50 g Schellack, 50 g 96 proz. Spiritus, 100 g Äther. Die Masse wird auf dem Wasserbade bis zur Syrupkonsistenz eingedickt.

Canadabalsam als Glaskitt. Die zu kittenden Glasflächen werden mit Canadabalsam bestrichen, beschwert und im Wärmeschrank auf 100° gebracht. Nachdem der Gegenstand langsam abgekühlt und der Kitt fest geworden ist, kann das Objekt in Gebrauch genommen werden.

Schilderleim. 1. 100 g Gummi arab., 5 g Glyzerin werden in 200 g Wasser gelöst. 2. 40 g Gelatine, 20 g Zucker, 7,5 g Gummi arab., 80 ccm Wasser werden im Wasserbade gelöst. Der Leim wird warm aufgestrichen. Zur Konservierung kann zu 1 und 2 ein Zusatz von 0,5 pro mille Sublimat erfolgen.

Schilderlack. Schilderlack ist fertig von Kahlbaum zu beziehen.

Schilderfirnis. 10 g Dammar, 90 g Schwefelkohlenstoff. Es empfiehlt sich, Schilder für Farbstoffstandflaschen mit Lack zu überziehen und darüber eine dünne Schicht geschmolzenes Paraffin zu streichen. Zur Not genügt ein dünner Vaselineüberzug.

Ersatz für Platinösen. Da Platindrahtösen sehr teuer sind, kann man als Ersatz Chromnickeldraht verwenden. Chromnickeldraht ist zu beziehen von: Firma Schniewindt, Neuenrade i. Westf., Firma C. Kubier u. Sohn, Dahlenbruck i. Westf., Firma W. C. Haraeus, Hanau, Fa. Elektrometall Schniewindt, Pose Marré

G.m.b.H. bei Düsseldorf. Für Ösen eignet sich eine Drahtstärke von 0,5 mm. Man biegt den Draht um ein 2 mm starkes Metallstäbchen (Fahrradspeiche u. dgl.) zu einer Öse, dreht diese ein- bis zweimal zu, läßt an der Öse etwa 7 cm Draht, dessen gerades Ende in den Halter eingespannt wird. Als Halter kann man die käuflichen mit Verschraubung versehenen verwenden, oder auch etwa 6 mm starken Aluminiumdraht nehmen. Verwendet man den letzteren, dann schweißt man die Öse mit Hilfe eines Gebläsebrenners ein. Man hält das eine Ende des Aluminiumdrahts in die Stichflamme bis das Metall erweicht, mit der anderen Hand fügt man die Öse, deren gerades Ende man zwecks besseren Haltens kurz umbiegt, mit einer Flachzange in das erweichte Metall und zieht die Schweißstelle aus der Flamme.

Glasbohren. Die Stelle wird mit einer spitzen Feile usw. markiert, mit einem Stahlbohrer ein wenig vorgebohrt, dann zieht man ein Endchen Glasstab spitz aus, bringt das stumpfe Ende dieses Stäbchens durch ein Endchen starkwandigen Gummischlauch (Druckschlauch) mit der Achse eines kleinen Elektromotors in Verbindung, setzt die Spitze des Glasstäbchens auf die vorgebohrte Stelle und schaltet den Motor unter mäßigem Druck auf den zu bohrenden Gegenstand ein. Die Bohrstelle muß von beiden Seiten mit Wasser gekühlt werden.

Temperaturgrade nach Celsius und Atmosphären-Überdruck, Umrechnung auf Pfund. 1 at = 1 kg pro Quadratzentimeter.

$+100°\,\mathrm{C} = 0$ at	$+139°\,\mathrm{C} = 2,5$ at	$172,1°\,\mathrm{C} = 7,0$ at
$+111,8°\,\mathrm{C} = 0,5$,,	$+144°\,\mathrm{C} = 3,0$,,	$177,4°\,\mathrm{C} = 8,0$,,
$+120,6°\,\mathrm{C} = 1,0$,,	$+153,3°\,\mathrm{C} = 4,0$,,	$182,0°\,\mathrm{C} = 9,0$,,
$+127,6°\,\mathrm{C} = 1,5$,,	$+160°\,\mathrm{C} = 5,0$,,	$186,0°\,\mathrm{C} = 10,0$,,
$+133,8°\,\mathrm{C} = 2,0$,,	$+166,6°\,\mathrm{C} = 6,0$,,	

Vielfach findet man in der englischen bzw. amerikanischen Literatur Angaben über Sterilisationsdauer bei Pfund-Überdruck. Die Umrechnung in Atmosphären erfolgt so, daß man ein Pfund pro Quadratzoll rechnet. 1 engl. Zoll = 25,4 mm, ein Quadratzoll = 645,16 Quadratmillimeter. Ein engl. Pfund = 453,6 g, demnach bedeutet ein Pfund = 70,36 g Überdruck pro Quadratzentimeter. 10 Pfund = 0,7036 at, 15 Pfund = 1,0554 at, also rd. 1 at (1 at = der Druck von 1 kg auf 1 qcm).

Umrechnung von Reaumur und Fahrenheit in Celsiusgrade.

Celsius: Eispunkt 0°, Siedepunkt 100°; Reaumur: Eispunkt 0°, Siedepunkt 80°; Fahrenheit: Eispunkt 32°, Siedepunkt 212°. Umrechnung von Reaumur (R) in Celsius (C): $R \cdot \dfrac{5}{4} = C$.

Beispiel: 8° R, wieviel ° C ? $\dfrac{8 \cdot 5}{4} = 10°\,C$.

Umrechnung von C in R: $C \cdot \dfrac{5}{4} = R$. Beispiel: 20° C, wieviel ° R ? $20 \cdot \dfrac{4}{5} = 16°\,R$.

Umrechnung von Fahrenheit (F) in °C: $C = \dfrac{5}{9}\,(F-32)$. Beispiel: 59° F, wieviel ° C ? $(59-32) \cdot \dfrac{5}{9} = 15°\,C$.

Umrechnung von C in F: $F = \dfrac{9}{5}\,C + 32$. Beispiel: 85° C, wieviel ° F ? $85 \cdot \dfrac{9}{5} + 32 = 185°\,F$.

Namenverzeichnis.